科学家列传 叁

杨义先 钮心忻 著

人民邮电出版社
北京

图书在版编目（CIP）数据

科学家列传. 叁 / 杨义先，钮心忻著. -- 北京 :
人民邮电出版社，2020.12
（杨义先趣谈科学）
ISBN 978-7-115-54419-3

Ⅰ. ①科… Ⅱ. ①杨… ②钮… Ⅲ. ①科学技术－世
界－普及读物 Ⅳ. ①N11-49

中国版本图书馆CIP数据核字(2020)第121563号

内容提要

本书以喜剧评书方式，从全新视角，重现人类有史以来各个时期顶级科学家的风貌。本书的目的，不仅仅是让读者全面了解真实的科学家，而且是想激励相关读者，特别是青年读者，立志成为科学家。

本书不是千篇一律的“科学家传”，更不是堆砌式的“科学家故事集”，而是以时间为轴线，通过科学家们的历史轨迹，展现科学发展的里程碑和全球科学家成长的生态环境。

◆ 著　　　　杨义先　钮心忻
责任编辑　张天怡
责任印制　王　郁　马振武
◆ 人民邮电出版社出版发行　　北京市丰台区成寿寺路 11 号
邮编　100164　　电子邮件　315@ptpress.com.cn
网址　https://www.ptpress.com.cn
北京宝隆世纪印刷有限公司印刷
◆ 开本：720×960　1/16
印张：19.75　　　　2020 年 12 月第 1 版
字数：339 千字　　　　2020 年 12 月北京第 1 次印刷

定价：59.80 元

读者服务热线：(010)81055410　印装质量热线：(010)81055316
反盗版热线：(010)81055315
广告经营许可证：京东市监广登字 20170147 号

前言

伙计，“科学家列传”不是千篇一律的“科学家传”哟，更不是堆砌式的“科学家故事集”！

一方面，它以时间为轴线，展示古今中外多位顶级科学家的成果和综合特色，打造一个个生动活泼的里程碑，读者在穿越历史的过程中，仅仅通过阅读这些里程碑，就可看清整个科学发展的轨迹，以及东西方之间和前后之间的关联关系。另一方面，作者通过若干具体案例适时回答一些与科学研究相关的问题，比如科研的动力从哪里来，科学流派都有哪些，科学家的特质是什么，科学进步与外界环境之间的关系如何，文化和宗教因素将对科学产生什么影响，科学的分支情况等。当然，由于历史资料太少，本系列书实在无法包含某些著名科学家，比如活字印刷术发明者毕昇、“地理学之父”埃拉托色尼、“代数之父”丢番图等。这肯定会在一定程度上影响上述“轨迹”的清晰度。对此，我们只能万分抱歉了，毕竟本系列书是套严肃的著作。

与以往描述科学家的书籍不同的是，本系列书将更加忠实于历史事实，并不回避科学家本人的某些负面内容，但同时也尽量略去曾经的错误结论，以免混淆视听。这样做的目的，就是要让全社会都明确意识到：科学家也是人，不是神；科学家并非高不可攀，人人都有成为科学家的潜力。本系列书采用章回小说的方式，把许多评书、相声和喜剧等元素都融入书中。我们还将一改过去的呆板模式，把科学家描述成为正常人，而非不食人间烟火的异类或完美无瑕的榜样。我们笔下的科学家，都将是普通人能够接近、学习，甚至超越的凡人。

都说“科学是这样一门学问，它能使当代傻瓜超越上代天才”，但是，本系列书绝不是只想让“当代傻瓜超越上代天才”，而是还想让当代“天才”成为当代科学家，成为被后代“傻瓜”努力超越的“天才”。所以，本系列书的重点不在于介绍科学家们都“干过什么”，而是要深入分析他们是“如何干的”，有哪些研究方法和思路值得我们借鉴，有哪些成功的方面值得我们学习，或有哪些失败的教训需要我们吸取等。换句话说，如果伽利略的名言“你无法教会别人任何东西，你只能帮助别人发现一些东西”是正确的话，那么，本系列书其实主要是想“帮助你发现一些东西”，当然，最好是能帮助你发现“科研成功的共性”。

本系列书特别注意把握严肃与活泼之间的分寸。在具体的科学内容方面，我们将尽量严格，甚至对过时的或有误的科研成果，除非确有必要，否则都将给予纠正，或干脆不再复述；但是，在生平事迹等其他非科学方面，我们将尽量活泼，甚至极尽风趣和幽默之能事，让读者可以尽情享受欢乐，在笑声中轻松了解全球科学家的探索历程。

在人物的选取方面，本系列书既尊重同类书籍中出现的名单，但同时又更加考虑历史的连续性，以避免留下太长时期的历史空白，否则，人类科学的发展轨迹就会不清晰，连贯性就会受到影响。比如，在长达1 000多年的欧洲中世纪，西方科学几乎处于停顿状态，因此，该期间的人物主要选自东方，他们至少可以代表当时世界的最高科学水平。当然，客观地说，中世纪期间的科学家对后人的影响明显偏小，这也是本系列书与诸如“影响人类的N位科学家”等书籍的另一个重要区别，毕竟我们希望至少每100年要有一个“里程碑”。

在介绍国内首创科学成果方面，我们摈弃了以往的许多惯用写法，比如“某中国人发明了某物，而此物又在N年后才由某外国人发明”等，因为，本系列书中我们将一视同仁地看待外国人和中国人。

由于作者水平有限，书中难免有不当之处，欢迎大家批评指正，谢谢！

杨义先　钮心忻

2020年10月　于花溪

目录

第八十一回 绝对温标发明人，电磁理论缺缘分 1
第八十二回 穷教授翻江倒海，傻博士英年早逝 9
第八十三回 化学结构奠基人，洋务运动促大神 18
第八十四回 灵蛇画苯解难题，真相原来很可疑 26
第八十五回 麦克斯韦写方程，电磁光学统一论 33
第八十六回 诺贝尔勇胜死神，痴情汉惨败佳人 40
第八十七回 元素周期泄天机，门捷列夫创奇迹 48
第八十八回 五彩缤纷染世界，六神无主醉芳香 56
第八十九回 吉布斯闭关悟道，新理论高深玄妙 64
第九十回 自我意识双向刺，祖传叛逆詹姆斯 72
第九十一回 科赫法则灭病菌，万年瘟神遇克星 80
第九十二回 出师未捷身先死，长使英雄泪满襟 87
第九十三回 独孤修炼集合论，狂躁大侠终成神 94
第九十四回 知人知面能知心，千秋功业归伦琴 102
第九十五回 细胞免疫开先河，数次自杀皆存活 110
第九十六回 技术发明惊破天，企业经营一般般 118
第九十七回 巴甫洛夫巧实验，可怜小狗做奉献 126
第九十八回 巾帼英雄写传奇，数学史上数第一 134
第九十九回 生物化学创始人，杀身成仁几成神 141
第一百回 物理世家名声响，歪打正着得诺奖 149

目录

第一百〇一回 穆瓦桑磨金刚钻，电解仪擒单质氟 157
第一百〇二回 经典物理关门者，现代物理敲门人 165
第一百〇三回 显赫世家出天才，数学怪兽庞加莱 173
第一百〇四回 弗洛伊德巧解梦，精神分析显神通 181
第一百〇五回 婉拒诺奖科学家，神级天才特斯拉 188
第一百〇六回 汤姆逊发现电子，创诺奖堪称传奇 196
第一百〇七回 赫兹发现电磁波，天才早逝莫奈何 204
第一百〇八回 浪子回头金不换，大器晚成猛点赞 211
第一百〇九回 能量子语惊四座，普朗克莫非有错 219
第一百一十回 搞科研妇唱夫随，获诺奖先钋后镭 227
第一百一十一回 希尔伯特无冕王，数学世界指方向 234
第一百一十二回 天生极智难自弃，可惜英年却早逝 242
第一百一十三回 基因突变摩尔根，染色遗传奠基人 249
第一百一十四回 居里夫人成就大，诺贝尔奖两次拿 256
第一百一十五回 问世间血型何物，直叫人生死相许 263
第一百一十六回 救命无数天使乎，杀人如麻魔鬼也 271
第一百一十七回 克隆之父施佩曼，胚胎实验惊破天 278
第一百一十八回 卢瑟福创核物理，名教授当小阿姨 288
第一百一十九回 罗素悖论捅破天，数理逻辑开新篇 296
第一百二十回 人格分裂噩梦惊，魔幻荣格析心灵 303

第八十一回

绝对温标发明人，电磁理论缺缘分

啪，我三拍惊堂木："列位看官，《科学家列传 叁》开讲啦！"

读完前两册的朋友，您累了吗？若还没累，那就请继续往下读吧；若已累，那也请继续读吧，因为，本书的一个功效就是"提神，解困，陪您乐！"。

提起本回主角的名字"汤姆逊"，你肯定不陌生；但就像国内有太多"李二娃"一样，全球也有太多"汤姆逊"。到底是哪个汤姆逊呢，这可不好回答；因为，即使是限定人类历史上的顶级物理学家，那也至少还剩下3个汤姆逊：威廉·汤姆逊、约瑟夫·约翰·汤姆逊和乔治·佩吉特·汤姆逊。

幸好，时任英皇给本回的汤姆逊赐予了一个独特的名字，叫"开尔文"；所以，下面就主要称他为开尔文了。实际上，该名字至今还在多个科学领域频繁出现呢。比如开尔文波、开尔文材料、开尔文机制、开尔文光度、开尔文变换、开尔文电桥、开尔文天平、开尔文定理、开尔文函数、开尔文测量法、开尔文电报机、开尔文不稳定性、开尔文环流定理等。当然，大家最熟悉的莫过于国际单位制中的温度单位"开尔文"了。那英皇为啥要给这位汤姆逊赐名呢？当然是要表彰他在科研方面的巨大贡献。准确地说，英皇所赐的全称是"开尔文男爵"，即把一个名叫开尔文的小镇名义上赐给他作为领地。所以，至今在英国还有一条河，叫开尔文河；有一个公园，叫开尔文森林公园。开尔文一生在热学、光学、数学、电磁学、流体力学、地球物理、工程应用等许多领域，都取得了重大突破。用他自己的话来说"科学巅峰在哪里，我就在哪里攀登不息"，而且还声称"别把数学想象得太难，它只不过是常识的升华而已！"妈呀，口气好大！到底是何方神圣，竟如此胆大包天！欲知详情，请看下文。

刚好在小仲马诞生前一个月，即1824年6月26日，在英国贝尔法斯特城诞生了一个大胖小子。哇，小家伙好可爱哟，滴溜溜转的眼睛闪闪发光，既像玉娃娃，更像瓷宝宝。就像国内众多"狗剩"爹娘一样，父母一高兴就给他取了一个极平凡的名字，叫威廉·汤姆逊，希望"名贱命贵"；果然，后来英皇都得给他授勋赐爵并奖赏了一个"贵"名，叫开尔文；所以，我们下面称这位"洋狗剩"为开尔文。

呱呱坠地时，开尔文本该按"规定动作"扯着尖嗓子，不断"哇，哇"大哭；但很快他就破涕为笑了，因为他发现自己的命真好：父亲是英国皇家学院的数学教授，性情温和，治学勤奋；母亲乃富家千金，且为典型的贤妻良母；更幸福的是，自己作为家中老四，上有二个姐姐和一个哥哥，今后还将再有两个弟妹，全家6个兄弟姐妹，既非常热闹又和睦共处；特别是，小开尔文额外聪明伶俐，所以最受父母宠爱，“捧在手里怕摔了，含在嘴里怕化了”。但是，仅仅只笑了6年，开尔文就又哭了。因为，6岁那年，爱他的和他爱的妈妈竟不幸去世了！悲哭一阵子后，开尔文又笑了，因为农民出身且自学成才的老爸又毅然挑起了照料全家的担子：不但把更多的爱奉献给了子女，而且还特别重视孩子的早期教育，以至在家里培养出了多位神童。真的，你看，大约在开尔文7岁时，作为数学教授的老爸就开始向开尔文及哥哥系统性地教授数学了。此外，每天清晨，老爸还带着孩子们到郊外散步，并提出各种有趣的应景问题，以此激发和培养小家伙们的思考习惯；这时孩子们都兴奋得像麻雀，叽叽喳喳抢着发表意见；聪慧好学的“小麻雀”开尔文，当然就唱得更欢了，不但抢答问题，更会主动提出千奇百怪的问题。

书说至此，读者可能会担心啦：他们每天这样悠闲散步，上学迟到了咋办？嘿嘿，谢谢提醒，其实他们从未迟到过，因为他们压根儿就没上过学！原来，老爸天生就是教育家，其最大乐趣就是给宝贝们传授知识、把他们培养成才；所以，老爸亲自设计了一套教育体系，既有广度又有深度，既能保护孩子们的天性，又能磨砺其智力。比如，老爸给孩子的玩具就很特别，绝非平常人家的刀枪棍棒等玩意儿，而是地球仪或天球仪等另类智力“玩具”，这样便在不知不觉中，激发了孩子们的无尽想象。老爸还亲自编教材，亲自讲课，亲自批改作业；反正，一人独揽了子女们的启蒙教育、小学教育和中学教育等，直到开尔文8岁上大学为止。是的，你没看错，就是“8岁上大学”。实际上，开尔文8岁那年，老爸跳槽到母校格拉斯哥大学任教，于是，全家便搬迁到格拉斯哥这个英国北部第一大港城市定居。以至在若干科学史中都把开尔文称为“格拉斯哥的汤姆逊”，以区别于其他著名的“汤姆逊”们；因为，开尔文一生的主要故事都发生在这里。

当然，开尔文的第一个故事便是上大学的故事，准确地说是上格拉斯哥大学的故事。刚开始时，大家压根儿就没将这位本身长得像玩具而且书包里还装满玩具的8岁小屁孩儿放在眼里，甚至课间休息时还拿他当玩具，逗逗乐，解解闷；因为，他毕竟只是一个旁听生嘛。可几场考试下来，大哥哥、大姐姐们就眼直了、脸绿了、下巴也都快惊掉了；妈呀，“众里寻他千百度”，原来“学霸”却躲在玩具中！于是，昔日的“学霸”们大感“既生瑜何生亮”；成绩差的学生则终于抓到了救命稻草，一会儿孝敬“小老人家”一粒糖，一会儿再送一个新玩具，至于其目的嘛，嘿嘿，你懂的。经过旁听，开尔文眼界大开，不但所学知识更全面、系统，而且还接触到了许多有趣的实验。比如，有一次，这位“学霸”级调皮蛋，在电学实验课上学到了一招，然后回家便仿制了几个莱顿瓶和伏打电堆；再然后，他巧施妙计，骗得妹妹好奇地摸了一把，“啪”的一声，妹妹吓哭了，那显然是因为她被电击了；紧接着，又是“啪”的一声，开尔文也哭了，这次也是一击，只不过是被老爸在屁股上的一击而已。

10岁时，开尔文正式考入格拉斯哥大学预科班，潜心学习数学、物理和天文学等课程；12岁时，他对古典文学产生了兴趣，并因将萨莫萨塔的古诗《与上帝对话》从拉丁语翻译为英语而得奖；14岁时，他进入剑桥大学，开始正式学习大学课程。妈呀，同班的大哥哥和大姐姐们，这下可被小“学霸”羞惨啦。若问到底羞得有多惨，那简直是惨不忍睹，此处就别再揭旧伤疤了。反正，像什么考试状元啦、课堂上对答如流啦、作业轻松搞定啦等都只算小儿科了；更厉害的是，这位小小的“大学霸”，几乎独揽了剑桥大学设立的所有奖项：15岁时，获得全校物理学奖；16岁获全校天文学奖，同时，还因完成一篇出色的论文《地球的形状》而获得大学金质奖章等。对了，开尔文可不是书呆子哟。比如，他在剑桥读书时就积极参加体育运动，尤其擅长田径和单人划艇，并在1843年赢得过科尔克霍恩双桨。此外，他还对训诂、音乐和文学等都有浓厚的兴趣。

“羞”罢同学后，开尔文又开始“羞”教授了。咋“羞”呢？当然是用一连串高水平论文来打击教授们的自信心嘛！据说，第一次“羞”教授的故事，是这样开始的。仍然是他16岁那年的春天，老爸带着全家出国旅游，其既定路线是渡过多佛尔海峡顺着莱茵河南下，途经区域主要在德国境内，其目的显然是想借机提高孩子们的德语水平。知子莫如父，为了让孩子们玩个痛快，老爸事先抛出“群规”：旅游期间，不准带书，更不准读书，以免分散精力，影响玩耍质量。但是，如此软绵绵的“群规”咋管得住正陷入沉思的开尔文呢！只见他略施障眼法就将法国数学大师傅立叶的《热的数学分析》一书藏进了旅行袋。一路观景，一路读书；白天游玩，晚上读书；在老爸眼前玩耍，在老爸背后读书；即使当面与老爸一起玩耍时，其实也在积极思考傅里叶的书；甚至，实在看不懂时，他便假装若无其事地与老爸一起探讨，果然，“书虫”老爸很快就中招，主动扑上来与儿子一起“啃”书，早把“群规”给忘到九霄云外了。于是，旅游结束后，一篇有关傅立叶理论的论文也就完成了；此文指出了另一位权威老教授凯伦特的一个错误，并得到了该教授的认可，还被推荐到剑桥大学的数学杂志上公开发表。哇，开尔文顿时就名扬全校了！此后几年里，开尔文更像黄河决堤一样，“哗啦啦”，高水平论文一篇接一篇奔涌而出，内容涉及数学、电学和热力学等。比如，他17岁时，发现了电力线、磁力线和热力线的类比关系；18岁时，开始研究热传播的不可逆性，即热总是从高温物体传到低温物体，不能反向传递等。更加难能可贵的是，开尔文研究所有这些问题时，都能熟练运用很多数学定理；此时，他已显示出了今后成为杰出数学物理学家的潜质。这也许得益于著名数学家霍普金斯的指导。看来，还真是名师出高徒呀！

当然，在大风大浪中勇往直前的开尔文也曾经“在阴沟里翻过船”。故事发生在1845年1月，当时20岁的开尔文，虽然毫无悬念地通过了剑桥的毕业考试，但其成绩大失众望，因为，他竟破天荒地只得了一个“第二名”！妈呀，事前老爸确信“儿子稳拿第一名”哟；甚至，一个主考教授还自嘲道：我们也许不配判开尔文的卷子呢！幸好，在第二次史密斯奖考试时，开尔文夺得了桂冠，总算找回了一点面子。

此后，开尔文的简历就非常简单了：1845年，从剑桥大学毕业；然后，跟随物理学家和化学家勒尼奥在巴黎从事了一年的实验工作；1846年，受聘为格拉斯哥大学自然哲学教授，任职长达53年之久。他于1866年被封为爵士，1892年晋升为勋爵，1904年任格拉斯哥大学校长直至去世为止。不过，这里说“开尔文的履历简单”，绝非其故事简单，不信请君继续往下读。

先讲一个遗憾的故事：开尔文在电磁理论方面的成就虽然已经不小，比如建立了电磁量的精确单位标准、为近代电学奠定了基础等；但是，其实他的成就本来应该更大，甚至有可能提早发现“麦克斯韦方程”，结果却最终因为“缘分”不够，竟与这个伟大成就擦肩而过。

若按“事后诸葛亮们”的分析，其遗憾源自两方面。

其一，主观方面，也许因为成名太早，所以开尔文比较自负，不善于吸取别人的长处。比如，他撰写论文时，很少参考别人特别是同时代人的著作；而且在写论文时，也是龙飞凤舞，一挥而就，甚至据说他习惯于用铅笔写作，还常常写在零乱的稿纸上，未加认真整理就送出付印。实际上，早在1846年他就已开始“试图用数学公式把电力和磁力统一起来”；甚至，在1846年11月28日的日记里，开尔文清楚地写下了这样的话：“上午十点一刻，我终于成功地用‘力的活动影像法’

统一表示了电力、磁力和电流。”换句话说，电磁理论在他笔下已呼之欲出了。只可惜，他就缺这一“呼”，否则，电磁统一理论的诞生就会提前至少10年。那么，开尔文所缺的这一“呼”，到底在哪里呢？答案是在法拉第那里！如果当初开尔文听从了法拉第的当面建议，或者认真阅读过法拉第的公开专著《电学实验研究》，那也许这一“呼”就不缺了。

其二，客观方面，开尔文没能及时得到法拉第的大力指导。其实，1847年夏天，开尔文曾将自己的论文抄寄给了法拉第，并附上了一封令今人惊叹不已的书信，因为该信中说：“这是我的一篇论文，它从数学上论述了电力和磁力的相同之处，表明了电力和磁力间存在着必然联系……若该理论成立，那么将它与光的波动理论联系起来，就完全可以解释磁性的极化效应了。”但非常可惜的是，不知何故，法拉第竟未回信；若开尔文能在该关键时刻得到法拉第的轻轻点拨，那么也许历史将会重写。书中暗表，从现在的角度来看，无论是何种原因导致法拉第未回此信，这件事对法拉第来说都是巨大损失。因为，一方面，“电与磁之间彼此相关”是法拉第的天才猜想，若他认真阅读了开尔文的那篇文章，也许他的猜想就很快变成了现实；另一方面，即使由于当时法拉第年老体衰，至少是久病初愈，但其实法拉第还可有另一个更好的办法，那就是聘请精通数学的开尔文为助手，从而一举两得。

虽然由于各种机缘巧合，开尔文和法拉第都未能最终完成“电磁的统一理论”，但是，开尔文的功绩决不可否认，因为：第一，开尔文确属“革命军中马前卒”，确实做了不少开拓性工作；第二，是开尔文把自己的思想毫无保留地告诉了麦克斯韦，才促使后者“笑到了最后”。书中暗表，其实，这也是开尔文的伟大之处，因为，他对自己的任何创新思想从不保密，只要遇到知音，便会爽快地“竹筒倒豆子”。

再讲一个喜剧故事。当开尔文被法拉第忽略时，当时的另一位伟大物理学家焦耳却慧眼识珠，发现了开尔文这个后起之秀；于是，焦耳手疾眼快，与开尔文合作将他引上了另一条完全不同的道路，即热力学研究，从而才最终成就了热力学中的最伟大人物之一，才催生了“热力学之父”。

开尔文与焦耳的相遇本身就富有戏剧性。早在1845年，当开尔文还是学生时，就在剑桥大学聆听过焦耳的精彩学术报告，并从此成为后者的忠实崇拜者。仅仅两年后，1847年，已是格拉斯哥大学教授的开尔文，在牛津大学的一个学术会议上又聆听了焦耳的一次学术报告。不过，这次焦耳的报告内容却广受质疑，当时的许多著名热力学家都反对焦耳报告的观点。开尔文也属反对派，他本想等焦耳的报告一结束就马上跳起来反驳；但是，他却突然“临阵叛变”，成了焦耳学说的坚定支持者，因为他听懂了报告中的真理。会后，他赶紧请教焦耳，于是，双方一见如故，大有相见恨晚之意。当时，焦耳29岁，开尔文23岁。从此，他俩成了莫逆之交。

在焦耳的鼓励下，开尔文转向了热力学研究。果然，其天才能力很快就获得了充分发挥；甚至在第二年，开尔文就发明了“绝对温标”。如今，它已成为国际单位制七个基本物理量之一，描述了客观世界的真实温度。1851年，开尔文更提出了热力学第二定律“不可能从单一热源吸热，使之完全变为有用功而不产生其他影响”；并用反证法指出，若此定律不成立，那就必定存在一种永动机：它借助于使海水或土壤冷却而无限制地得到机械功，即所谓的“第二种永动机”。紧接着，他由热力学第二定律断言，能量耗散是普遍趋势。1852年，开尔文与焦耳合作改进了焦耳气体自由膨胀实验，进一步研究了气体的内能，从而发现了“焦耳–开尔文效应”，即被压缩的气体通过窄孔进入大容器以后，就会膨胀降温。这一重大发现是获得低温的主要方法之一，至今仍广泛应用于低温技术之中。1856年，开尔文从理论上预言了一种新的温差电效应，如今称为“开尔文效应”，即当电流在温度不均匀的导体中流过时，导体除产生不可逆的焦耳热之外，还要吸收或放出一定的热量。

最后，再讲一个感人的故事，那就是开尔文的爱情故事。1852年9月，功成名就的开尔文娶回了青梅竹马的首任媳妇克拉姆。可惜，蜜月还未度完，太太就突然病倒了，而且一病不起，直至17年后，于1870年6月17日不治身亡。期间，开尔文一边埋头科研，一边尽心照顾太太，不但毫无怨言，而且体贴之入微、照料之细心完全不亚于任何新婚夫妇，好像他们一直在度蜜月，整整度了17年的蜜月，让人好不羡慕、嫉妒、赞。开尔文的痴情感动了上帝，在首任妻子去世4年后，上帝安排37岁的芳妮走进了开尔文的心田；终于，已经50岁的开尔文在1874年6月24日与芳妮结成秦晋之好，并一起白头到老。这次，射中他们的丘比特之箭是名副其实的光速之箭；实际上，开尔文在千里之外给芳妮发了一封电报“嫁我？”，然后很快收到回复“耶！”。

1900年4月27日，开尔文在英国皇家研究院做了一次著名演讲，题为“覆盖

热量和光线的动力学理论的19世纪的两朵乌云”（简称“两朵乌云”）。由于内容过于专业，此处虽然忽略了“两朵乌云”的具体含义，但是，必须指出的是，在20世纪人类为了驱赶这“两朵乌云”创立了两个伟大的物理理论：一个是相对论，另一个是量子力学。

1907年12月17日，开尔文在苏格兰的家中病逝，享年83岁。开尔文的生命故事至此虽已结束，但他的科学故事才刚刚开始，并将永垂不朽！

第八十二回

穷教授翻江倒海，傻博士英年早逝

公元1826年（道光六年）是很不寻常的一年：美国第二任总统亚当斯死了，紧接着第三任总统杰斐逊也死了！天啦，阎王爷这是要干啥，莫非想派大人物来人间？

果然，这年9月17日，在德国小镇布列斯伦茨的一个穷牧师家里诞生了排行老二的“病秧子”黎曼，全名波恩哈德·黎曼。黎老二家的日子本来还过得去的，可呆板的阎王爷非要坚持“先苦其心志，劳其筋骨，饿其体肤，空乏其身”，于是，稀里哗啦，在短短几年间又让小黎曼添了4个妹妹，然后坐等“天将如何降大任于黎曼也”。

在贫困和疾病中挣扎的小黎曼，并未放弃追求。他6岁上学，14岁入预科，19岁时竟然还考上了“秀才”，遵父愿进入了哥廷根大学攻读哲学和神学，以便子承父业当一名能吃饱饭的牧师，然后娶妻生子，从此过上平凡的幸福生活。可是，这份既定计划却被上天否决了；因为，黎曼此生的本来使命就是要在数学世界里“大闹天宫”，而且，早就被施了数学“魔法”。

比如，黎曼读中学时，校长见他穷得买不起教学参考书，便主动将自己收藏的勒让德的数学名著《数论》借给他。可6天后，这部厚达859页的4部头巨著竟被完璧归赵了，而且，这小子还说“此书了不起，我已看完了”。校长不信，马上出题测试，黎曼果然对答如流，并且还颇有见解。于是，“伯乐”校长干脆一不做二不休，顺势又把大数学家欧拉的众多著作推荐给他，让他不但提前掌握了微积分知识，而且还学到了欧拉的许多数学研究技巧。

黎曼本该专攻哲学和神学的，可有一次，他却阴差阳错走进了数学课堂，那时，斯特恩教授正在讲授方程论、定积分和高斯的最小二乘法。黎曼惊呆了，因为他突然看见数学宇宙的“黑洞”大开，不容分说就把他的身体和灵魂全都给吸进去了。在征得慈父的同意后，黎曼就正式改换专业，决定在数学江湖闯荡一生，哪怕是上刀山下火海也在所不惜。21岁那年，为了师从更多的数学大师，黎曼干脆转学到柏林大学并拜在雅可比门下，学会了高等力学和高等代数；以狄利克雷为师，掌握了数论和分析学；在斯泰纳的指导下，学到了现代几何；从文森斯坦那里熟悉了椭圆函数论等。当年暑假期间，初生的黎“牛犊”更是胆大妄为，竟然开始阅读顶级学术刊物，并在巴黎科学院院刊上锁定了数学大师柯西刚刚发表的崭新理论：单复变量解析函数。更出乎意料的是，经过几周的“闭门造车”，这“小牛犊”还真有了新见解，为4年后撰写博士论文《单复变量函数的一般理论》

奠定了坚实的基础。

“黎秀才”不但能对数学大师的著作“隔空打牛”，而且还抓住任何机会与他们当面切磋。有一次，狄利克雷来格丁根度假，黎曼就赶紧向他求教，并呈上自己未定稿的论文，征求意见；当然，两个多小时的研讨使黎曼受益匪浅，并承认“听君一席话，胜读几天书”。25岁那年，黎曼又将其博士论文呈给大数学家高斯审阅。只见高教授，一边“之乎者也”地读，一边摇头晃脑地笑，最后竟一拍沙发大叫道：“此文真乃令人信服也，黎曼的头脑已是创造性的、活跃的、真正的数学头脑也，尔之创造力真乃灿烂丰富也！”如此评语能出自不苟言笑、难得点赞的高老先生之口，绝对是“高，高，高家庄的高”；虽不算“太阳从西边出来”，也可算是“千年等一回”了！而后来的事实也证明，高斯确实慧眼识珠。仅凭此论文，黎曼就成了复变函数论的奠基人之一；而这篇文章也成了“19世纪数学史上的杰作”。

数学几乎完全重塑了咱们的“黎秀才”，从精神上看，数学把他打造成了世界“巨人”，更让内心充满神奇的力量；从物质上看，数学让他成了“穷教授”，常常神情忧郁，一脸哀伤；从外表上看，数学使他成了名副其实的“傻博士”，羞怯甚至笨拙的举止常被同事嘲笑，而他沉默的回应更让人觉得古怪又荒唐。

因为杰出的学术表现，黎曼毕业后，虽被格丁根大学留校并在两年后破格提拔为讲师，但是贫穷仍不肯与他说“拜拜”。原来，那时德国，自正教授以下都是没基本工资的，收入的多少完全取决于选课学生的数量。因此，讲授科普《安全简史》的老师们就衣食无忧；讲授专著《安全通论》的老师们就得为“五斗米”发愁；而讲授“数学天书”的“黎呆子”嘛，唉，那就可想而知，真可谓“吃了上顿，还不知下顿有没有”。实在不忍心的格丁根大学，再次破例，于1855年开始给黎讲师发放基本工资，虽然只是少得可怜的200美元年薪，但至少能让他安心与数学难题“搏斗”了。哪知天有不测风云，这一年黎家又连遭人祸：父亲和一个妹妹相继去世。于是，黎讲师又得与哥哥一起挑起照顾全家和3个妹妹生活的重担。好容易熬过了两载，年薪也涨到了300美元的黎副教授刚想喘口气，还没来得及请媒婆，结果哥哥又撒手人寰；瞬间，日子就变得更难过了。甚至，这位全球数学界绝顶聪明的黎天才，不得不新增一个“重大研究课题”，即精心计算今天需要多少米，明天又找什么东西下锅！

1859年，著名数学家狄利克雷去世了；年仅33岁的黎曼众望所归，被补缺任命为格丁根大学正教授，成为高斯教席的第二任继承者，获得了一个科学家所能得到的最高荣誉。从此，丰厚的基本工资才使得黎曼一家“吃馒头也敢就咸菜了”。“小康”后的黎教授，在朋友的撮合下，终于在36岁那年娶到了满意的媳妇爱丽丝·科赫，并于次年有了自己的宝贝女儿比萨。但是，由于长期的清贫生活再加过度操劳和玩命地科研，黎教授的身体极度虚弱，精力迅速衰竭。蜜月刚过，他就患上胸膜炎和肺结核；一年后又再添了黄疸病。终于，这位世界数学史上最具独创精神的数学家之一、病入膏肓的黎曼教授，于1866年7月20日，在意大利心脏停止了跳动，从而结束了连续4年的疾病折磨。黎教授仅仅40岁，若不考虑“四舍五入”的数学算法，其实才39岁！唉，天妒英才呀，黎教授，您安息吧，再见！

那位唯恐天下不乱的看官说啦，黎教授咋还没“大闹天宫”呢？哥们儿，闹啦，而且还大闹过两次呢，生前一次，死后一次，难道你没看见？好吧，那就重放一次“慢镜头”吧，这回你可得盯紧点，别再开小差哟！

看，生前的“齐天大圣”来啦！

只见他一个跟斗就翻上了“南天门”，然后竟揪住石狮子的耳朵把玩起来。这头石狮可不是一般神物，而是由当时的“五大数学天王”柯西、雅可比、高斯、阿贝尔、维尔斯特拉斯等合作，基于复数、复函数和单值解析函数树立的“地标性建筑”。可是，“黎呆子”哪管这些！他亮出博士论文，又“唰唰唰”在《数学杂志》上连发了4篇重要论文，从多个方面把过去的解析函数从单值扩展到了多值。接着，他又创立了复函数的本质方法，把“狮子面”换成了“黎曼面”，给多值函数赋以几何直观，将多值简化成了单值；又在黎曼面上引入了支点和横剖线等。经过一番行云流水的改造，哇，“神狮”竟然魔力大增，变成了数学的一个重要分支“复变函数理论”，极大地推动了拓扑学的初期发展。100多年过去了，如今，黎曼-罗赫定理、柯西-黎曼观点、黎曼映射定理等仍在“南天门”前闪闪发光呢。

杀到“凌霄宝殿”后，“黎悟空”发现露天广场有好大一块空地，于是，他全然不请示玉皇大帝，就开始“私搭乱建”，动土开工了，他要修建一个名叫“黎曼几何”的全新宝殿。但见他，先将古今中外的所有几何学包括当时刚刚诞生的非欧几何、双曲几何等连成一串长龙，然后祭出为竞争巴黎科学院奖金的有关热传导的“巴黎之作”，接着摆脱了高斯等前辈“把几何对象局限在三维欧氏空间的曲线和曲面”的束缚，从维度出发，瞬间就建立了一套更抽象的几何空间。待到天庭“城管”的临时工想干涉时，哈哈，已经晚啦，金碧辉煌的全新几何体系已“笑傲江湖”了。站在黎曼几何的塔顶，再往下看时，啊，那真是“一览众山小”啦！

原来，三种不同的几何学，其差别仅在“通过给定一点，能画几条平行的定直线”而已：若只能画一条平行线，即为熟知的欧几里得几何学；若一条都不能画出，则为椭圆几何学；若存在一组平行线，就得到第三种几何学，即罗巴切夫斯基几何学。于是，这位手无缚鸡之力的“黎秀才”，仅在弹指间就结束了过去1000多年来关于“欧几里得平行公理”的争论。黎曼几何不但促使了另一种非欧几何——椭圆几何学的诞生，更出乎意料的是，它竟然在半个多世纪后，引导一位小小的专利员爱因斯坦同志成功地创立了广义相对论。如今，黎曼几何已成为理论物理学必备的数学基础了。

在数学天庭中，微积分无异于太上老君的“炼丹炉”，可是，在“黎悟空”眼里，总觉得哪里有点不对劲儿！于是，当他发现波尔查诺、柯西、阿贝尔、狄利克雷和维尔斯特拉斯等数学大师都在全力以赴试图将“炼丹炉”严格化时，作为后起之秀的黎教授也挤过来凑热闹。1854年，他“啪”的一声就扔出了语惊四座的论文《关于利用三角级数表示一个函数的可能性》，吓得太上老君赶紧去请太白金星出面“调停”。当柯西前辈唱出“连续函数必定是可积”时，黎曼后生马上“和诗”一首，指出“可积函数不一定是连续的”。当全世界数学家都以为“连续函数一定可微”时，黎曼却拔出“猴毛”一吹，妈呀，竟然给出了一个“连续而不可微”的著名反例！到此，人类终于搞清了连续与可微的关系。如今，微积分教科书的“炼丹炉”上，还清晰地刻着黎曼积分、黎曼条件等知识产权“标签”呢。

在王母娘娘的瑶池仙境里，处处都是小桥、流水、神家，于是便引出了所谓“哥尼斯堡七桥问题”等看似简单却又长期难解决的问题，这便促使欧拉等数学大师们对组合拓扑学进行研究，可却始终只获得了“闭凸多面体的顶点、棱和面的个数关系”等零散结果。黎教授本想亲自操刀“宰”了这个数学难题，可那时他已病魔缠身，无力上阵了；于是，他只好“白帝城托孤”，叫来比萨大学的贝蒂教授，“叽里咕噜”传授了一番锦囊妙计。结果，这位洋“诸葛”还真把黎曼面的拓扑分类推广到了高维图形的连通性，并在拓扑学的多个领域取得了辉煌业绩，终于使黎曼成为当之无愧的“组合拓扑学开拓者”。

黎曼这位“齐天大圣”在数学天庭中真可谓翻江倒海，他“捣碎的黄鹤楼”比比皆是，“倒却的鹦鹉洲”数不胜数。限于篇幅，本书肯定不可能在此详述他的众多业绩，但是你若在数学天庭中放眼望去，他那“金箍棒”留下的“伤痕”，至今仍然累累可见；像什么黎曼ζ函数、黎曼积分、黎曼引理、黎曼流形、黎曼空间、

黎曼映射定理、黎曼-希尔伯特问题、柯西-黎曼方程、黎曼矩阵，等等，简直令人眼花缭乱。反正，菩提老祖的这位神秘弟子几乎都快把数学殿堂改造成"黎曼之家"了，幸好如来佛祖及时派来了救苦救难的观音菩萨。

其实，生前的"齐天大圣"还比较理智，他折腾的主要对象只是各种数学"建筑物"，而对各路数学"大仙"们还是彬彬有礼的。但是，身后的"黎悟空"就更不得了啦，他直接把"神仙"们折腾得惨不忍睹，甚至死去活来，而且持续时间长达150多年之久！

剧情大约是这样的。1859年的第一场雪，来得比以往更晚一些。刚刚当选"柏林科学院通信院士"的黎曼，用短短8页纸向全球数学家提交了一篇"小论文"，名叫《论小于给定数值的素数个数》。也许是嫌纸贵吧，穷酸的黎博士在文中多处用"证明从略"来阐述了几个重要定理，并给出了一个自己承认自己也无法证明的猜想，即黎曼猜想。正是这篇弱不禁风的"小论文"，吹响了折腾各路数学"大仙"的冲锋号。

首先是那几处"证明从略"就让后世数学家们像无头苍蝇一样，碰得头破血流。40年后，芬兰数学家梅林才总算碰到了第一条"死老鼠"，不过这已足够让梅教授名垂青史了；46年后，被黎曼一笔带过的一个"小命题"，才由德国数学家蒙戈尔特最终给出了完整的证明。

至于那个"黎曼猜想"嘛，更让数学"大仙"们灰头土脸，无地自容！甚至连数学界的"东海龙王"希尔伯特教授，都不得不于1900年在法国巴黎"国际数学家大会"上（即现在颁布菲尔兹奖的会场）向全球数学家们发出"圣旨"，布置了必须完成的"家庭作业"：花100年时间，在一个世纪内解决黎曼猜想。但是，可怜的数学家们哟，最终却只交了"白卷"。不服输的美国克雷数学研究所，又于2000年仍在巴黎发起了一个数学会议，决定延长"考试"时间，继续把黎曼猜想作为"最为重要的7个数学难题之一"，并且还咬牙切齿地发誓说："解决黎曼猜想者，将获巨奖。"

伙计，我敢保证，与费尔马猜想和哥德巴赫猜想并称为"世界数学三大猜想"的黎曼猜想至今悬而未决，肯定不是数学家们没努力；实际上，黔驴技穷的"大仙"们早就快被"黎悟空"给玩死了，甚至恨不能与该猜想同归于尽呢。

"咬住"黎曼猜想不放的美国数学家纳什，真的精神分裂了；幸好后来在贤妻

的照顾下终于康复，还获得了诺贝尔奖，并成为经典电影《美丽心灵》的男一号。

98岁的数学家哈达玛和96岁的数学家普森，为了想解决黎曼猜想，甚至都幽默地表示“不敢死”。

前面提到的那位“东海龙王”希尔伯特教授，也担心自己会因黎曼猜想而“死得不安宁”。因为，有人曾问他，若500年后能重回人间，你将最希望了解什么事情？希尔伯特毫不迟疑地回答：“我想知道，黎曼猜想到底解决了没有。”

据说，华罗庚的导师、英国数学家哈代教授，在一次有惊无险的航行事故中留下的遗言竟然是“我已证明了黎曼猜想”。他的如意算盘是，如果自己真的死了，那数学界就会又多一个悬案，误以为他已为数学家们出了一口恶气，征服了“黎悟空”；如果没死，那就是多了一个数学玩笑而已。

美国数学家蒙哥马利甚至断言：若魔鬼答应数学家们，可以用自己的灵魂去换取一个数学证明，那么，绝大部分数学家将会拿“黎曼猜想的证明”去成交。

至于证明黎曼猜想过程中的各种“诈胡”，那就更多了。无论是业余选手，还是数学“拳王”，都不知道曾经多少次在各种场合下宣布过自己终于“证明了黎曼猜想”。当然，事后都无一例外地发现，原来那只是“黎悟空”在水帘洞撒了一泡尿而已！

其实，刚开始时，数学家们还是信心满满的。他们决定分兵两路，一路试图否定该猜想；另一路则在假定该猜想成立的前提下，在科学界开疆扩土。结果，第二路大军势如破竹，凯歌高奏，很快就完成了1 000多条重要定理，并打造出了看似无比辉煌的“数论大厦”。这下就更麻烦了，如果第一路大军证明了该猜想，那将皆大欢喜；但是，若黎曼猜想被证伪，那数论中将发生“十级大地震”，许多“仙境”将遭受灭顶之灾，许多顶级数学家一辈子的成就将化为乌有。

那么，所谓的“黎曼猜想”到底是什么呢？若用严格的数学定义去说，那就是“素数分布等于黎曼 ζ 函数的某种非平凡零点分布”。哥们儿，您懂了吗？就算您懂了，估计绝大部分“吃瓜群众”不但难懂其内容，甚至连题目中的字母“ζ”都不认识。不过，幸好这并不影响大家看热闹，也许还有助于您看门道呢。其实，简单说来，黎曼猜想就是，素数将蕴含在某个特殊的带状区域之中；更准确地说，素数将分布在该区域中间的一条名叫“临界线”的直线上。

那么，黎曼猜想到底有什么用呢？这样说吧，傻瓜为什么会缘木求鱼呢？因为他不知道“鱼儿只能分布在水中”；外行捕鱼为啥不如渔夫呢？因为后者更知道鱼儿在河里的分布区域等。换句话说，如果知道了行踪不定的素数分布规律，那么，数学家们便能有的放矢地“捕捞”素数了。而在理论和应用领域内，如今人类对素数的需求越来越大（比如，公钥密码的设计等），当然就更希望搞清楚它们的分布特点了。

第一路大军的战略其实还是很清楚的，只是因为“敌人太狡猾”，所以才拿它没办法。比如，刚开始时，“大仙”们想“关门打狗”，即证明那个分布区域的边界上没有素数，然后，再把这个“边界包围圈”逐步缩小，直到瓮中捉鳖。而且，非常幸运的是，法国数学家哈达玛和比利时数学家普森竟然真的旗开得胜，几乎同时独立攻下了这首个“堡垒”。一时间大家洋洋得意，取出数学界的诺贝尔奖——菲尔兹奖，毫不客气地就想往头上戴。因为，这确实是一个重大成果，它导致了另一个悬疑百年的数学猜想（素数猜想）被证明。但是，“大仙”们高兴得太早了，因为，从此以后无论唐僧念什么“紧箍咒”，那个“包围圈”就再也未被缩小过了。

“大仙”们的另一种战术是“放长线钓大鱼”，即证明“在那个区域的中间线及其附近，确实有很多非平凡的零点”，换句话说，鱼儿们确实都分布在那条“中间线”周围。与“关门打狗”的情形类似，刚开始时也是捷报频传。比如，55年后的1914年，丹麦数学家玻尔和德国数学家兰道发现：确实有众多“鱼儿”紧密“团结”在临界线周围；但却无法断定是否还有少数其他“鱼儿”。同年，英国数学家哈代更发现：就在那根中间线上，真的串联着无数条“鱼儿”！哇，一时间数学界又不得了啦，甚至都以为可以筹备庆功宴了！结果，数学家之愁“才下眉头，又上心头”。因为在1921年，仍然是哈代教授等悲伤地发现：他们7年前发现的那“无数条鱼儿”，真的只是“无数”，因为它们在整条中间线上的占比仅仅是百分之零而已！又过了21年后的 1942 年，挪威数学家赛尔伯格，费了九牛二虎之力才总算突破了哈代的这个“百分之零”；该成果获得的评价之高，肯定会出乎你意料，因为，甚至连数学大师玻尔都说：“它是第二次世界大战期间整个欧洲的唯一数学新闻……”。“黎悟空”戏弄大家115年后，1974年，美国数学家列文森，终于在临死前将那个“非零百分比”提升为“34%”；1980年，中国数学家楼世拓与姚琪，再将它提升为“35%”；1989年，即被“黎悟空”调戏了130年后，美国数学家康

瑞才又将它改进为“40%”。从此以后，就好像进入了“休渔期”，再也没进展了。反正，在过去159年中，“长线”倒是放出去了，可始终未能“钓到大鱼”，只捕获了一些“虾米”而已。

“黎悟空”折腾数学家的最惨情节，其实出现在“抓舌头”战术之中，即“大仙”们试图抓到某位“叛徒”，然后以此揭穿敌人的“真理”；用数学的行话来说，就是找反例来否定黎曼猜想。可是，“抓舌头”谈何容易，首先得抓到“嫌疑犯”，然后再搞清“嫌犯”是不是“敌兵”，最后再想办法逼“舌头”招供。于是，“长征”便开始了：抓呀抓，数学家们左抓落空，右抓失望；时间一天天过去了，手上却仍然啥也没有！终于，在“黎悟空”发难的第44个年头（即1903年），丹麦数学家格兰姆抓到了15 个“嫌疑犯”，即非平凡零点；结果一审查，唉，他们统统都是“良民”。数学家们不死心，继续大面积撒网，直到1925年才抓到区区138个“嫌犯”，而且后来证实全都是“良民”；并且，自那以后就网网扑空了。又过了7年，德国数学家西格尔，从黎曼的手稿“缝穴”中“挖掘”出了一种新算法，从此才把“抓舌头”的工作推上了“快车道”，并在“计算机之父”图灵的帮助下，很快逮到了上千位“嫌犯”；特别是第二次世界大战后，借助强大的计算机能力，从1956年到1969年的十几年间，被逮住的“嫌犯”数从2.5万猛增到350万。于是，数学家们的自信心又要爆棚了，并迅速展开了更大规模的“搜捕”活动；果然，到1979年“嫌犯”数就达到了8 100万，接着就是2亿，然后是3亿。直到2001年，计算机专家终于出手了，德国工程师魏德涅夫斯基请来互联网上的数千台电脑，连续几顿“满汉全席”搞定“肉机”后，一按电钮，只听“咔嚓”一声，瞬间就将“嫌犯”数推高到了10亿；2004年，也是这个魏工程师，又逮住了1万亿个“嫌犯”！可是，令人无比沮丧的是，长达150多年的“抓舌头”工程竟然连一个“舌头”也没抓到，反而是差点冤枉了1万亿个“好人”。唉，在一声叹息之中，数学家们几乎准备向“黎悟空”投降了！

终于，时间到了2018年9月24日，海德堡获奖者论坛上，英国著名数学家、菲尔兹奖和阿贝尔奖双料得主迈克尔·阿蒂亚爵士，口中念念有词，说时迟那时快，迈爵士的五指山手掌向下猛地一扣，只听“轰隆”一声，天崩地裂……

欲知后事如何，且听随后的数学家们分解！

第八十三回

化学结构奠基人，洋务运动促大神

洋务运动的代表人物李鸿章诞生5年后，1828年9月3日，在俄罗斯也诞生了一个重要人物，他就是亚历山大·米哈依洛维奇·布特列洛夫；此人后来成了著名化学家，是化学结构理论的主要创始人。

其实，1828年是化学界的丰收之年，不但诞生了本回主角，而且德国化学家维勒合成了人工尿素、瑞典化学家贝采尼乌斯发现了新元素钍。但本回为啥在开篇醒目地抛出了“洋务运动”几个字呢？因为，当时的俄罗斯也正处于“洋务运动”中，所以，俄罗斯国内的许多社会矛盾对中国读者来说就不陌生了。比如，俄罗斯老百姓主要分为两大派：其一是“德派”或“洋务派”，主要由在俄的外国知识分子特别是德国教授及其支持者组成，他们占据着诸如俄罗斯科学院等尖端“战略高地”；其二是“俄派”或“保守派”，主要由俄罗斯“爱国人士”组成。当然，俄罗斯的“洋务运动”持续时间更长、过程更温和，所以，最终以胜利告终，催生了包括本回主角在内的一大批世界级“洋务派”科学家。实际上，在布特列洛夫一生中，“洋务运动”的痕迹非常明显：一方面，他的工作和生活在国内受到了“保守派”的严重刺激和干扰；另一方面，从选题和科研等角度来看，若无“洋务派”的强力支持，布特列洛夫压根儿就不能接触到学科前沿，更无缘获得国际“大腕”的指点和帮助。好了，闲言少叙，书归正传。

布特列洛夫，小名萨沙，出生在俄罗斯喀山省的一个地主家庭，生活比较富裕，衣食无忧。但不幸的是，妈妈在他出生后的第11天就去世了；从此以后，老爸既当爹又当娘，一把屎一把尿把萨沙抚养长大。由于老爸年轻时曾参加过抵抗拿破仑的战争，所以知道战争的惨烈，更知道发达国家有多厉害；因此，在其潜意识中，老爸便对“洋务派”有了一定的认同感。萨沙从小就以有教养且谦虚的父亲为荣，不但穿着整洁，而且喜欢“洋装”，自然也成了一个“洋务派”坯子，为此还吃过不少苦头呢；此乃后事，这里暂且按下不表。

8岁时，萨沙进入了当地的一所中小学连读寄宿学校。刚报到时，他就被“保守派”盯上了，并计划给他来个“下马威”。原来，萨沙很讲究穿戴，做事又中规中矩，宿舍也收拾得井井有条，怎么看都像是一个不受待见的“小洋奴”。但由于小萨沙成绩很好，学习很用功，有空就读书，再加其综合才能明显高于同龄人，故深得老师喜欢，甚至被个别老师“包庇和纵容”；当然，这样的老师自然也被“保守派”贴上了“假洋鬼子”的标签。闲暇时，小萨沙要么绘画，要么与几个好朋友在花园里玩耍：一边捉蝴蝶，一边讲故事，不亦乐乎。而对来自“保守派”的冷嘲热讽，小萨沙则以老爸为榜样，尽量冷静相处，能让则让，能忍则忍；所以，“保守派”始终未能找到实施“下马威”的借口。

直至8年后的1844年夏季，“保守派”终于名正言顺地找到了理由，于是，数名耀武扬威的学生干部，连续3天在正午12点，不由分说就把“严重违反校规校纪”的16岁萨沙押送到通往饭堂的必经之路游行示众。此时的萨沙，微卷的黄发早已凌乱不堪，眉毛已被烧得焦煳，脏兮兮的衬衫也只剩一个纽扣，左边裤腿卷着，右边裤腿破着，胸前更挂着一个大黑牌子，上面醒目地写着“伟大的化学家萨沙”，并在其名字上打了一个大大的红叉。义愤填膺的“保守派”纷纷以“铁的事实”控诉着“洋奴”萨沙的种种罪行。

“他躲在宿舍里偷偷做化学实验，而且屡教不改”，同学甲怒吼道，“看，这便是从他床下搜出来的烧杯、试管和化学药品等。”

“他是凶手，他肯定想炸掉学校”，同学乙指着萨沙那稀疏的眉毛说，“看，这就是他上次做化学实验时，炸校未遂却烧掉了自己眉毛的证据。”

“打倒洋奴，祖国万岁！”群情激愤的“保守派”早已振臂高呼，口号声此起彼伏，响彻云霄。

本书作为科学家传记，此处为啥要保留这段看似与科学无关的故事呢？因为，正是这次批斗会，正是胸前的“伟大的化学家”几个字，才刺激萨沙下定决心今后偏要与“保守派”对着干，偏要成为名副其实的“伟大的化学家”。于是，批斗会结束后，萨沙昂首挺胸，放弃了这所“保守派”学校，也放弃了自己的小名萨沙，以正式的学名“布特列洛夫”转入了喀山第一中学。

果然，在新学校里，“保守派”相对收敛，老师经验丰富、学识渊博、善于启发学生、善于调动大家的积极性；布特列洛夫也终于如鱼得水，学业全面进步，更可以大张旗鼓地做各种化学实验。布特列洛夫尤其喜欢博物学，热爱大自然；他已不满足于走进大自然，而是要把大自然搬回家：他在家里圈养着各种奇怪的小动物，像什么小乌龟呀、小白鼠呀、花蝴蝶呀等，更有令人毛骨悚然的毛毛虫和它们产下的蛹！老爸虽不反对他的博物学爱好，但仍希望儿子学好数理化。

1845年，17岁的布特列洛夫进入喀山大学博物学专业，并于1849年，以《乌拉尔动物区系的蝶类研究》为毕业论文顺利毕业，然后留校任教。整个大学期间，布特列洛夫本该平淡无奇，无非是在所学专业上如何如何优秀而已；但是，出乎意料地发生了改变他人生轨迹的两件大事。

其一，是家里的事。大约在大二时，布特列洛夫参加了学校组织的一次野外考察，但不幸染上了伤寒；在他生命垂危之际，老爸连滚带爬赶来照顾儿子；最后，儿子虽被抢出了“鬼门关”，但老爸却因感染伤寒被拉进了“鬼门关”！

其二，是专业上的事。老爸的去世，让儿子深感自责，而此事的最初起因显然是博物学专业必需的野外考察；所以，布特列洛夫决定放弃自己最喜欢的博物学专业，只要能拿到文凭就够了。因此，在大学的后两年里，他把主要时间都用于了跨专业的化学课程学习，特别是做了大量的结晶化学实验。

由于布特列洛夫在读书期间跨专业的杰出表现，本来是博物学专业毕业的他，刚一留校就被全校唯一的化学教授克拉乌斯聘为自己的助手；从此，布特列洛夫便走上了化学之路，而博物学则反而成了他的业余爱好。1850年，布特列洛夫通过化学硕士学位考试，并于次年以“有机化合物的氧化”为题的硕士论文获得了喀山大学硕士学位；随即便着手撰写题为“论香精油”的博士论文。

既然是在职研究生，布特列洛夫的压力当然就更大，既要作为老师给学生讲课和备课，又要作为学生完成听课、考试和写论文等工作。不过，幸好房东老太太对他很好：租金嘛，多点少点没关系，迟点早点也没关系；伙食嘛，想吃啥就做啥，想啥时吃就啥时吃；此外，诸如收拾房间啦，换洗衣服啦等，全都免费包了。更加幸福的是，布特列洛夫在房东家发现了一双美丽的大眼睛、一个聪明的高额头、一张端庄俏丽的小脸蛋；哇，它们都属于房东家的那位妙龄闺女。妈呀，自己还在博士论文中论啥“香精油”，走路阵阵香风的她不是现成的“香精中的香精”吗！于是，这位租户，先讨好房东，再搞定七大姑八大姨，最后以“迅雷不及掩耳盗铃”之势果断“收网”，就把心爱的媳妇娶回了家。后来他才发现，哈哈，螳螂捕蝉，焉知黄雀在后；原来，媳妇才是那只“黄雀”，她早就瞄准了自己的如意郎君，只是还没来得及出手，结果布特列洛夫就“自投罗网”了。婚后，夫妇两相亲相爱，并在第二年收获了爱情的结晶；在布特列洛夫眼里，这个“结晶”显然是全球最漂亮的生物结晶，比自己以往得到的任何化学结晶都漂亮十倍百倍。只可惜，这个胖乎乎的“活结晶”不能写进博士论文，最多与老婆一起被写进论文结尾的“致谢”部分。

一直到1854年6月4日，26岁的布特列洛夫才最终顺利通过答辩，获得了莫斯科大学化学和物理学博士学位。从此，布特列洛夫的事业就走上了“快车道”：刚获博士学位便被聘为喀山大学代理化学教授，3年后晋升为正教授；紧接着，29岁那年就获准出国访问1年，这对当时落后的俄罗斯学者来说绝对是千载难逢的机会。于是，背负祖国厚望的布特列洛夫，经柏林转波恩，访问了德国、瑞士、意大利和法国等发达国家，结识了凯库勒等著名化学家；后来到达当时全球的化学研究中心——巴黎，并在武慈教授的实验室里工作了两个月；然后，于1858年按时返回喀山大学。他这次出国访问，时间虽很短，但成果颇丰，比如发现了制备二碘甲烷及其衍生物的新方法、合成了六次甲基四氨和甲醛的聚合物并发现这些聚合物经石灰水处理后会转变成糖类。这些成果，受到欧洲化学家的称赞；特别是对糖类的合成，更被看作重大突破。

其实，对布特列洛夫来说，这次出国访问的最大收获是接触到了当时化学界的国际前沿，抓到了“有机化学结构理论接力赛”的第四棒，并在随后的激烈竞争中“获胜”（即于1861年基本完成了化学结构理论），成就了自己辉煌的历史地位，因为该理论如今已成为化学领域的普遍法则。简单来说，布特列洛夫发现：形成有机分子的原子，在分子中会相互结合、相互影响，并与该化合物的性质密切相关；或更简略地说，物质的化学结构与性质，相互决定。

由于化学结构理论过于高深莫测，所以，此处只简介一些创建该理论的“接力赛”背景，并借机点明参赛选手几乎都是当时的国际顶级“大腕”，由此推知“赛事”的级别之高。

第一棒，绝对是“超级梦之队”的阵容！你看，早在19世纪初，人类就开始探索结构理论。比如，1827年，贝采利乌斯就提出了同分异构概念，并指出异构体的差异其实源于分子中各原子的不同结合。1828年，维勒和李比希等也都发现：每种化合物皆有自己的特定组成。

第二棒，杀出了一匹“黑马”！1850年，英国化学家弗兰克兰发现，在某些金属分子中有机基团的数目与原子的数目密切有关，因而提出：金属与其他元素化合时，具有某种特殊的结合力。这就为有机化合物的结构理论建立了先决条件。

第三棒，也是“超级明星”队。1857年，著名化学家凯库勒发现：化合物的分子由不同原子结合而成，与某一元素相化合的其他元素的原子数目取决于各成分的原子价，比如碳的原子价为4。英国化学家库帕也于1858年独立发现：碳是4

价，碳原子间可组成链状结构。

第四棒，终于由布特列洛夫于1861年锁定了“胜局”。因为，他从整体上基本完成了结构学说，并指出：物质的分子不是原子的简单堆积，而是原子按一定顺序的排列；原子间存在着相互作用的复杂化学力，一种分子只有一个结构；因此，从化学性质便可推知化学结构，反之亦然。更进一步，布特列洛夫还成功合成了叔丁醇，从而验证了其结构学说的正确性。在此后的十几年中，布特列洛夫还利用该理论准确预测并合成了若干有机化合物，如异丁烷等。

创立化学结构理论后，布特列洛夫本该一鼓作气继续完善并发展该理论；但是，受俄罗斯“洋务运动”的斗争影响，喀山大学的“小气候”被严重污染，以至使得“化学结构理论最终完成者”这顶闪闪发光的桂冠被阴差阳错地戴在了德国有机化学家肖莱马的头上。客观地说，这位肖教授捡了一个大便宜，并顺利跑完了“接力赛”的第五棒，也是最后一棒；因为他只是在1864年弥补了布特列洛夫理论的几个瑕疵而已，比如解决了“烷烃是否有两大异物系列”和“碳原子的四个价键是否相异”等问题。

那么，当时喀山大学的“小气候”到底差到啥样呢？这样说吧，甚至连老师都分成了相互敌对的“洋务派”和“保守派”，更不用说本来就血气方刚的学生了。不过，总的来说，“洋务派”在民间处于守势，但在官方却受到重用和保护；而“保守派”则刚好相反，因此，他们经常举行各种大规模示威游行，强烈抗议“洋教授”，对布特列洛夫这样的“半洋教授”则是又爱又恨，而对“保守派”阵营中的“土教授”则疯狂崇拜，以至官方不得不统一规定：严禁向俄籍教师鼓掌致敬。

在双方密集炮火的狂轰滥炸下，喀山大学的老校长终于被赶下了台。更惨的是，在著名化学家门捷列夫等的善意推荐下，布特列洛夫接替了喀山大学校长一职。于是，可怜的布校长，一会儿“啪”的一巴掌，被“保守派”打得两眼冒金；一会儿又“嘭”的一拳，被“洋务派”揍得鼻青脸肿。伴随着一声声凄厉的惨叫，布特列洛夫三番五次申请辞去校长之职，但始终未获批准；哪怕躲进了化学实验室，各种杂务矛盾等也仍然蜂拥而至。在如此混乱的状况下，布特列洛夫哪有心思做科研；于是，他干脆猫在家里浇花、剪草、看孩子。局面稍微平静后，布校长便开始将自己的理论编成教材，终于，“五年磨一剑”，其代表作《有机化学概论》于1864年出版了；接着，在随后的两年中，该部教材又被连续再版3次；1867年更被译成德文，此后不久，欧洲各国的译本也都相继问世。该书被评价为“(当时)

有机化学领域中，绝大多数论著的指路明灯”，因为，它运用化学结构理论解决了许多著名难题，扩展了前人的成果。

眼见布校长就要重蹈前任老校长的覆辙了，于是，俄罗斯政府不得不赶紧出面，替喀山大学“救场”。

首先，1867年8月末，政府再次派遣布特列洛夫出国，访问德国、法国、意大利、阿尔及尔和多个阿拉伯国家等。不过，这次出访的目的很明确，那就是面对德国化学家已跑完“第五棒”的事实，布特列洛夫要向全世界证明：化学结构理论创立于喀山，该理论的荣誉永远属于俄罗斯。至于最终的游说效果如何，我们不得而知；但根据相关权威传记的资料，这次出访的主要收获是“从意大利带回了两箱蜜蜂。”

其次，仍然是在门捷列夫的推荐下，1868年10月，布特列洛夫被莫斯科大学聘为化学教授，并于1869年1月正式登上了新大学的讲台。据说，在首次讲课时，他的教室被挤得水泄不通；看来，莫斯科大学的“斗争气势”确实弱于喀山大学。从此以后，布特列洛夫便安心在这里教书，直至1885年因体力不支而挥泪告别讲台。

在化学教学和人才培养方面，布特列洛夫也有杰出贡献。他的学生遍及俄罗斯各大学和科研单位，很多学生也都成了业务骨干。比如，他在喀山大学的18年中，培养出了包括马尔柯夫尼可夫、波波夫和查依采夫等在内的一大批优秀化学人才；在莫斯科大学的17年中，也培养出了法沃尔斯基等一大批著名学者。作为教育家，布特列洛夫在多方面为学生树立了榜样：他治学严谨，精益求精，工作尽心竭力，事必躬亲。他的学生和同事都一致称赞他是“无与伦比的人物”，都以“与他一起共过事”而自豪。布特列洛夫还是俄罗斯“喀山学派”的领袖；该学派荟萃了一大批俄罗斯化学精英，在世界化学史上也有深远影响。

1886年8月17日，久病初愈的布特列洛夫心情格外爽朗，一大早就牵着猎犬，扛着猎枪，兴冲冲扑向森林。风儿，抢着在前面带路；树儿，向他弯腰致敬；花儿，向他点头问好；鸟儿，为他殷勤歌唱；至于兔儿和羊儿们嘛，嘿嘿，个个精神抖擞，早就下定决心，既要与他藏猫猫，也要逗他个乐陶陶，当然更不能拿自己的生命开玩笑。就在扳机扣动前的一刹那，突然，布特列洛夫听到“嘭”的一声，顿觉胸膛爆炸，剧痛钻心，头晕目眩，憋闷异常，全身抽搐，面孔变形。当医生赶到现场时，一切都晚了：伟大的化学家布特列洛夫，就这样因突发脑血栓而逝世，年仅58岁。

时年，中国洋务运动的产物——北洋舰队的铁甲舰“定远”号，正耀武扬威地访问日本。中国的洋务运动也进入高潮：矿业、邮政、铁路、电报业等相继出现，轻工业也大力发展；左宗棠已在6年前创办了兰州织呢局，成为中国近代纺织业鼻祖；轧花、造纸、印刷、制药、发电厂、自来水厂、机器缫丝、玻璃制造等也都开始热火朝天。总之，在洋务运动的推动下，中国民用工业得到迅速发展。可惜，仅仅十年后，在“保守派”的疯狂反扑下，随着北洋海军在中日甲午战争中的全军覆没，持续30余年的中国洋务运动终于宣告结束。

第八十四回

灵蛇画莽解难题，真相原来很可疑

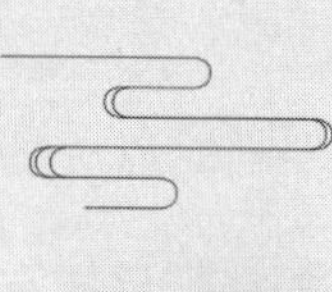

化学江湖中最神奇的传说，也许当数凯库勒发现苯分子结构的故事了。因为他自己说，当他百思不得其解时，灵蛇便“托梦”演示了苯的分子结构，于是他照猫画虎就梦想成真了。上百年来，几乎所有中学化学课堂上，都在重复着这个传奇；各种少儿科普读物中，对该故事更是大写而特写；许多严肃的心理学家，还将它解释为“日有所思，夜有所梦”的典范;唯独少有人怀疑它的真实性。那么，该传说到底是真是假，真相到底又是啥呢？读完本回，您将得到答案。

凯库勒，全名弗里德里希·奥古斯特·凯库勒，后因其科学成就突出被时任德国皇帝赐封为贵族，更名为弗里德里希·奥古斯特·凯库勒·冯·斯特拉多尼茨，即在其全名后面增加一个名号“冯·斯特拉多尼茨”；该名号其实是凯库勒祖上的既有名号，意指在波希米亚拥有一块名为“斯特拉多尼茨”的领地。由此可见，凯库勒的基因很好，其祖上早已是贵族，准确地说是捷克贵族，但因信奉新教，便在14世纪30年代被迫迁居德国，辗转流浪后，子孙们终于定居于达姆施塔特地区。

凯库勒，1829年9月7日生于德国达姆施塔特。小家伙从小就既聪明又调皮。据说，上小学时，有一次语文老师布置了一道作文题，要求下课前交卷。话音刚落，只见同学们立即行动，又是写又是画，又是挠头又磨牙，有的战战兢兢汗不敢出，有的战战兢兢汗流如注；唯独凯库勒若无其事，一会儿左顾右盼，一会儿又仰望天花板，压根儿不看那空白试卷，更没写上一语半言。老师见他如此悠然自得，心里虽发急，嘴上却又不便干涉，只是用责备的眼神不断催促他赶紧动笔，并盘算着如何收拾这个调皮蛋。哪知，快下课时，凯库勒居然抢先交卷：捧着手中的白卷，出口成章地“读”了起来。这篇即兴之作，结构精巧，文采飞扬，博得了大家的热烈掌声。

上中学时，凯库勒更是才华爆棚。他不但精通四门外语，还非常喜欢钻研各种新奇现象，且思想深刻而新颖；他不但经常受到老师表扬，而且同学们也乐意与他交流，总觉“听君一席话，胜读十年书”；他不但智商高，而且情商也很高，口齿伶俐，谈吐风趣，具有非凡的演说才能；他不但善于听取各方意见，还善于向他人提出建议；所以，无论在哪里，他都能很快成为焦点，都倍受大家喜爱。他的兴趣非常广泛，且在各方面都很出色，比如，他在写作方面，经常独出心裁，妙语连珠，“金句”信手拈来；在建筑方面，更表现出惊人的天赋，甚至在课余时间还跟着一位高级建筑师系统学习了设计制图和绘画等基本功。他中学还未毕业，就已设计了3幢新奇别墅，为此他立志，长大后要当一名优秀建筑师。他父母非常支持儿子的这个梦想，因为建筑师能挣很多钱；但不幸的是，他中学毕业前老爸就去世了，于是，凯库勒只好一边工作，一边读书。

18岁时，凯库勒以优异成绩考入吉森大学。吉森大学是德国当时最著名的大学，校园美丽，学风淳朴；更值得骄傲的是，吉森大学还拥有化学家李比希等一大批杰出教授。而且，吉森大学还允许学生不受专业限制，自由选择喜爱的课程。凯库勒深信自己的建筑天赋，因此毫不犹豫选择了建筑专业，并以惊人的速度修完了几何、数学、制图和绘画等十几门建筑专业的必修课。但是，就在凯库勒准备扬帆启航，要在建筑领域大干一场时，一个偶然事件却改变了他的人生轨迹。

原来，大约是在大二时，凯库勒参加了一场民事案件听证会。一场大火后，主人丢了一枚价值连城的宝石戒指，而类似的戒指却又出现在佣人手里。于是，主人诉佣人偷戒指；而被告却坚称这枚戒指不是原告丢失的那枚，因为自己早在1805年就拥有了它，还声称它是已故上任富豪主人赠送的礼品。双方各执一词，各有各的道理，也各有各的瑕疵。特别是在戒指的细节描述方面，主人的证词明显粗糙，甚至有多处差错；反之，佣人的证词则准确无误：戒指上镶嵌着两条龙，一条金龙，一条白龙……针对这场难断的官司，法官们面面相觑，束手无策，只好请来化学家李比希教授。只见李教授摆出一堆瓶瓶罐罐和化学药品，当场分别对金龙和白龙的金属成分进行了测定。良久，李教授才平和而坚定地宣布："白龙是金属铂，而金属铂直到1819年才开始用于首饰打造；因此，该戒指不可能在1805年就被佣人拥有。"如此清晰的逻辑分析、如此确凿的实验结论，终于使佣人供认不讳。

哇，原来化学还有如此神功！李教授的精彩断案让凯库勒由衷敬佩，从此以后，他便成了李教授的铁杆崇拜者：偶像的化学课成了首选，偶像的公开讲座更是场场不落。终于，李教授那轻松的神态、幽默的语言、广博的知识，把凯库勒带入了全新领域，让他彻底爱上了化学，爱上了化学世界那梦一般的美丽。于是，他立志改行学化学。但是，此举遭到全家反对，因为他们宁愿让他改学别的专业；为此，凯库勒曾一度被迫转入某工艺学校。但是，凯库勒始终坚信自己的未来属于化学。即使待在工艺学校，他的心里也仍装着化学，很快与该校的化学教师成了朋友，并在其指导下做了不少分析化学的实验，还熟练掌握了多种分析方法；更巧的是，这位化学教师不是别人，而是李比希的亲戚。嗨，看来凯库勒始终是"孙悟空逃不出李比希的手掌心"呀。亲人们见凯库勒实在是铁了心，便只好让步，同意他重返吉森大学继续学习化学。因此，20岁时，凯库勒又回到了李比希的实验室，继续进行分析化学实验。李比希也被凯库勒的坚强意志所感动，从此，不但尽心指导，还更加严格要求。书中暗表，现在看来，凯库勒早年所受建筑专业训练，不但没白费，而且对他后来的化学结构研究还非常有用；因为，建筑设计需要很强的形象思维，这便使得凯库勒善于运用模型方法把化合物的性能与结构联系起来，从而取得了重大成就。原来，各学科之间，真还有许多相通之处呢。

刚开始时，凯库勒本想聚焦于化学实验，因为那正是李教授在法庭上出彩的东西；但后来被李教授臭骂过一次后，凯库勒才转为化学理论研究。原来，凯库勒其实并不擅长实验工作：他的实验台面乱七八糟，实验设备简陋不堪，实验动作很不标准，实验习惯更是危险万分。甚至有一次，他竟将一大瓶"银盐"放在身旁！吓得李教授脸色煞白，声音发抖，赶紧叫停；然后蹑手蹑脚走到瓶前，轻轻将浓盐酸倒入瓶中后才长舒一口气，反身冲着凯库勒就是一通臭骂：找死呀！如此大剂量的"银盐"怎能这样存放！一旦爆炸，整幢楼都将被摧毁！在对凯库勒的所有其他实验药品进行全面检查后，李教授这才放心离去，临走前撂下一句话"你更适合研究化学理论"；果然，李比希神机妙算，后来凯库勒的伟大成就确实是化学理论。

为了在化学理论方面继续深造，1851年，22岁的凯库勒在叔父的资助下自费到巴黎留学，并闪电般地于1852年6月以"论硫酸氢戊酯及其盐"为题的论文，获得了化学博士学位。在巴黎留学期间，凯库勒的最大收获，就是在导师日拉尔的指导下进入了当时化学理论的最前沿——有机化学。为啥凯库勒能如此神速就毕业了呢？嘿嘿，主要原因有两个。

其一，是经济原因。想想看，叔父本来就不富裕，哪有太多钱来资助侄儿"留洋"，因此，凯库勒就必须速战速决，必须在后方"补给断粮"之前凯旋。于是，他一鼓作气，以雷霆万钧之势迅速拿下了"三大战役"。其中，在"时间战役"中，他采取"橡皮筋战术"：一天当作两天用，晚上当作白天用，假日当作加班用。在"知识战役"中，他采取"敲骨吸髓战术"：见啥学啥，管它是学术思想、学术风格或是研究方法，只要是先进的东西都照单全学；他人在哪里就学到哪里，教室里的精彩课程当然得听，礼堂中的公开讲座不容错过，图书馆自然更少不了；他见谁跟谁学，导师肯定是重点学习对象，师兄弟也不放过，校园中的各种研讨和沙龙更是场场必到。在"银子战役"中，他采取"冬眠术"：一分钱当两分花，有素就不吃荤，够保暖就不添衣，能走路就不乘车，反正是能省则省。

其二，是学术原因。没办法，“天生丽质难自弃”，硬邦邦的学术成果摆在那里，不给他授个博士学位你都不好意思收场！当然，他的导师在其中也扮演了关键角色。他们师徒俩实在太投缘：在导师的书房里，两人经常争得面红耳赤，忘了吃饭，忘了睡觉，忘了月亮已经下班，忘了太阳已经出山；一旦有啥重大收获，哇，两人又瞬间击掌相庆，“停战”庆功。

从巴黎衣锦还乡后，经李比希介绍，凯库勒来到普兰特的私人实验室；屁股还没坐热就又被英国的施旦豪斯实验室“挖”到了伦敦，分析各种药物制剂、研究如何从天然植物中制取新药等。这些工作虽非凯库勒的最爱，且单调乏味，每天累得精疲力竭；但为了生活，凯库勒毫无怨言。白天，他不知疲倦地做好每一项研究；晚上，便卷入疯狂的头脑风暴：与同事们研讨各种有机化学理论问题，用“火星语言”激烈争论着什么“化合价”呀、“原子量”呀、“分子”呀等。凯库勒的脑子里更是充满了各种“原子价”问题，一会儿硫原子与氧原子“打架”，互相抢夺对方地盘；一会儿原子的“化合价”又摇身一变，成了化学新理论的基础；一会儿众多原子又化为球形小人，表演着集体阵列变换操，小人们或聚或散、或舒或卷，虽然千变万化，但其规律分明就在眼前，就只差捅破那层“窗户纸”便可“谈笑凯歌还”。可是，由于日常工作紧张而单调，凯库勒根本没有大块时间用于系统思考，他的许多想法和假说都无暇验证；因此，他渴望回到德国，渴望在某大学当老师，这样才有良好的科研条件。

26岁那年，凯库勒终于“咬牙”离开英国，再次回到德国，对柏林、吉森、哥廷根和海德堡等城市的大学进行了一通“地毯式”的求职，但无果而终。实在无奈之下，凯库勒只好听从海德堡大学化学教授本生的建议，在海德堡开办了一所化学私塾并自我任命为副教授，因为那时许多大学生都对有机化学特感兴趣。至于校址嘛，当然只是临时租用的一套民房：客厅改教室，厨房改实验室。晚上睡觉咋办呢？好办，在私塾里随便找个角落搭个地铺就得了。尽管有了私塾，凯库勒在经济上仍需仰仗叔父的再次资助；因为，开张锣鼓之后，前来听课的学生只有区区6位，其中还有一位是走错了房间。幸好，没过多久，私塾就座无虚席，凯库勒终于“入能敷出”了；更可喜的是，预约报名者还与日俱增。于是，他一边讲课一边带学生做实验，更将所有空闲时间用于化学研究，验证自己在伦敦时的各种新想法。私塾的资金虽不充足，但尚可维持科研用度；就这样，凯库勒真

的搞清了许多化合物的结构，完成了一篇在当时居国际先进水平的论文《论雷酸汞的结构》，补充和发展了导师日拉尔的“类型论”；紧接着，1857年，他发现“碳是4价的”。1858年，他进一步指出，碳原子可连成链状骨架，其上还可再连接氢、氧、氯等原子，从而形成多种复杂化合物；这就开辟了理解脂肪族化合物的新途径，为现代结构理论奠定了基础。

1859年，年满30且已颇有建树的化学家凯库勒，终于在比利时的根特大学谋到了一个全职教授职位。从此，“吃饭问题”才被彻底解决，凯库勒也才能全身心地从事化学研究。果然，“专业队”就是比“民科”强：在根特大学的化学实验室里，凯库勒简直如鱼得水，只见他睁开那“火眼金睛”，向左一瞟，哈哈，就发现“碳链在化学反应中是不变的，是牢固稳定的”；向右一瞟，哇，又找到了“以碳四价为核心的有机化合物结构理论”（简称“碳链结构理论”或凯库勒理论），后来，该理论经完善后成了有机化学中的经典理论；向下一瞟，妈呀，这才发现，化学界的教学和科研咋如此混乱呀。于是，他振臂一呼，就于1860年9月3日在德国卡尔斯鲁厄城召开了“第一届世界化学家大会”；来自十几个国家的150多位化学家，在会上当面解决了无机化学中存在的几乎所有的混乱问题，从而统一了诸如化学价、元素符号、原子和分子等概念。可惜，有机化学中的混乱局面并未彻底解决，这也许是因为缺少了他的“向上一瞟”吧。他为啥不“向上一瞟”呢，因为他已坠入了爱河。

原来，1862年，33岁的凯库勒娶媳妇了。美满的婚姻使他干劲倍增，工作热情更加高涨，因为他马上就要当爹了，马上就得养家糊口了，马上就要成为儿子的榜样了。每每想到这些喜事，凯库勒连睡着都笑醒了；但是，非常可惜，幸福的时光转瞬即逝。怀孕后的妻子健康状况越来越差，最终在生下儿子后便去世了。丧妻之痛刻骨铭心，亲人安慰不管用，朋友劝说不管用，唯一能使凯库勒从痛苦中解脱出来的事情，便是工作，工作，再工作！

怀着满腔悲愤，怀着对妻子的无限眷恋，凯库勒开始集中全部“火力”向苯及衍生物“开炮”。这回凯库勒改变战术，不再睁开那“火眼金睛”了，甚至干脆连凡胎肉眼也不睁了，而是闭目养神，然后就在不知不觉中睡着了，开始做梦了。咦，那是啥，凯库勒在睡梦中看见碳原子连在一起，形成弯曲的灵蛇；对，它就是一条蛇！它身上的每个碳原子，都带着一个氢原子；碳原子和氢原子互相粘在一起，连成了一条怪模怪样的长蛇。突然，这蛇开始蠕动，它爬呀爬呀，摇头又晃脑，跳舞又扭腰，而且越跳越快；渐渐地，灵蛇开始转圈，蛇头追着蛇尾不停转动，形成一个圆环。突然，蛇头追上蛇尾并一口咬将下去，牢牢衔住了尾尖，从此就不再动了。

梦醒了，但“模特儿”灵蛇摆出的那种碳氢原子形状还未消失；这不正是自己“众里寻他千百度”的苯分子环状结构吗？于是，凯库勒抓起纸笔，匆匆画下了梦中的环状结构。化学史上的一项重大突破就这样“一梦成功”了，其时是1865年圣诞前夕。凯库勒因此成了有机结构的奠基人，1865年也因此被称为“有机化学界的重大突破之年”。

伙计，这个梦境故事可不是我瞎编的哟，而是凯库勒自己在柏林市政厅举行的“庆祝发现苯结构25周年大会”上亲口讲述的。而且，这个故事很快就传遍了全世界，不仅普通人觉得神奇，连心理学家也很感兴趣，以至过去100多年来众多心理学家在研究“梦与创造性的关系”时，都喜欢以此为例；据说，该故事竟成了心理学相关领域中被引用最多的案例。但是，冷静分析后，不难发现，这个故事疑点很多。特别是在20世纪80年代，美国南伊利诺大学化学教授沃提兹，在全面研究了凯库勒留下的历史资料后发现了众多间接证据，表明凯库勒可能有意捏造了这个传奇。比如，1854年，即在凯库勒“做梦”前10年，法国化学家就在《化学方法》一书中把苯分子结构画成了“衔尾蛇”；而且凯库勒在1854年7月4日曾给德国出版商写过一封信，希望由他将《化学方法》一书译成德文，这就表明凯库勒曾读过该书。那么，凯库勒为啥要编造这个梦境呢？原因很可能是他不想让人知道“他的重大灵感来自法国”，因为当时德国的反法情绪正浓，凯库勒在一封信中甚至也把法国人骂为“狗崽子”；所以，他也许将“故意忽略法国”理解为某种“爱国主义”行为吧。不过，梦虽可能是假的，但凯库勒的成就却是真的，他的苯环结构学说打开了芳香族化学的“大门”；他的价键理论促进了19世纪中叶有机化学的发展，以及德国建立庞大的有机化学工业体系。

1868年，凯库勒回到德国，然后一直担任波恩大学教授，并于1877年被选为波恩大学校长。凯库勒不但是伟大的科学家，还是卓越的教育家，他培养的优秀学生遍布全球。比如，在最早的5位诺贝尔奖化学奖得主中，他的学生竟占了3位；又比如，从32岁开始，他就一直致力于教材《有机化学教程》的编写工作，直至去世前已出版三卷。可惜，第四卷却最终未能完成，因为，1896年4月，凯库勒在旅途中患上了重感冒并引发心脏病，于当年7月13日病故，享年67岁。

第八十五回

麦克斯韦写方程，电磁光学统一论

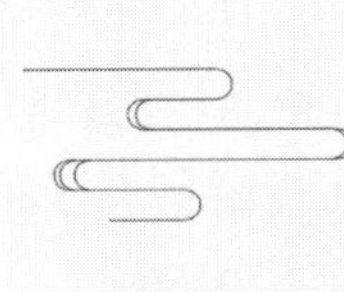

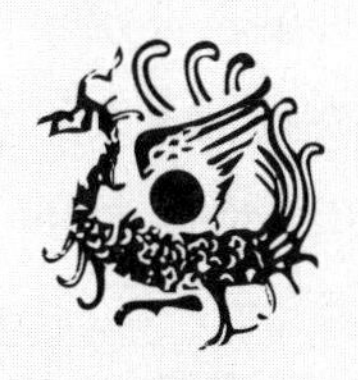

本回主角是麦克斯韦，全名詹姆斯·克拉克·麦克斯韦，您若对他印象不深，那下面的事实将令您对他肃然起敬。

在"麦克斯韦诞辰100周年纪念会"上，爱因斯坦评价道："(他的成果)是自牛顿以来，物理学中最深刻、最有成效的变革。"换句话说，爱因斯坦认为，麦克斯韦的伟大程度仅次于牛顿，排名第二。1999年底，英国《物理世界》杂志评出"有史以来十名最伟大的物理学家"，麦克斯韦排位第三，仅次于爱因斯坦和牛顿；同期，在英国广播公司（BBC）举行的"过去1 000年来十名最伟大的思想家"评选活动中，麦克斯韦竟也榜上有名。

麦克斯韦在电磁学上的成就，被誉为继牛顿之后"物理学的第二次大统一"，即牛顿统一了天和地的运动规律，麦克斯韦则统一了电学、磁学和光学。麦克斯韦统一后的东西，竟是非常简捷的方程组，如今称为"麦克斯韦方程组"。它既具有对称美，也兼统一美，又含和谐美，更有简单美；总之，它涵盖了物理学界的几乎所有美，堪称物理学的美学典范，是名副其实的"物理杨贵妃"。

麦克斯韦在光学、力学、电磁学、天文学、弹性理论、分子物理学、统计物理学等许多领域都做出了重大贡献。他从理论上总结了人类对电磁现象的认识，揭开了电磁之谜，天才地预见了电磁波，为后来无线电等的诞生和发展开辟了道路；在19世纪的所有物理学家中，他被认为"对20世纪的影响最大"，他的成果为狭义相对论和量子力学打下了理论基础，是现代物理学的先声；他的电磁世界观，为科学指明了方向；他建立的电磁场理论，是19世纪物理学发展的最光辉成果；他筹建并领导的"卡文迪许实验室"长期引领着原子物理学研究的方向，以至该实验室被誉为"诺贝尔物理学奖的摇篮"；他为诘难热力学第二定律而进行的著名假设——麦克斯韦妖，至今还为人们津津乐道；他被称为电磁波之父、经典电动力学创始人和统计物理学奠基人等。

但非常遗憾的是，麦克斯韦生前却未能享受其应得的荣誉，甚至他的成就压根儿就未被人们真正理解。说来也怪，麦克斯韦的一生中好像总是难以被人理解：中学时代，他的服装不为同学所理解；大学时代，他的言语不为同学所理解；成年后，他的学说不为同行所理解。直到他去世后许多年，在1888年赫兹证明了麦克斯韦曾预言的电磁波的存在性后，人们才恍然大悟：哇，原来麦克斯韦竟如此伟大！这是咋回事儿呢？欲知详情，请读下文。

1831年，是大事频发之年：且不说雨果完成世界名著《巴黎圣母院》，达尔文开始环球航行；也不说黑格尔和美国第5任总统等一大堆名流纷纷去世；还不说咸丰皇帝、日本第121代天皇、美国第20任总统等国家元首，相约降生人间；单单是在电磁学领域，就发生了翻天覆地的两件大事，即法拉第首次发现电磁感应现象及本回主角于当年6月13日在苏格兰爱丁堡诞生。

刚刚呱呱坠地，麦克斯韦就发现自己撞上了好运，竟生在了名门旺族之家：祖父既富又贵，是第6代克拉克从男爵，而且颇具艺术天分，素描和彩绘都很棒；祖母也是富家千金，甚至在米德尔比地区拥有大量地产；妈妈性格刚毅，做事干脆利落，决策果断，遇事冷静不乱，非常热爱田园生活；父亲不但继承了巨额遗产，而且还是当地的一位著名律师，也是一位热衷于建筑和机械的设计师。父亲的言传身教对麦克斯韦的一生影响很大。父亲是一个慢性子，思想开放，思维敏锐，注重实际，行事粗犷，还非常能干；家里的大小事情，从修缮房屋、剪裁衣服到制作玩具等，父亲都样样精通。全家人的唯一缺点，就是讲话的乡音太重，外地人很难听懂。

麦克斯韦的幸福童年，是在自家那一望无边的、面积多达610公顷的格伦莱尔庄园度过的。由于他是家中“独苗”，再加父母老来得子且头胎又不幸夭折，所以麦克斯韦自然就成了整个家族的“小皇帝”，集万千宠爱于一身。麦克斯韦从小就有超强的记忆力，不但能背诵米尔顿的长诗，还能熟记119篇赞美诗的全部176行诗句。母亲对儿子的早期教育更是竭尽全力，亲自教儿子读书，更注意培养其好奇心。儿时的麦克斯韦求知欲和想象力都很强，凡是能运动、能发光或能发声的东西都会引起他的好奇，甚至像门锁或钥匙之类的东西也都在他的关注范围内；他还爱思考，好提问，走到哪里就问到哪里，见什么就问什么，问什么就想什么。据说，2岁多时，他就开始缠着大人追问：为啥马车要停在路旁？马儿为啥要休息？马儿的肚子也会疼吗？苹果为啥是红的？长大点以后问题就更多了，像什么死甲虫为啥不导电啦、活猫和活狗摩擦会生电吗，等等。虽然老爸常被他问得“人仰马翻”，但心里很高兴，后来干脆带儿子去爱丁堡皇家学会旁听各种科学讲座；当时，小家伙的个头还没讲台高呢！由于老爸是皇家学会的忠实拥护者，所以，儿子便经常出入科学界，受到了不少熏陶。

童年的幸福转瞬即逝。就在麦克斯韦8岁那年，妈妈因患胃癌匆匆离世。于是，老爸承担起了儿子的早期教育任务。父子俩朝夕相处，相依为命，关系非常亲密；以至麦克斯韦最大的快乐，就是像“跟屁虫”一样随时给老爸当“拐棍儿”。为了

"赢在起跑线"上，老爸给儿子请了一位家庭教师。可哪知事与愿违，这位家庭教师十分刻薄，经常责骂麦克斯韦并羞辱他迟钝、任性等，这在麦克斯韦的幼小心灵中烙下了深深的阴影；再加过早失去母爱，以致他性情渐渐孤僻，终生都很内向，不善交际。幸好，在姨妈的提醒下，老爸及时发现了问题，于1841年11月果断辞退了这位家庭教师，然后将儿子送到久负盛名的爱丁堡中学读书。

由于长期待在乡下未见过世面，再加入学比较仓促，报名时一年级的名额已满，所以，10岁的麦克斯韦不得不直接跳级进入二年级。结果，上学当天就因浓重的乡音遭到了嘲笑，因为大家确实听不懂他在说啥；身上穿的褂子和鞋子更被鄙视，因为那是他老爸按乡间传统亲自缝制的杰作；见到老师和同学时不懂问好，因此被认为不够绅士，甚至被误解为粗鲁。于是，调皮蛋们便群起而攻之，很快，麦克斯韦的衣服被撕破了、脸也被抓伤了，而且还被取了一个很难听的绰号——土包子。反正，在全班同学眼里，这位新同学几乎成了愚蠢和古怪的代名词。熟悉了学校环境后，麦克斯韦开始"反击"了。刚开始时，他采取"各个击破"战术，用拳头将调皮蛋们逐一降服，至少是让大家"口服"，从此再没人敢当面叫"土包子"了。13岁时，这位"土包子"又突然发力，竟同时获得了校内数学、英语及诗歌一等奖，于是，"洋包子"们才终于意识到，妈呀，原来自己才是"土包子"，原来麦克斯韦是"超级学霸"，从此，大家对他才真正口服心服！其实，麦克斯韦并非只是"学霸"，他早在14岁时就在《爱丁堡皇家学会会刊》上发表了一篇名叫《论椭圆曲线》的科学论文；虽然今天看来其水平很一般，但当时它在校内造成的震撼却非同一般，甚至受到了爱丁堡学术界的关注。从此之后，麦克斯韦的科学严密性和对数学的偏爱就暴露无遗了。不过，麦克斯韦绝非神童，甚至可以说是大器晚成，因为直到生命晚期，他才运用深奥的数学工具取得了自己的代表性成就。当然，他的最大特点是不屈不挠，而且总是精力充沛。

16岁时，麦克斯韦进入爱丁堡大学，专攻数学物理。在班上，他虽年纪最小，但成绩总是名列前茅；他读书虽很用功，但并不呆板，课余时间要么写诗，要么广泛阅读各种书籍，从而积累了大量知识，为后来攀登科学高峰奠定了坚实的基础。在爱丁堡大学期间，有两位老师对他产生了深刻影响：一位是物理学家福布斯，另一位是逻辑学家哈密顿。前者培养了他对实验技术的浓厚兴趣；后者则强制训练了他的写作条理性，并用怪诞的批评能力刺激他爱上了基础研究和科学史。由于名师的指导，再加本人的智慧和勤奋，麦克斯韦的学业一天天进步，并用3年

时间学完了4年的全部课程，而且还在18岁那年又在《爱丁堡皇家学会会刊》上发表了两篇论文。

此时，爱丁堡大学这个“摇篮”已太小。于是，在征得老爸同意后，1850年10月，19岁的麦克斯韦转学进入了剑桥大学，并在三一学院数学系学习，然后于1854年毕业，顺利取得数学学位；接着便留校任教至1856年。在剑桥大学的6年期间，麦克斯韦的最大收获就是遇到了“数学伯乐”霍普金斯；因为，后者让麦克斯韦坚信“科学应为人类服务，空洞的数学和虚伪的图形最为无聊”。于是，麦克斯韦开始重视数学与物理的结合。正巧，就在这时，法拉第于1855年出版了科学巨著《电学实验研究》。麦克斯韦在潜心读罢这部巨著后，被法拉第那大胆而新颖的见解所触动，同时也从“书里竟无任何数学公式”的事实中发现了科研良机，并从此下定决心，要用自己的数学天赋来填补“法拉第理论缺乏数学基础”的空白。说时迟那时快，麦克斯韦竟在当年就来了个“开门红”，发表了自己的首篇电磁学论文《论法拉第的力线》，用数学理论较好地解释了法拉第的观点。此文立即得到了法拉第的肯定，他亲自给麦克斯韦写信说：“你的文章很出色，你是真正理解我理论的人。”但紧接着，法拉第又进一步鞭策道：“你不该只是用数学来解释我的观点，而应该突破它！”麦克斯韦深受鼓舞，科研信心更足了。可是，“突破”谈何容易，麦克斯韦几乎花费了近20年的光景，直至去世前几年才最终完成“突破”；其间的酸甜苦辣，五味俱全。直到7年后的1862年，麦克斯韦才迈出了艰难的第二步，即在英国《哲学杂志》上发表了第二篇电磁学论文《论物理的力线》，推出了两个微分方程统一解释了所有已发现的电磁感应现象，当然也包括法拉第的电磁感应现象。此外，麦克斯韦还给出了一个惊人预言：变化的电磁场将从四面八方向空间传播，形成“电磁波”！又过了两年，他发表了论文《电磁场动力理论》，提出了一套完整的方程组，而且又给出了一个更惊人的预言：光也是一种电磁波！再过了9年，麦克斯韦才最终出版了集电磁理论之大成的经典著作《电磁学通论》；从此，电磁理论的大厦终于建成，麦克斯韦早年的“突破”梦才总算变成了现实。可是，由于麦克斯韦的这套理论太高深，人们只拿它当茶余饭后的新闻，并未真正理解它，更谈不上重视它；所以，此处也只好“倒带”，重新穿越，回到麦克斯韦的青年时代。

1856年，25岁的麦克斯韦永远失去了父亲；也是在这年，麦克斯韦离开剑桥大学，接受了马歇尔学院的教授职位，后来又升为系主任。麦克斯韦教授在讲台上的表现真不敢恭维：虽然备课很认真，板书也很漂亮；但是，他要么像催眠一样照书念讲稿，要么就经常跑题，而且一跑就跑到天涯海角，滔滔不绝，大谈特谈刚刚闪现的某个灵感；一会儿随手在黑板上画满“火星文”一样的图形和符号，一会儿又陷入自言自语状态。反正，即使是最优秀的学生，也会被搞得晕头转向。至于课堂进度嘛，当然就完全没谱了。但是，一下讲台，麦克斯韦便立即成了一位非常尽职的导师：他常常与感兴趣的学生进行头脑风暴，一讨论就是几小时，直到大家都尽兴而归；特别是对那些能够捕捉他思想火花的学生来说，麦克斯韦的超人灵感更能使学生醍醐灌顶。

在马歇尔学院期间，麦克斯韦终于解决了个人问题，于1858年7月4日（即27岁那年），娶回了34岁且比自己还高出一头的大媳妇，马歇尔学院院长的千金。此处为啥要用“终于”两字呢？因为，麦克斯韦的初恋，其实是聪明、美丽又大方的表妹，可是，经长期纠结、权衡利弊后，最终两人还是依依不舍地选择了分手，其唯一原因是想避免近亲繁殖影响后代健康。可哪知，麦克斯韦结婚后，太太却因身体太差，再加年龄偏大，始终未能生得一男半女。哇，这下表妹不满啦，早知表哥命中无后，何不当初亲上加亲呢。于是，表妹开始发飙了，太太开始缺乏自信了。于是，生性妒忌而执拗的太太开始疑神疑鬼，甚至有点神经错乱了。麦克斯韦开始成为“受气包”了：一方面，他得花费大量精力和时间去照顾太太的身体；另一方面，更得随时小心谨慎，对太太“早请示，晚汇报”。每一件事情，无论多么细小，都得声情并茂、面面俱到；学校有啥新闻、学院有啥变化、课堂有啥故事、自己在事业上又有啥进步、大街小巷又碰到啥意外等，只要能让太太高兴和感兴趣的事情，就要“汇报”得越多越好、越细越好；当然，诸如哪位美女更漂亮啦、哪位同事又喜得贵子啦等，均属敏感信息，必须主动“过滤”，否则，后果不堪设想。但是，客观地说，麦克斯韦夫妇对彼此的付出都非常多，太太深爱丈夫，而且总是尽力当好科研助手；麦克斯韦对太太也是恋恋不舍，甚至专门为她写了一首感人的情诗：啊，你我将长相厮守，在生机盎然的春潮里，我的灵魂已穿越寰宇；把我整个生命，都导入这春潮里……

1860年，是麦克斯韦的倒霉之年：首先，自己在马歇尔学院的教授头衔被莫名其妙搞丢了，甚至连马歇尔学院本身也都被新成立的阿伯丁大学合并，以致自己几近失业；其次，申请爱丁堡大学刚空缺的教授职位也以失败告终；再次，又染上了致命的天花疾病差点就命丧黄泉。最后，苍天终于开眼，遥远的伦敦国王学院为连遭横祸的麦克斯韦提供了一个教授职位。于是，1860年夏天，29岁的麦克斯韦“夹着尾巴”，带着夫人，灰溜溜地离开了马歇尔学院。

可哪知，上述种种磨难，竟是“天将降大任于斯人”之前的“苦其心志，劳其筋骨，饿其体肤，空乏其身”！待到麦克斯韦进入伦敦国王学院，他的整个事业便突然进入高潮：就在刚入职国王学院的1860年，麦克斯韦便因在色彩学方面的成果而获得皇家学会的伦福德奖章；1861年，又当选为皇家学会会员。最为重要的是，由于麦克斯韦经常出席皇家科学院的公众讲座，他在那里遇见了一生中最重要的贵人——比自己年长40岁的法拉第。他俩虽谈不上关系亲密，因为那时法拉第已开始老年痴呆，但是他俩总喜欢定期交流，而且彼此都非常敬重对方的才华和思想，双方都知无不言、言无不尽。

至此，麦克斯韦虽已在多方面取得了重要成果，但是他在电磁学方面的代表性成果却始终“犹抱琵琶半遮面”，不肯最后亮相。

咋办呢？一不做，二不休！麦克斯韦干脆辞掉好不容易才得到的伦敦国王学院的教授职位，于1865年带着妻子回到童年时的庄园，全身心投入科研，希望能最后揭开电磁学的神秘面纱。终于，麦克斯韦这位34岁的“大器”开始“晚成”了。一年过去了，未能攻破难关；二年过去了，难关仍然昂首挺胸；三年，四年，一直到8年后的1873年，麦克斯韦一生的梦想总算实现了：他的划时代专著《电磁学通论》正式出版了！

该书虽在今天被高度评价为“继牛顿《自然哲学的数学原理》之后的最重要物理学经典”，但非常可惜的是，在当时该书的重要性却并未被认可；更可惜的是，在6年后的1879年11月5日，麦克斯韦就因胃癌在剑桥逝世，享年48岁！比较诡异的是，他母亲也是在48岁那年因同种癌症而去世的。更巧的是爱因斯坦也刚好在这一年出生，好像他俩彼此在交接班似的；类似的巧合在科学史上还有一次，那就是200多年前的1642年：伽里略去世，牛顿出生。

麦克斯韦虽然去世了，但他的故事却并未结束，甚至才刚刚开始。正如原子弹的成功爆炸才使人们意识到相对论的重要性一样，随着麦克斯韦的电磁波预言和光波预言先后被证实，人们才终于意识到了麦克斯韦理论的重要性。特别是在20世纪科学革命来临时，他的思想和方法的重要意义更得到了充分体现。为了纪念麦克斯韦的功绩，后人将许多事物都冠以他的名字，如磁通量的计量单位有“麦克斯韦（Mx）”，金星上有“麦克斯韦山脉”，土星环中有“麦克斯韦缝”等。

第八十六回

诺贝尔勇胜死神，痴情汉惨败佳人

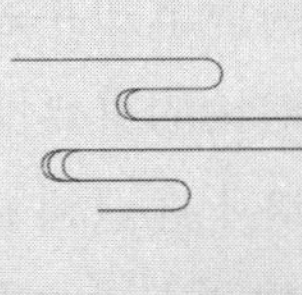

因诺贝尔奖之故，“诺贝尔”之名在科学界几乎响彻云霄，甚至不亚于牛顿和爱因斯坦。但是，客观说来，若从科研成就来看，诺贝尔最多只算一位院士级的普通科学家，与本书中的其他科学家相比，完全不在一个档次；不过，若从对人类科学发展进程的影响来看，他这位科学家又绝对是无人能替代的伟大人物。其实，许多了解诺贝尔奖的人并不真正了解诺贝尔，因此这里需要比较全面地介绍一下诺贝尔。

1833年10月21日，一个婴儿头朝下跌落到瑞典斯德哥尔摩；接生婆手疾眼快，抢上前去一把抓住双腿，将那“瘦猴”倒着提将起来；再看那“瘦猴”时，哪里还剩半点力气，别说站立，就连挣扎都是妄想，只能发出几声微弱的“猫叫”。父母一听，喜上眉梢，赶紧给儿子取名为阿尔弗雷德・贝恩哈德・诺贝尔，这就算在生死簿上有登记了。果然，待到死神气喘吁吁追上来时，为时已晚，毕竟死神不敢随意抓走阎王爷账本上的人嘛。死神咬牙切齿，摇身一变就化为病魔，紧跟在诺贝尔身旁，希望随时制造机会，利用各种可能的疾病将对方从生死簿中抹去。

诺贝尔一边吃奶，一边斜眼警惕着那病魔，一边观察和掐算家族情况：哦，妈妈的祖上是以发现淋巴管而闻名的科学家，妈妈讲求实际，很有文化教养，乐观豁达，谦虚有礼，意志坚强，吃苦耐劳，既严格又慈爱，经常带孩子们浇花、锄草、扫垃圾，以培养大家热爱劳动的习惯；爸爸是个发明狂，一生中有过不少发明，还很关心孩子们的兴趣爱好，常给大家讲科学家的故事，更穿越到现代来购买“科学家列传”系列书以鼓励后辈们长大也当科学家。总之，父母对诺贝尔产生了巨大影响，使他对科学保持着浓厚的兴趣。

在病魔折腾下，再加幼时家境贫困，诺贝尔从小就营养不良，体弱多病，经常感冒发烧；因此，他性格内向，不太合群，更不活泼，经常独自玩耍：要么静静翻阅童话，要么到野外散步，摸摸青草、抓抓虫鸟，或捡块小石子瞧瞧。外婆很疼他，经常陪他玩，一会儿讲段老故事，一会儿唱首新儿歌，让外孙的脑海里随时都充满无尽遐想，在其幼小的心里播下了发明创造的种子。

8岁时，诺贝尔开始上小学，这也是他一生中所接受的唯一的正规教育；但仍因健康太差，他不得不经常请病假；幸好，诺贝尔天资聪明，成绩不但没落后，反而在班上还名列前茅。大家都觉得，他很可能是未来的诗人或文学家，因为他经常远离同学，或仰望天空的云彩，陶醉其千变万化；或俯视脚下的花草，欣赏着蝶飞虫爬。

10岁生日那天，诺贝尔随全家移民到俄罗斯圣彼得堡。老爸此前只身出国打工，先在波兰受挫，再转战俄罗斯，终于凭借自己的发明在圣彼得堡发了财，成为一家军工厂的老板。受老爸成功的鼓舞，望着俄罗斯大都市那高耸的寺塔及洋葱头屋顶，诺贝尔下定决心：长大后也要像老爸那样，当一个发明家！可是，由于初来乍到不懂俄语，诺贝尔及其两哥哥不能进入当地学校。既然现在家里不缺钱，老爸便聘请了家庭教师辅导三兄弟学习各种知识。诺贝尔很快就学会了俄语，接着又学会了英语、德语、法语等外语。诺贝尔的兴趣很广泛，不仅阅读了机械、物理、化学等方面的书籍，还喜欢文学，甚至偶尔也作几首诗自我欣赏一番。

16岁时，诺贝尔对化学已相当精通了。这时，死神见病魔屡战屡败，又是摇身一变，变成了雷神，希望借助炸药的威力巧妙地战胜诺贝尔。刚开始时，死神还真的差一点就得逞了！原来，老爸的工厂正生产水雷，其工艺之一便是将众多黑色火药填入雷壳。诺贝尔凭借自己的特殊身份，当然有机会以蚂蚁搬家的方式偷偷带回一些黑火药。起先，他将火药填入纸筒，然后竖在草地上点着，只听“咻”的一声，美丽的烟花便在黑暗绽放了；接着，他又模仿父亲的发明，尝试制作地雷。他用厚纸包住火药粉，紧扎成圆球，再将此球密封在空罐中，最后点燃导火线。“轰”的一声巨响，罐子炸裂，碎片四飞，诺贝尔也当场被掀翻在地。从此，父亲严禁他再玩火药，工厂更将他作为重点防范对象。哪知，偷火药不成后，诺贝尔便开始自己制造火药。他依照化学课本的说明，把硝石、木炭和硫黄等按比例混合后，很轻松就突破了老爸的“封锁”。于是，他不但继续摆弄各种危险的爆炸游戏，甚至还发现了一个重要原理，即火药包扎的松紧程度与爆炸强度成正比。

17岁时，诺贝尔被老爸以工程师名义派到国外实习留学，希望他能掌握更多的军工理论和技巧，以便学成归来后负责新产品研发，并与哥哥们一起经营好圣彼得堡的军工厂。于是，诺贝尔远渡重洋从俄罗斯到美国，在铁甲舰“蒙尼陀”号的建造者埃里克森的指导下，掌握了许多机械技术，还学到了一些先进的热空气引擎知识等。一年多后，诺贝尔离开美国踏上归程；途经法国巴黎时，又顺便学了一些化学和物理知识，此间还发生了一段凄美恋情，细节见后。

19岁时，诺贝尔终于结束了在美国和法国的留学生涯，回到第二故乡圣彼得堡，见到了阔别已两年的亲人们。第二天，他就迫不及待地投入了军工厂的研发

工作。可是，由于过度用功，再加身体本来欠佳，诺贝尔很快就积劳成疾；于是，他只好前往德国疗养，一边精进德语，一边再学一些化学知识。身体稍好，诺贝尔就又回到圣彼得堡，因为此时俄罗斯和英法联军开战了，家里工厂接到了大批水雷订单，产品供不应求，研发任务更加繁重，甚至俄罗斯军方还希望与诺贝尔合作研究威力更大的炸弹，并送来一个奇怪的瓶子，声称“其中的液体就是新型烈性炸药的样品”。

诺贝尔一见瓶上标签，瞬间就目瞪口呆：天啦，开眼界啦，这可是传说中的硝化甘油呀！这家伙可是喜怒无常哟，说爆炸就爆炸，而且还威力巨大，甚至连它的发明者都倒在了其爆炸声中！因此，硝化甘油的研发重点不是别的，就是要驯服它，不让它随意爆炸。可是，驯化工作还未取得进展就胎死腹中了，因为俄罗斯已经战败，诺贝尔家的军工厂也因此而陷入困境，被迫停工转产。于是，父母带着弟弟回瑞典，诺贝尔和两哥哥留在圣彼得堡善后。诺贝尔首先于1858年前往伦敦进行融资，对工厂进行产权转移，变更了老板；然后，对新工厂的业务进行调整，比如改良晴雨表和水表等，并取得了多项专利。终于，26岁的诺贝尔与哥哥们一起救活了新工厂，顺利完成了交接手续，并于1859年离开俄罗斯回到瑞典。这时，雷神再次盯上了诺贝尔。因为，就在回到故乡的第二年，诺贝尔与父亲和弟弟一起又开始了全身心的硝化甘油驯化研究。

经反复试验，诺贝尔先将少量硝化甘油装入玻璃管，再将玻璃管放进铁罐里，然后在玻璃管四周塞满黑色火药，最后才点燃导火线。如此一来，诺贝尔便发明了“雷管”，使得硝化甘油和黑色火药都可优势互补：一方面，少量的硝化甘油不会自行爆炸；另一方面，雷管点燃后，其爆炸力又能使黑色火药完全爆炸，进而使得最终的爆炸威力更强。诺贝尔的这项发明，使得硝化甘油能安全应用于矿山开采和隧道爆破。于是，诺贝尔和父亲打算在斯德哥尔摩郊外建立一家硝化甘油厂。为了筹资，诺贝尔再次前往法国并成功说服拿破仑三世，获得了10万法郎的贷款；这也许是因为法皇认为硝化甘油在军事上将有广泛用途吧。

诺贝尔30岁那年，他的火药厂正式开始制造硝化甘油。可是，就在当年（1863年）9月3日这天，工厂突然发生爆炸，顿时一片火海！诺贝尔和父亲赶到现场时，已只剩满目废墟，5具遗骸被埋在残留的灰烬中。天啦，诺贝尔的弟弟就这样命归西天了！那雷神刚露出一丝阴笑，瞬间就石化了：啊？炸错人啦，原来诺贝尔还活着呀！

经这次丧子之痛后，父亲因脑溢血而病倒，母亲则终日以泪洗面，诺贝尔也悲痛万分，并立下宏愿："必须找出最安全的方法，来大量制造、存放和使用硝化甘油！"可是，由于这次恶性事件的影响太大，政府严禁诺贝尔的火药厂复工；同时，还不准在市区5公里以内进行类似危险试验。诺贝尔实在没办法，只好将实验室巧妙地设在一艘驳船上，并让驳船在斯德哥尔摩郊外的马拉湖上四处游动。终于，他又研制出了更安全的硝化甘油炸药。但是，市场的余悸未消，没人敢买敢用。于是，诺贝尔又显示出了高超的销售能力：他一边扩大宣传，一边亲自示范，让大家相信，新的硝化甘油不仅威力大而且还很安全。渐渐地，客户们打消了疑虑，工厂的订单又滚滚而来。

为了进一步扩大生产能力，1864年，诺贝尔关闭了瑞典工厂，前往德国汉堡重新建立了一家火药厂，其四周都环绕着4米厚3米高的安全围墙。从此，这家规模不大的工厂便支配了世界火药界。次年，第二家火药厂又在德国克鲁伯建成。一时间，硝化甘油在德国被广泛应用于铁路工程和矿山开采，"诺贝尔硝化甘油"的名气也越来越大，信誉更步步提高。但是，包括诺贝尔本人在内，谁都没意识到这样的事实：诺贝尔新生产的硝化甘油还是和从前一样，依然很危险。它在德国之所以表现得很温顺，主要是因为这里气候寒冷，硝化甘油在低温下本来就不易爆炸；一旦在高温情况下或在运输过程中被猛烈颠簸，那它照样爆炸不误！

果然，雷神发飙了：一位德国游客将一大瓶硝化甘油带入伦敦某宾馆，结果却将该宾馆的天井炸成了深坑。幸好及时发现，这才没造成人员伤亡。但此事立即成了重大新闻，伦敦的所有报纸几乎都在头条以最醒目的标题、最大的篇幅、最强烈的语言谴责硝化甘油。1866年3月，一艘名叫"欧洲号"的轮船在离港时，甲板上的硝化甘油突然爆炸，致使17人死亡，船身严重受损；紧接着，在旧金山的一个仓库中，硝化甘油又再次爆炸，造成14人死亡……接二连三的灾害致使各国都严禁硝化甘油的贮存和制造。

面对雷神的疯狂挑战，面对各地政府的无情打击，面对媒体不绝于耳的责难，面对公司经营陷入的困境，诺贝尔并未屈服，他继续实验，改良炸药。终于，在1866年10月，33岁的诺贝尔研制出了十分安全的需要有雷管才能引爆的关键还是固态的硝化甘油炸药。其实，办法出人意料的简单：用干燥的硅藻土来吸附硝化甘油，由此得到的黄色混合物便可安全运输。德国相关权威检测机构对这种黄色炸药进行反复审查后，最终得出结论：这是一种成功的产品，在使用和运输方面都可绝对放心。

1867年5月，诺贝尔的这项新发明获得了英国专利；1868年，又取得了美国专利。紧接着，他便在欧洲各地开设了多家炸药公司。从此，他的炸药事业进入了鼎盛时期，他也与父亲一起获得了瑞典科学院的“亚斯特奖”。更可喜的是，德国矿业界很快就开始大批订购硝化甘油炸药；采矿的效率大幅提高，而且再也未发生过意外；紧接着，法国、英国和瑞典等国的订单也蜂拥而至。曾是超级危险品的硝化甘油终于被驯服，成了造福人类的大功臣。雷神见状，只好认输，夹着尾巴灰溜溜逃回了阴间。从此以后，硝化甘油炸药便被广泛用于隧道工程、铁路开发、运河挖掘、开山辟地、铺路架桥等。1870年，普法战争爆发。由于法国抵挡不住硝化甘油炸药的威力，最终向普鲁士投降。当诺贝尔得知被炸士兵的惨状后，愧疚之情油然而生：唉，本来用于造福人类的炸药，为何要用于战争呢？这也许是他后来设立“诺贝尔和平奖”的原因之一吧。

战胜雷神后，诺贝尔在事业上就几乎一帆风顺了。比如，1871年，诺贝尔在英国创办炸药公司；1873年，移居巴黎；1878年，发明威力更大的可塑炸药；1887年，研制出最早的硝化甘油无烟弹道炸药；1890年，离开已居住18年之久的巴黎，迁入意大利圣利摩，并在那里创办了研究所。据不完全统计，诺贝尔一生拥有至少355项发明专利，广泛覆盖光学、电化学、生物学、生理学等方面；在世界五大洲的20多个国家开设了100多家公司和工厂，当然也积累了巨额财富。

如何处理这些巨额财富呢？1895年11月27日，这个问题终于有了明确答案，原来，诺贝尔立下遗嘱：将其财产的大部分（约920万美元）作为基金，以其每年20万美元的年息设立化学奖、文学奖、和平奖、物理学奖、生理学或医学奖等5种奖项（1969年，瑞典银行又增设了经济学奖），每年奖励上述领域的最大贡献者。从1901年开始，每年的发奖仪式都由瑞典国王在斯德哥尔摩，在诺贝尔逝世的时刻，准时颁奖。

立下遗嘱一年后，1896年12月10日下午4：30，诺贝尔在圣利摩的家中，突发心绞痛，并很快去世，享年63岁。非常诡异的是，100多年后，3位获得“1998年诺贝尔生理学或医学奖”的科学家竟发现，如果当初诺贝尔顺手吃点硝化甘油，那么，他可能就不会死于心绞痛。因为硝化甘油能舒张血管，有利于血液循环；实际上，硝化甘油至今也是心血管疾病的救命良药。为了纪念诺贝尔的巨大贡献，

2011年6月8日，后人将人造元素“锘”用诺贝尔之名来命名。

细心的读者也许已发现，本回都快结束了，为啥还不讲讲诺贝尔的婚恋故事呢？唉，不是不想讲，而是不愿讲，因为那是一个悲剧，不可思议的悲剧！之所以将该悲剧推迟到诺贝尔去世后再讲，是因为不想让他老人家听见，以免再徒增一次烦恼。实际上，谁都难以相信，像诺贝尔这样一个富可敌国的风云人物，诗词歌赋样样精通的文艺青年，科学界永垂不朽的成功人士，与死神搏斗的常胜将军，竟然在与温柔之乡的爱神的交锋中总是失败，而且一次比一次败得更惨。

第一次与爱神交锋时，诺贝尔还是一位年仅18岁的热血青年，刚结束长期留学的孤独青年，心中对故乡充满眷恋之情的敏感青年；而且，还是在浪漫之都巴黎遇到了美丽的老乡，其喜悦之情当然难以言表，何止“他乡遇故知”，也远非“老乡见老乡，两眼泪汪汪”。两人一见钟情，彼此相爱，很快就山盟海誓，私订了终身。但是，就在他们即将拜堂成亲入洞房之际，这位绝世佳人“林妹妹”却突然病故！天啦，这个晴天霹雳直接将诺贝尔打入了十八层地狱，从此在情场上便一蹶不振。

第二次与爱神交锋时，可怜的诺贝尔已是43岁的中年人了。他摇摇晃晃，刚想从25年前的那次初恋伤痛中站立起来，结果玫瑰花还未送出就又差点被爱神要了命。这次是从天而降的一招“如来佛掌”，直接将他打入了地心。原来，1876年，诺贝尔本想招聘一名科研助手，结果在浏览众多求职信时却被一张美女照片给迷住了。于是，诺贝尔抖擞精神，使出浑身解数，又是优先录用，又是涨工资，又是送礼物，甚至倒贴给她当助手，哪知她竟然已心有所属。钻石王老五又扑了一场空！

第三次与爱神交锋时，诺贝尔败得最惨，因为这次的对手是“狐狸精”！原来，在第二次失恋后不久，失魂落魄的诺贝尔在路过一家鲜花店时，突然眼前一亮，在万花丛中就看到了她，一个芳龄20的卖花女郎。哇，恰似出水嫩芙蓉，好美好美哟！尽管她出身卑微，他毫不在乎；尽管她缺乏教养，他毫不在乎；尽管她没才华，他毫不在乎；尽管她经济窘迫，他更不在乎。她要钱，就给钱；她要房，就买房；她要旅游，他就放下所有要事，陪她以“诺贝尔夫人”的名义到天涯海角遍游名胜古迹。在他眼里，她是一个宝；但在她眼里，他只是一台“提款机”，因为在她的石榴裙旁，随时都围绕着一大帮追求者。就这样，他与她不明不

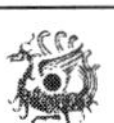

白地厮混了十余年，直到他去世前三年的1893年，在她生下了不知是谁的孩子后，他才含泪与她告别，从而结束了这段无名、无分、更无果的单相思。更过分的是，当诺贝尔去世后，她竟然理直气壮地跳出来争遗产；害得遗产管理委员会不得不花巨资，一次次从她手中买回诺贝尔当年的一封封情书。否则，如今的“诺贝尔奖”没准还会被她留下啥瑕疵呢。

唉，还真是弱能胜强，柔能克刚呀！

第八十七回

元素周期泄天机，门捷列夫创奇迹

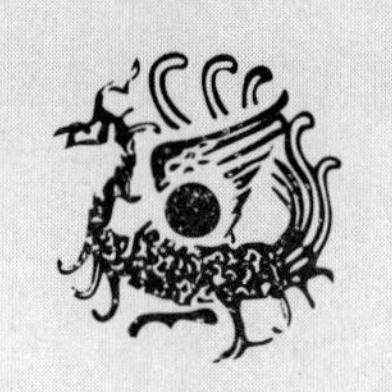

伙计，无论你是"学渣"或"学霸"，只要学过化学，那肯定都听说过"门捷列夫元素周期表"，因为那时必不可少的家庭作业之一就是背诵该表。对"学渣"来说，当初被折腾得有多惨，咱就不揭伤疤了！而对"学霸"来说，那时你的得意劲儿，也许至今还记得吧。

"嗨，多简单的事，不就是'一价氢氯钾钠银，二价氧钙钡镁锌，三铝四硅五价磷……'嘛"，张"学霸"脱口而出就来了一段化合价记忆法。

李"学霸"当然不甘落后，立即补上了盐的溶解性记忆口诀："钾钠铵盐硝酸盐，完全溶解不困难；酸类溶解除硅酸，溶碱钾钠钡和氨……"

王"学霸"哪肯错过自我表现的机会，未等李"学霸"背完就赶紧加塞，来了一段元素性质的顺口溜："我是氢，我最轻，火箭靠我运卫星；我是氦，我无赖，得失电子我最菜；我是锂，密度低，遇水遇酸泡泡起……"

赵"学霸"急眼了，生怕自己的绝技无处展现，于是，不管三七二十一，便大声演绎了一段主族元素顺口溜："请李娜加入私访=氢锂钠钾铷铯钫；探归者西迁=碳硅锗锡铅；养牛西蹄扑=氧硫硒碲钋；父女绣点爱=氟氯溴碘砹……"

钱"学霸"正欲开口，我赶紧阻止："好了，好了，知道各位'学霸'都能倒背如流；但你们对该表的意义和历史，可能并不十分清楚。"

实际上，所谓的门捷列夫元素周期表（简称元素周期表）就是根据原子序数从小到大排列的元素表；该表能反映各位置上元素的性质及彼此关系，能把某些看似互不相关的元素统一起来，组成完整的自然体系；该表是近代化学史的创举，是分析化学行为的指南，是发现新元素及化合物的"路标"。

历史上，在元素周期表的众多发明者当中，门捷列夫其实并非是第一个，也非最后一个，但确实是最重要的一个；所以，如今才将常用的元素周期表称为"门捷列夫元素周期表"，虽然它早已不是当年的原样，已被多次演进。

1789年，拉瓦锡将元素定义为基本物质，并出版了第一个元素表，共列出了当时已知的33种元素。但实际上，该表只包含了23种，因为他误将一些非单质的东西列成了元素。

1803年，道尔顿发表了首张原子量表，为后人测定元素原子量奠定了基础。

1829年，德国科学家段柏莱纳，根据元素的相似性质提出了"三素组"列表，指出：每组中间元素的原子量，大约等于两端元素原子量的平均值。但他只排出了5个“三素组”，并未找到其他元素间的相互联系。

1862年，地质学家尚库尔图瓦斯发表了一个名为“地螺旋”的周期律；可惜未能引起化学界注意，直到门捷列夫元素周期表出现后，该周期律才被广泛认可。

1864年，英国科学家纽兰兹，根据元素的相对原子量设计出了另一种元素周期表；可惜，他却受到了当时英国学术界的嘲笑，甚至其论文也被拒稿。

1869年，德国化学家迈耶与门捷列夫几乎同时独立发明了各自的元素周期表，且都是按原子量来排列的。但是，迈耶却只关注了外在的物理性质，而门捷列夫则抓住了内在的化学性质；此外，前者还比后者慢了半拍。实际上，门捷列夫是元素周期表的集大成者，他之所以是最终胜利者，既是因为他精通化学，又是因为他具有深刻的直觉洞察力，还因为他的另一个高明之处：为未知元素预留了空格，成功预测了若干新元素。此外，门捷列夫终生都在不断改进自己的元素周期表，甚至在去世前一年，他还在表中增加了“惰性一族”。最后，不可否认的是，门捷列夫十分重视宣传自己的元素周期表。

元素周期表，意在回答化学界的许多核心问题，比如，自然界到底有多少种元素？元素间有啥异同，彼此存在啥联系？如何发现新元素？至今，元素周期表中未知元素留下的空位正陆续被填满。周期表的最近完善者是“1951年诺贝尔化学奖”得主西博格，他先后发现了元素钚、镅、锔、锫、锎、锿、镄、钔和锘，并把锕系元素置于镧系元素之下，重新配置了元素周期表。

伙计，本回当然不限于元素周期表的科普，而是要介绍该表的主要发明者门捷列夫。闲话少说，书归正传。

话说，1834年（道光十四年）2月7日，德米特里·伊万诺维奇·门捷列夫，随着一股超级寒流诞生于俄罗斯的“冰箱”——西伯利亚托波尔斯克市。小家伙刚一睁眼，就被惊呆了！

天啦，父母也忒能生啦，自己已是家中第14个孩子；掐指一算，随后几年里还将有3个弟妹。

妈呀，政治也忒残忍啦，人高马大的老爸本是首都某重点中学校长，且还是圣彼得堡师范学院的高才生，结果却因政治原因被贬边疆，还备受折磨，致使健康迅速恶化：就在门捷列夫出生的当年，老爸就因忧郁成疾而双目失明，彻底失去了劳动能力，不但不能挣钱，还得花钱治病。

不得了啦，妈妈也忒能干啦，何止女强人，简直就是超级“虎妈”！别看她曾是娇滴滴的大家闺秀，自打丈夫被贬后，她就完全脱胎换骨！脸上红粉不抹啦，华裙丽服锁起来啦，富婆做派全抛到九霄云外啦。她承包了一家即将倒闭的小玻璃厂，经过努力奋斗，哇，奇迹还真发生啦：工厂不但被救活，而且还经营得风生水起，更解决了全家的生活困难。

哈哈，玻璃厂也忒好玩啦，简直就是玩具厂嘛！年龄稍大的哥哥姐姐都在厂里帮妈妈干活，门捷列夫则在火热的熔炉旁出神观望：哇，好奇妙，为啥沙子经化学处理并热熔后就变成了透明液体，还能进而变成各形漂亮物品呢？实在耐不住好奇的门捷列夫趁大人不注意时，真也照猫画虎，用稠热的玻璃浆吹出了玻璃球。哇，这下可不得了啦，在小朋友面前，门捷列夫瞬间就成了孩子王：谁若听话服从指挥，就可得到一粒晶莹剔透的玻璃球！更重要的是，熔炼玻璃的奇妙过程，让门捷列夫从小就爱上了化学。

门捷列夫意识到自己必须赶紧长大，或照顾爸爸或帮助妈妈。于是，他“连翻几个跟头”就长到了8岁，并进入镇中学念书！对，你没看错，就是中学，不是小学！门捷列夫虽体弱多病，经常请假，但因其超强的记忆力和分析能力，且有“前校长老爸”的辅导，所以，数学、物理、化学和历史等课程都名列前茅。不过，门捷列夫严重偏科，不喜欢语文，尤其讨厌拉丁语，甚至刚出考场就把拉丁语教材给撕了。在课外，门捷列夫特喜欢思考一些莫名其妙的问题。比如为啥只需7个音符就能谱写出那么多歌曲；为啥只用10个阿拉伯数字就可表示任意大的数目；火到底是什么，为啥能将沙子烧成玻璃，等等。

门捷列夫13岁那年，即1847年，老爸因患肺结核去世了！紧接着，门捷列夫的大姐——妈妈的得力助手，也因病逝世；1848年，妈妈苦心经营的玻璃厂，又因一场大火而化为灰烬！接二连三的致命打击，让“虎妈”雪上加霜，家里也再度陷入“经济危机”。但“虎妈”绝不认输，更不向困难低头，她下定决心，要将门捷列夫培养成一位像“虎爸”那样的大学生。

说干就干，在门捷列夫中学毕业的1849年，妈妈卖掉所有家产，带着15岁的“幺儿”门捷列夫和唯一未出嫁的小女儿跳上马车，经10余天的长途跋涉，终于到达了举目无亲的莫斯科。哪管它三七二十一，“虎妈”跳下马车，牵着“幺儿”就直奔莫斯科大学校长办公室，要给儿子报名读书，结果当然被拒。“虎妈”毫不气馁，又对莫斯科的所有大学进行了地毯式的“扫荡”。连遭碰壁后，“虎妈”又转战另一城市圣彼得堡，并“故伎重演”：对该市的所有大学进行无差别“扫荡”。好容易让门捷列夫进入了圣彼得堡医学院，结果，第一节课下来，门捷列夫就被直接淘汰。因为，那刚好是一节尸体解剖课：恐怖的残肢断体，殷红的鲜血，吓得“虎仔”当场晕死过去。好容易才被抢救过来后，老师便宣布：这孩子不宜当医生！

就在“虎妈”心力交瘁之际，苍天开眼，在“虎爸”生前同学的帮助下，门捷列夫总算进入了老爸的母校圣彼得堡师范学院，当上了一名住读生。“虎妈”则在附近租了一间小屋，和小女儿一起拼命为门捷列夫挣学费和生活费。可惜，仅一年多后，1850年9月20日，由于过度操劳，坚强的“虎妈”终因患伤寒而逝世。年仅16岁的门捷列夫，从此成了孤儿，只好与小妹妹相依为命。门捷列夫格外珍惜来之不易的上大学机会，学习非常刻苦。他决心用加倍努力，来告慰妈妈的在天之灵。幸运的是，门捷列夫在大学里遇到了几位好老师；特别是化学家沃斯克列森斯基，更对他精心教诲，养成了他对化学的浓厚兴趣。

大学生涯远比预想的要困难得多，各种压力蜂拥而至。一方面，经济上捉襟见肘，门捷列夫没有父母的资助，学费和生活费等都全靠微薄的奖学金，只能维持最低生活标准。另一方面，由于自己来自小乡村，基础相对太差，在人才济济的大学里简直就是“鸡立鹤群”。刚开始时，他学习非常吃力，第一学年考试，成绩竟是全班倒数第四。由于急于提高成绩，门捷列夫经常看书到深夜，再加营养不良，所以身体极差，经常生病，简直就是贫病交加。特别是1854年夏天，门捷列夫脸色蜡黄、面庞浮肿，极为虚弱，这回他又生了大病，甚至被送进“重症室”，直到几个月后才终于恢复健康。但即使是在病床上，门捷列夫也从未放弃过学习，生命不息，学习不止。终于，1855年初，21岁的门捷列夫以全年级第一名的成绩从圣彼得堡师范学院顺利毕业。

由于成绩优异，门捷列夫毕业后便留校任教，终于彻底解决了经济困难。当然，他的人生目标绝不只是当一位普通老师。于是，他一边教书，一边准备进修研究生。期间，他还服从学校安排，前往较温暖的南方中学完成“支教”任务，同时也顺便疗养身体。一年多后，门捷列夫重返圣彼得堡，考取了圣彼得堡大学

的研究生，并很快通过了论文答辩，被授予物理学和化学硕士学位。紧接着，他又发表了一篇高水平的学术论文，于是圣彼得堡大学于1857年初任命23岁的门捷列夫为副教授。

作为圣彼得堡大学最年轻的副教授，门捷列夫在随后几年里可谓喜事连连。特别是在德国发生的以下两件事情，更对他的人生走向产生了重大影响。

其一，1859年初，25岁的门捷列夫获准前往德国海德堡大学，拜著名化学家本生为师，从而奠定了随后研究元素周期表的基础。在本生实验室的两年期间，这对师徒真正实现了双赢。一方面，门捷列夫很幸运，因为导师为他提供了一流的实验条件和科研环境，让他获益匪浅。比如，借助导师的先进仪器，门捷列夫定量测定了许多化合物的原子结合强度、测量了物质的某些常数、测量了液体的表面张力等。这些基本的测量技巧，为后来门捷列夫准确测定原子量，最终排出元素周期表起到了关键作用。在仅仅一年多的时间里，门捷列夫在导师的指导下，就完成了《论液体的毛细管现象》《论液体的膨胀》《论同种液体的绝对沸点温度》等3篇论文；特别是第3篇论文，解决了当时科学界的一大难题。另一方面，导师本生教授也很幸运。因为他正与另一物理学家合作研究光谱，后来在门捷列夫的建议下，导师运用光谱分析法竟发现了两种新元素：铯和铷。

其二，1860年秋，在导师本生的帮助下，门捷列夫参加了在德国举行的“首届国际化学家会议”，并在至少3方面受益匪浅：第一方面，亲眼看见各国化学家如何共同努力最终制定出统一的化学元素符号，从而结束了化学语言不统一的历史；第二方面，更通过化学家们对原子、分子、原子价、原子量等基本概念的认真讨论，深刻理解了它们的本质，对元素有了整体性的认识，这也是门捷列夫比其他“周期表排列者”更具优势之处；第三方面，不但聆听了众多前沿学术报告，还结识了各国化学精英，大开了眼界，从而促使他下定决心一定要在化学方面进入国际前列。

1861年，门捷列夫离开德国，按期回到圣彼得堡大学，并被任命为有机化学教研室主任。作为有机化学课程的主讲教师，门捷列夫的首要任务就是编写教材。于是，这位刚刚学成归来的副教授充分发挥留学优势，很快就完成了首部俄语版有机化学教材。哇，一时间各方好评如潮：国内著名教授赞不绝口，学生们欣喜若狂。俄罗斯科学院赶紧给他颁发“季米多夫奖”等。

1867年，门捷列夫又被任命为圣彼得堡大学无机化学教研室主任。根据上次有机化学的经验，已是化学博士和正教授的他，当然又首先想到编写出俄罗斯最好的无机化学教材，又想收获上次那样的成功。但是，面对内容贫乏、理论薄弱、观点陈旧、体系混乱的无机化学界，门捷列夫竟不知如何落笔；因为，压根儿就找不到主线！其最大难题就是要搞清各种化学元素的排列规律；然而，要想寻找该规律，谈何容易。早在近百年前，各国化学家就已“八仙过海，各显神通”，给出了若干种局部性的排列规律，即元素周期表，但都有不足。咋办呢？门捷列夫采用了“最笨”也最直接的办法，他将当时已知的所有63种元素制成63张特殊“扑克牌”，在每张牌上标明了一种元素的基本信息，比如名称、原子量、化合价等。然后，他对这些扑克牌进行几乎穷尽式的排列组合；如果某种组合有明显瑕疵，那就将其淘汰，接着便考察下一种；如此反复。有的传奇作家杜撰道：“门捷列夫玩此牌实在太累了，然后就做了一个梦，从而一梦成真，最终排出了元素周期表”；而门捷列夫自己则说“为了探索各元素间的关系，我干了20多年”。当然，包括门捷列夫自己在内，任何人都无法对“门捷列夫周期表”的排列过程进行准确复盘；因为，其最终形式简洁优美，而它的成形过程却又太复杂无序。幸好，人们只需使用该表，而不需要了解其详细产生过程。在1869年3月6日，35岁的门捷列夫在俄罗斯化学学会年度会议上公布了自己关于元素周期律的成果，从而奠定了化学发展史上的重要里程碑。

门捷列夫元素周期表到底真有绝世神功，还是只会“花拳绣腿”？面对这个问题，正反双方的态度几乎完全相反。到底谁对谁错，那只能让事实说话了！很巧的是，就在门捷列夫发表其元素周期表6年后，法国化学家布瓦博德朗于1875年发现了一种新的化学元素“镓”。而反观门捷列夫周期表时，人们才惊讶地发现：妈呀，其实该元素早就被门捷列夫周期表给预见啦！而且，在该表的指导下，发现者还纠正了最初测得的原子量和比重等值！哇，门捷列夫周期表的科学性终于被事实验证啦！一时间，全球化学界沸腾了；门捷列夫的周期表，也被迅速翻译成法文、英文等在全世界广泛传播。从此，元素周期律的验证之旅正式拉开序幕。科学家们根据元素周期表的预测，开始沿着捷径探索未知的新元素，并迅速取得众多突破：钪（1880年）、锗（1886年）、氦（1895年）、氖（1898年）、镭（1898年）等化学新元素，在很短时间内就被奇迹般地发现！元素周期表的如此神功，甚至都出乎门捷列夫本人的意料，因为他自己都没想到“（自己）能活到周期律被验证的那天”。

那么，门捷列夫到底活到了哪天呢？准确说来，这位伟大的化学家活到了1907年2月2日凌晨，享年73岁。他是坐在书桌前安然去世的，当时手里还紧握着钢笔呢。为了纪念门捷列夫对化学的伟大贡献，1955年，人们将他的名字赋予了人造新元素“钔”。门捷列夫去世那年，对中国来说也是一个重要年：秋瑾被杀，孙中山发动黄冈起义失败；萧克、粟裕、邵逸夫、溥杰等中国近代史上的风云人物纷纷诞生。

最后，再强调一个重要事实，那就是，门捷列夫生前不但未获得诺贝尔奖，甚至都未当选俄罗斯院士。许多人至今还在为此而打抱不平。其实大可不必！纵观历史，获诺贝尔奖或成院士的人，当然是了不起的人；但是，真正了不起的人，绝不可用任何现成的头衔去衡量；实际上，任何为获头衔而做科研的人，都不可能穿透历史，都不可能成为真正的伟人。

第八十八回

五彩缤纷染世界，六神无主醉芳香

本回主角，名叫阿道夫·冯·贝耶尔，有时也被译为拜尔或拜耳，他是第5届诺贝尔化学奖得主。诺贝尔奖评审委员会当年给出的授奖理由是“对有机染料及氢化芳香族化合物的研究，促进了有机化学与化学工业的发展。”若用更具体的话来说，那就是他发现了靛青、天蓝和绯红等现代三大基本染素的分子结构，人工合成了多种染料与芳香剂，提出了著名的贝耶尔碳环族理论等。

坦率地说，从今人角度来看，与门捷列夫的基础理论成就相比，贝耶尔的成果确实要弱一些。为此，我们专门翻阅了诺贝尔化学奖的评选条件，即奖励在化学上有最重大发现或改进的人。哦，明白了！无论从理论还是从应用角度看，随着时间的推移，再加上贝耶尔理论缺乏不可替代性，所以其先进性和独特性当然会越来越弱；又由于染色化学的发展太快，贝耶尔这位老祖宗也就被越来越淡化，以至可被忽略。总之，从整体上看，贝耶尔的成就确实会逐渐边缘化，但他的成长经历并不会过时；特别是从本书宗旨（帮助读者成为科学家）来看，贝耶尔将永远都是闪闪发光的榜样。

若你想亲身体验贝耶尔成就的价值和影响，建议你“穿越”100多年，回到道光年间。不过请注意，千万别“穿越”过头，否则你将看见那时所谓的“美女”一个个都灰头土脸、粗布素衫的景象，好像都是在放映黑白电影；即使偶尔遇见几位富婆，她们也只是在重要节日才舍得穿出仅有的彩色绸缎；就算你运气好，闯进了后宫，那你将更加失望，因为贵妃们“回眸一笑百媚生”，那你将真正明白啥叫“六宫粉黛无颜色”！更惨的是，你若被美女看上，那随她飘来的，将要么是狐臭、要么是汗味，最佳状况也不过是劣质脂粉的馊味，反正肯定不会有扑鼻的芳香，因为那时人工合成的芳香剂还未被发明出来呢！如果时间穿越的恰到好处，那你将惊讶地发现：哇，黑白世界突然如花似锦，男女老少突然色彩斑斓；人人都是“香妃”，个个都很迷人！再放眼一望时，家家姑娘赛貂蝉，户户小伙胜潘安。所有这些巨变，都该首先归功于本回主角贝耶尔。

这位贝耶尔到底是何方神圣呢？且听我们慢慢道来。

贝耶尔，1835年10月31日出生在柏林。这一年，在中国慈禧太后出生，她将阻止社会进步；而在德国贝耶尔出生，他将推动人类前进。

贝耶尔很幸运，生在了一个既有钱又有权，关键是还特有教养的家庭里。妈妈是名门闺秀，著名律师和历史学家的女儿，见多识广，通晓事理，还特别重视子女教育；更爱贝耶尔，深知儿子聪明伶俐，若教育得法，必将成"大器"。实际上，妈妈对贝耶尔的成长确实产生了重要影响。爸爸则是文武双全，早年曾是普鲁士总参谋部的陆军中将，战略战术无不精通，攻防技巧成竹在胸。更少见的是，爸爸还特喜欢自然科学，但苦于工作太忙，没时间学文化，所以，刚一退休，便迫不及待走进了教室；虽然此时爸爸已50多岁，但仍不顾他人的冷嘲热讽，在妈妈的全力支持下，从零开始学习地质学，结果还颇有成就，竟在76岁高龄时成了地质专家，并被聘为柏林地质研究院院长。爸爸的刻苦勤奋、爸爸的谦虚尊师、爸爸对科学的热爱等高尚品德都为贝耶尔树立了榜样，也使他受到了有益熏陶。由于良好的家庭教育，再加父母的言传身教，贝耶尔从小就全面发展：不但学习成绩名列前茅，而且也为人诚实、心地善良。

下面几个著名的小故事，充分显示了贝耶尔的父母是如何不放过任何机会千方百计教育儿子的。

第一个故事，发生在贝耶尔10岁那年。这一年的10月31日，妈妈送给了他一个特殊的生日礼物，甚至是影响了他一生的生日礼物！

在贝耶尔的记忆中，自己每年的生日都非常热闹：吹蜡烛，切蛋糕，吃美食，唱生日歌曲，妈妈的呵护，爸爸的祝福等。更高兴的是，他还会去游乐场玩耍，更会得到精美的生日礼物。所以，1845年秋天，贝耶尔对即将到来的10岁生日就更加期待。早早地，贝耶尔就开始想象并盼望着自己的生日礼物：它会是什么呢？一把枪？一本连环画？或某种稀奇的玩具？随着生日的逐渐临近，贝耶尔的心情越来越激动。待到生日前夕时，贝耶尔已兴奋得难以入睡了，他不断默念道：明天明天快来吧，爸爸妈妈的生日礼物快来吧！

生日终于到了，贝耶尔一大早就跑到妈妈跟前晃来晃去，可妈妈不见任何动静。咋回事儿呢，莫非妈妈是想来个意外惊喜？果然，早饭后妈妈就带着贝耶尔直奔外婆家。"哦，惊喜藏在外婆家呢！"满心欢喜的贝耶尔，一边盘算着，一边蹦蹦跳跳进了外婆家。但屋内平常如一，贝耶尔开始有些失望了，但仍不死心，每时每刻都想象着突然从天而降的生日惊喜。但妈妈却好像没事儿人似的，到外婆家干脆就是想消磨时间，甚至一整天连句生日快乐都没说。想起往年生日的热闹情景，贝耶尔难过得快要哭了，难道妈妈真的忘记自己的生日了吗？

晚上回家时，贝耶尔噘着小嘴，一声不吭，满怀说不出的委屈。其实，妈妈早就看出了儿子的心思，她摸着贝耶尔的头，慈爱地说："儿呀，妈妈生你时，爸爸已41岁了，还是一个半文盲。但爸爸并不甘心，他现在跟你一样，正在努力学习，明天就要考试了。妈妈当然记得你的生日，但不能为此就影响爸爸的考试吧！"贝耶尔似懂非懂地点了点头，心里仍有一丝遗憾。

"妈妈知道你今天很想过生日，"她接着温柔地说，"但是，大人'扫盲'很困难。爸爸儿时没条件像你这样学习，现在才开始补课；虽说晚了一点，但只要坚持就一定有所收获。我们应该支持爸爸学习，这样爸爸就会非常高兴，就会更爱你。这难道不是一件很好的生日礼物吗？"

母子俩一边走一边说，贝耶尔的眉头渐渐舒展了。是呀，贝耶尔爱学习，也爱爸爸，尽管没生日礼物，但也觉得很幸福。妈妈又趁机教育道："你现在正是学习的最佳时期，一定要努力用功，长大后才能成为有本领的人，才能为家族争光，才能为社会做出更多事情。妈妈本领小，现在只能尽力使家里丰富多彩一些。今后你长大了，本领大了，可要努力使世界更加多姿多彩哟！"

妈妈的话，让儿子心里热乎乎的。是呀，50多岁的爸爸顶着花白的头发，还在挑灯夜战，努力学习，这难道不是很好的学习榜样吗？从此以后，贝耶尔就更加勤奋。10岁生日当晚妈妈的这一席话，对贝耶尔的一生都产生了深刻影响。后来他回忆道："这是母亲送给我10岁生日的最丰厚礼物。"

书中暗表，妈妈教育贝耶尔的话很值得玩味。她给儿子指引的目标，并非"为世界""为人类"或"为国家"等，而是先"为个人"再为"家庭"最后才"为社会"的人性化阶梯。为此，我们想起了威斯敏斯特教堂旁矗立着的那块著名墓碑，上面写着一段非常深刻的人生感悟："年轻时，我梦想改变世界；成熟后，才发现我不能改变世界，于是我将目光缩短，决定只改变我的国家；进入暮年后，又发现我不能改变国家，于是我的最后愿望便缩小为仅仅改变我的家庭，但这已不可能！当躺在病床上，行将就木时，我突然意识到：如果一开始我就只去改变自己，然后便可能改变我的家庭；在家人的帮助和鼓励下，我可能为国家做一些事情；然后，谁知道呢？我甚至可能改变这个世界！"

如果说妈妈的教育是以"慈"为主，那爸爸的教育则充分体现了"严"；而后面的这第二个故事便是最好的例子。据说，贝耶尔在柏林大学读书期间，有一次与父亲谈起了柏林大学的"镇校之宝"——著名的凯库勒教授；对，就是那位据说在梦中发现环苯结构的传奇化学家。当时，年轻气盛的贝耶尔也正取得了一点成果，在听到老爸极力崇拜凯库勒时，便无意间流露出了一点骄傲和不服："凯库勒没那么神吧，他还比我大6岁呢……"话还未完，贝耶尔就被老爸斩钉截铁地挥手打断，在被狠狠瞪了一眼后，老将军的密集"炮火"便对准儿子开始狂轰滥炸："小子别自大，年长6岁又怎么啦，难道就不值得你学习了吗？难道学问与年龄成正比吗？我学地质时，年龄远比老师还大，难道就不要向老师虚心学习了吗？"此事对贝耶尔震动很大，教育极深，后来他常对人讲："父亲一向是我的榜样，他给我的教育很多，最深刻的要算是这一次了。"确实，贝耶尔终生都保持着谦虚本色，即使是功成名就后也仍然待人和气。

贝耶尔的任何缺点和错误都很难逃脱父母的锐利目光，都会被及时纠正，因为父母随时都关心着儿子的成长。当然，父母的教育绝非只停留在口头上；也不是要将自己年轻时未实现的愿望强加给子女，让子女来弥补自己的遗憾；更不是只会教育别人，而是以身作则。贝耶尔非常敬重父母，每当在学习或研究中遇到困难时，脑海里就会浮现出老眼昏花的爸爸深夜在灯下伏案学习的情景。既然老爸都有从头开始的信心和毅力，儿子还有啥理由打退堂鼓呢！

果然，贝耶尔没辜负父母的期望，他从中学顺利毕业后，于1853年以优异成绩考入了著名的柏林大学。前两年，他主攻物理和数学专业，不久后便转向了化学专业。大三那年，他按规定参军。服了一年兵役后，他于1856年重新回到柏林大学继续学习。在本生教授（元素铷和铯的发现者）和凯库勒教授的指导下，1858年，贝耶尔发表了高水平论文《有机化合物凝结作用综合研究》，为化学研究开辟了新途径，并受到了学术界的一致好评；同年，23岁的他获得了柏林大学博士学位。此后，贝耶尔又接二连三地取得了多项重大成果，引起了全球化学界的阵阵轰动，以至惊动了当时的普鲁士国王威廉四世。

为了表示自己尊重知识、爱惜人才，国王很想见一见这位传说中的科学家；为此，国王特意为贝耶尔在宫廷里举行了一次盛大宴会，热情邀请贝耶尔来皇宫做客。由于久闻贝耶尔是一代奇才，因此国王执意要亲自到宫门迎接。可当他见到贝耶尔时，不禁大吃一惊，瞬间"石化"，但随即恢复常态，热情款待了这位著名科学家。为啥久经沙场的国王会"石化"呢？事后，国王自己揭开了这个谜，他对大臣们说："没想到，这位誉满全欧的大学者竟然是个小青年！"确实，贝耶尔竟然只有24岁。

27岁时，贝耶尔经德国皇家学会推荐，出任了欧洲规模最大的“柏林国家化验所”主任；37岁时，又出任斯特拉斯堡大学教授。此时，贝耶尔已享誉全球，慕名求教者络绎不绝。于是，这便又引出了贝耶尔人生中的另一段佳话，充分说明贝耶尔是多么受人喜欢。

在1872年秋天，斯特拉斯堡大学化学系接收了一名刚从波恩大学转学过来的新生，名叫埃米尔·费雪。该生勤奋好学，并在贝耶尔教授的精心指导下，仅用两年时间就奇迹般地于1874年完成了博士学位论文《有色物质的荧光和苦黑素》，并获博士学位。这时费雪才22岁，成为该校建校300多年来最年轻的博士。

获博士学位后，多所大学都争相聘请费雪去当教授；但费雪却坚持要留在贝耶尔身边继续当助教，认为无论是从做学问还是从磨炼品德方面来看，跟着贝耶尔都更加有益；这使得费雪的亲朋好友很不理解，“放着教授不当，却去当助教，没毛病吧！”当时贝耶尔正要去慕尼黑大学长期讲学，而那时的慕尼黑正在流行伤寒病，亲人们就更反对了，但费雪主意已定，不为任何劝阻所打动。

在慕尼黑大学的头三年，费雪没有教学任务，便全身心投入科研工作中：在贝耶尔的精心指导下，进行有关苯肼的研究，努力合成粪臭素。伙计，你若要问啥为“粪臭素”？嘿嘿，还用解释吗，它名字上就带着呢！果然，粪臭素粘到费雪的衣服、头发和皮肤后，费博士瞬间就奇臭无比，而且还臭得经久不息。虽然费雪一心扑在实验上，自己早忘了任何恶臭之味，但每当他取得啥进展高兴得跳了起来时，往往会发现：偌大的实验室，竟无人与他共享成功的喜悦；因为，同事们早被冲天的臭气熏得待不下去，只好逃到室外“避难”去了。

关于贝耶尔师徒的粪臭素，还有另一个段子很值得大家听一听。据说，费雪很喜欢听音乐会或看歌剧。有一天，城里正好又有演出，于是，费雪匆匆结束实验，恭恭敬敬洗罢澡，换上全新的西装革履后就动身前往歌剧院。可是，刚进场时就发现，旁人都远远躲着他；待到坐入自己位子后，更觉邻座观众目光异样：刚开始时，大家只是交头接耳；后来，好像接到啥军事命令，大家都不约而同突然掏出手绢，捂住鼻子，像躲避瘟疫一样连滚带爬逃开了。终于，剧场管理人员出面了；这时，费雪才如梦初醒，意识到是自己给观众们带来了麻烦，于是，赶紧起身离开了剧场。回到家里，费雪又认真洗过澡，再次从里到外换了衣服，但臭味依然如故，好像已臭入皮肤、臭入骨髓，然后再从皮肤、从骨髓中臭出来一样。从此，费雪就再也不敢进剧场了，直到导师贝耶尔发明了芳香剂，这时粪臭素才总算遇到了克星。

1882年夏天，贝耶尔认真思考了费雪跟随自己多年的情况，认为弟子在学术上已有相当造诣，应该独立创业，更应该开始超越自己了；毕竟，能让学生超越自己的老师才是好老师。于是，贝耶尔把费雪请到办公室，开门见山道："这几年你的进步很大，你应该接触更多的人、见更大的世面，换个地方去发展吧。"但费雪舍不得离开导师，一再请求继续留下来工作。

贝耶尔望着心爱的得意弟子，诚恳地说："费雪，听我说，你确实该出去闯一闯，别在这里耗费时间了。"费雪深受感动，面对导师的一片苦心，恭敬不如从命，并在心中暗暗发誓，要加倍努力创造新成绩，不辜负导师的厚望。于是，在贝耶尔的推荐下，1882年，费雪被聘为下厄南津大学化学系的有机化学教授，开始从事嘌呤族研究；1885年，又转任维尔茨堡大学教授，在这里进行糖类研究；1892年，又到柏林大学，并在糖类的结构方面做出了重大贡献，合成了葡萄糖、果糖、甘露糖等，解决了"糖的结构"这个当时有机化学界最困难的问题之一。终于，费雪在有机化学方面的成就超过了导师贝耶尔，并得到了国际承认，更于1902年（早过贝耶尔3年）荣获了"第二届诺贝尔化学奖"。此后，费雪仍不懈努力，又于1914年因成功合成核苷酸而成为诺贝尔生理学及医学奖候选人，但高票落选。

后来的事实表明，贝耶尔不但自己是匹千里马，也是成就卓越的伯乐。他不但自己获得了诺贝尔化学奖，还直接培养了两位诺贝尔化学奖得主，即费雪和1927年获诺贝尔化学奖的维兰德。更有趣的是，贝耶尔的徒孙、费雪的学生瓦尔堡，又获得了1931年的诺贝尔生理学或医学奖；贝耶尔的重徒孙、费雪的徒孙、瓦尔堡的学生克雷希斯，还获得了1953年的诺贝尔生理学或医学奖。可见，贝耶尔的品格和治学方法，真像遗传基因一样被一代代传下去了。

贝耶尔终生都谦虚好学，刻苦研究。基于他的研究成果，世界上建起了许多化工厂，从此全球有机化学工业进入了一个新的发展阶段；贝耶尔也真正实现了他妈妈的愿望："使我们的世界更加多姿多彩。"是呀，正是因为贝耶尔合成的各种染料与芳香剂，才使得美女们能打扮得花枝招展；当你置身于如花似锦的纺织品世界和香气醉人的化妆品世界时，怎能忘记贝耶尔这位为美化人类而辛劳一生的科学家呢！

晚年，贝耶尔仍孜孜不倦地工作，直至1917年以82岁高龄病逝。时年，也发生了对中国科学界影响重大的一件事情，那就是蔡元培先生出任北京大学校长，实行大学改制。同时，辜振甫、王永庆、贝聿铭等一大批各界精英也纷纷诞生。

第八十九回

吉布斯闭关悟道，新理论高深玄妙

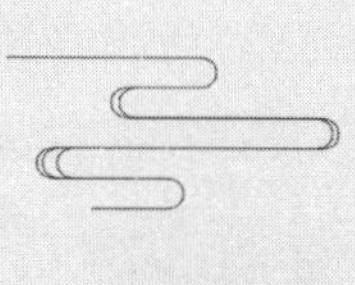

本回主角吉布斯，全名约西亚·威拉德·吉布斯。许多读者对该名字也许不太熟悉，但吉布斯其实很厉害！厉害到啥程度呢，这样说吧，他并未获得过诺贝尔奖，但远比绝大多数诺奖得主还厉害；你若不信，请见下面的事实。

若从数量上看，吉布斯的成果并不多，主要是一部专著，和在名不见经传的刊物上所发表的被他人称为“三部曲”的区区3篇论文。但是，这部专著实现了统计物理学“从分子运动论到统计力学”的重大飞跃，使吉布斯成了“近代矢量分析的创建人之一”。而那“三部曲”则奠定了化学热力学的理论基础，使热力学成为一个逻辑严谨、内容丰富的科学体系；其中提出的“吉布斯自由能”与“吉布斯相律”等重要热力学概念，至今仍被广泛使用。吉布斯甚至被誉为“富兰克林以后，美国最伟大的科学家”，注意，没有“之一”哟；这也许是因为，爱因斯坦是功成名就后才移居美国的。吉布斯还有一个重要称谓，那就是“美国理论科学第一人”，因为是他首先唤醒了美国人对基础科学的重视；当然，吉布斯也是世界科学史上的伟人之一。由于吉布斯的科研成就太过高深，我们只好请出过去近百年来科学界的众多“大腕名家”，让他们大致按时间的先后顺序，分别介绍一下各自眼中的吉布斯。

与吉布斯同时代的最杰出的科学家、电磁学大师麦克斯韦，在读罢“三部曲”后惊呼：“这个人（吉布斯）对热的解释，已超过所有德国科学家了！”注意，那时全球热学研究的顶峰就在德国，而吉布斯只不过是“新兴发展中国家”美国的一个小人物而已。

法国著名化学家、氧炔焰发生器的发明者勒夏特列认为，吉布斯开辟了化学的全新领域，他对化学的贡献可与拉瓦锡相提并论。

著名科学史学家皮埃尔·迪昂，1900年写道：“‘三部曲’是19世纪科学成就的顶峰，就像拉格朗日的《分析力学》标志着18世纪科学成就的制高点一样。”

1909年诺贝尔化学奖得主、物理化学创始人奥斯特瓦尔德说：“无论从形式还是从内容上看，他（吉布斯）赋予了物理化学整整100年！”

1923年诺贝尔物理学奖得主密立根说：“吉布斯是不朽的，因为他是一个深刻的、无与伦比的分析家，他对统计力学及热力学所做的工作，相当于拉普拉斯之于天体力学、麦克斯韦之于电动力学；换句话说，他把自己的科学领域变成了几乎完美的理论体系。”

1933年诺贝尔物理学奖得主、量子力学奠基人、波动力学创始人薛定谔，将吉布斯的成就看作是“量子力学中的波动力学先兆”。

1954年，爱因斯坦也表达了他对吉布斯的最高敬意。当有人询问爱因斯坦“在您所认识的人中，谁是最伟大的人，谁是最有力的思想家”时，爱因斯坦脱口而出“洛伦兹”，紧接着又补充道：“若我见过吉布斯，那就会把他与洛伦兹并列；可惜，我从没见过他。”毕竟，吉布斯比爱因斯坦年长整整40岁；前者去世时，后者才刚刚被雇佣为专利员。

1962年诺贝尔物理学奖得主、被称为“全球最后一位全能物理学家”的朗道说：“吉布斯对统计力学给出了适用于任何宏观物体的最彻底、最完整的形式。”

20世纪中期，控制论创始人、系统论创始人之一的维纳教授，多次对吉布斯的思想大加赞赏：“吉布斯的思维方法，对传统的将整体分割成部分的做法提出了挑战；具备这种思维和能力的人，绝对是凤毛麟角。”

吉布斯为人低调、从不炫耀，但十分清楚自己论著的重要性。他的文章写满了恐怖的数学公式和干巴巴的新概念，所导出的各种定律常常像哑谜一样，让读者不得不去反复推敲，以至当时美国科学界对他的论著完全不知所云。甚至若干年后，吉布斯的成就已在欧洲广泛开花结果后，吉布斯在耶鲁大学的同事却仍坦承：“我们真读不懂他的论文，之所以承认其成就，其实全凭凑热闹。”后来的事实表明，吉布斯的成就宛若指路明灯，让许多科学家不再在黑暗中盲目摸索。比如，在该“明灯”的指引下，1882年，亥姆霍兹提出了吉布斯-亥姆霍兹方程；1886年，杜亨得到了吉布斯-杜亨方程；1887年，范特霍夫发现了渗压定律，并因此于1901年获得了首届诺贝尔化学奖等。

当然，吉布斯的最厉害之处，其实在于他并不认为自己很厉害，或者说并不在乎自己是否很厉害！有这样一个故事，很好诠释了他是一位“只笃志于事业而不乞求他人承认”的罕见伟人。大约是在1873年，吉布斯的论文震惊了当时全球最著名的科学家麦克斯韦，后者亲自制作了该论文成果的一个石膏模型。吉布斯却平淡地将这个模型当作课堂的普通教具，却从来不炫耀它的“非凡背景”。即使有明知故问的学生假装打听模型的来历时，吉布斯也只说“是朋友送的”；当再被追问是哪位朋友时，他巧妙应答道：“英国朋友！”

总之，吉布斯终生都以平常心从事着自己喜爱的科研工作，从不急躁；他对

科学的谦逊态度，完全发自内心，毫无矫揉造作；他像“独孤求败”一样，始终都在闭关修炼内功，从未耗费精力去自我宣传，更未追求任何名利，甚至不在乎当教授有无工资或工资是高是低等。幸好他终生未婚，否则，还不知他的妻儿们将如何生存呢。也许正是这种不求闻达的品格，才最终造就他那难以逾越的科学高峰；这再一次印证了诸葛亮的醒世名言：非淡泊无以明志，非宁静无以致远！

像吉布斯这样厉害的科学家，到底是如何炼成的呢？欲知详情，请读下文。

从前，就在林则徐虎门销烟那年，即鸦片战争即将打响之年，准确地说是1839年2月11日，吉布斯以5个孩子中的老四顺序、以家中唯一儿子的身份，安静地降生在了美国康涅狄格州纽黑文城耶鲁大学旁的一个富贵之家。吉老四确实很心静，既没像普通孩子那样刚出世就“哇，哇”乱哭，也没因为自己生在了名门望族而掩嘴偷笑。他对自己今生的使命已成竹在胸，只需一步一个脚印稳稳向前推进就行了。不过，既然正处于吃奶期，无法立即开始科研工作，那么不如先来个穿越，看看祖先们都有啥业绩，以便今后有个学习榜样。

妈呀，不看不知道，一看吓一跳，祖先们真的好厉害呀：父系七世祖从英国移民到马萨诸塞殖民地波士顿，繁衍了一大批著名神父；母系五世祖乃哈佛大学的校长之后；曾有四代祖先都毕业于哈佛大学，在各世祖家族的名单里，纽约大法官、普林斯顿大学首任校长、新泽西学院化学教授、数学和自然哲学教授等著名学者和各界名流之多，简直让人眼花缭乱。当然，更直接的是，老爸是耶鲁大学神学院的著名教授，还是一位杰出的语言学家，而且老爸还与自己使用了同样的名字。妈妈则饱读诗书，十分贤淑。反正，吉布斯的家族，绝对是书香世家，绝对具有良好的高知基因。越看祖先们的光荣事迹，吉老四就越感压力巨大；于是，他没来得及看完家谱就赶紧重新穿越回来，缠住妈妈，吵着要立马开始学习文化知识。

可哪知妈妈的教学方式很特别，她完全把儿子当作“问题孩子”来教育！当然，这里的“问题孩子”不是说儿子有问题，也不是说儿子爱提问题；而是反过来，妈妈却在不断提问题，但并不急于给答案，只是不断提示，必要时带儿子一起观察、一起计算，然后引导儿子思考，最终直到儿子自己找到答案为止。刚开始时，妈妈的问题很简单，儿子的答案几可脱口而出，由此增强了儿子的成就感，激发了儿子的强烈兴趣；接着，妈妈的问题越来越难，直至儿子陷入沉思，因此吉布斯便养成了喜欢冷静思考的好习惯。比如，她问：“树干的截面是啥形状？”

他脱口而出:“圆的!”她追问:“真的,你量过吗?”他犹豫道:“没量过,不过觉得是圆的。”她再提示:“科学可不能凭‘觉得’哟,要不咱们测量一下?”于是,母子俩经过一番现场测量后,妈妈再问道:“树干真是圆的吗?”儿子改口道:“有的圆,有的不圆!”最后,妈妈再次深入追问:“为啥会这样呢?”于是,吉布斯脑海中的“问题库”又多了一个问题。

吉布斯非常喜欢妈妈的这种“问题教学法”,以至当他成为耶鲁大学教授后也将这种方法搬上了大学课堂。据说,吉布斯从不轻易回答学生随意提出的问题,除非学生真正对那个问题已深思熟虑,因为,他认为“老师不该只会‘填鸭’,而应像磨刀石那样,尽量精准地磨炼学生的思考力。”还据说,有一次在耶鲁大学的数学物理课上,面对众多高材生,他问道:“同学们,热水是热的吧?”大家面面相觑,只好礼貌地回答道:“是!”他又问:“冷水是冷的吧?”大家更莫名其妙地答道:“是!”他追问道:“把一杯热水倒入一杯冷水中,水会咋样?”有人忍不住笑了出来:“变温水啊!”他又追问:“为啥?”大家开始有点感觉了,严肃回答道:“热量由热水传到冷水嘛!”他再追问:“是吗?那冷水为啥不把热量传给热水呢?”同学们再答:“生活经验嘛!”他穷追道:“科学等于生活经验吗?为啥热量必须按‘从热到冷’这个‘固定方向’传递呢?”同学们被问得人仰马翻了。紧接着,吉布斯再接再厉,又抛出一连串看似简单却又完全不能回答的问题:“一杯热水混入一杯冷水,便可得两杯温水,但是用两杯温水为啥就不能得到一杯热水和一杯冷水呢?木头燃烧后可得水、气和热量,那为啥从水、气和热量就得不到木头呢?”终于,大家寻求答案的欲望被空前调动起来了,于是,吉布斯开始讲授自己的化学热力学;而该理论正是要从根本回答诸如此类的问题。原来,所有物质都具有能量,能量是守恒的,各种能量还可相互转化;事物总是自发地趋向于平衡态;处于平衡态的物质系统总可以用几个可观测的量来描述。哦,同学们恍然大悟,原来“白痴问题”中竟也包含如此高深的理论啊!

妈妈对吉布斯的影响,当然不只是“问题教育法”。实际上,吉布斯从小就体弱多病,虽然9岁起就进入学校读书,但是,他卧病在家的时间超过了上课时间;因此,从童年到少年,他都很少与同班同学接触,几乎没啥朋友。生病使他个性腼腆而孤独,既不会打球,也不懂社交。他唯一的户外活动,就是登上自家门口的小山,在清新的空气中慢慢独行,这既有助于疗养他的肺病,也使他有机会冷静思考各种奇奇怪怪的问题。生病在家时,爸爸教他拉丁文,妈妈教他数学,所以,

吉布斯与父母既是师生又是朋友；特别是妈妈启蒙的数学知识后来成了他开启大自然秘密的金钥匙。

1854年，15岁的吉布斯进入耶鲁大学工程系学习，并于1858年以优异成绩毕业，还在数学和拉丁文方面获奖。上大学期间，对吉布斯影响最大的事件，莫过于刚入学不久，父母及两个姐妹便突遭不幸，意外去世了！吉布斯痛苦万分，本来就孤独的性格现在更孤独了，本来就沉默的他现在更沉默了。无论是说话还是写字，他都更加惜字如金了，以至于后来的科学家们抱怨道："若吉布斯当年多说一点，多写一点，也许今日的化学热力学就不会这么难懂了。"当然，如果当年的吉布斯过于活跃、过于热衷于功名利禄，那也许就不可能有化学热力学和统计力学了。

大学毕业后，吉布斯继续攻读博士学位，并于1863年以题为"基于几何学的火车齿轮设计"的学位论文获得耶鲁大学工程学博士学位，从而成为美国历史上的首位工程学博士。随后，他留校分别担任了两年拉丁文助教和一年自然哲学助教；若沿此常规轨迹，也许吉布斯就不会成为伟大科学家了。幸好，吉布斯开始不"安分"，开始脱离名利丰厚的工程领域，开始发挥自己的数学优势，开始追问物理中的一些关键基础难题，比如牛顿力学无法解决的热力学问题等。为此，1866年，27岁的吉布斯，自费前往当时的科学中心欧洲开始了为期3年的留学生涯，这也是吉布斯一生中唯一离开纽黑文的3年；期间，他分别在巴黎、柏林和海森堡各待一年，阅读了大量数学、物理等方面的文献（比如，拉格朗日、拉普拉斯、泊松的著作等），沉浸于各种有关"热"的物理与数学研究中，还亲耳聆听了该领域多位大师的课程和演讲；特别是与魏尔施特拉斯、基尔霍夫、克劳修斯和亥姆霍兹等名家的零距离接触，更让他受益匪浅。

老实巴交的吉布斯在发达国家学成后，于1869年匆匆返回原单位时，才惊讶地发现：天，失业啦！原来，留学这3年，吉布斯一门心思搞学问，竟忽略了与行政保持联系；于是，他在耶鲁大学的既有肥差便被旁人鸠占鹊巢了。不过，聪明的耶鲁大学领导也有办法，假惺惺给吉布斯授了个"弼马温"头衔，即所谓的"数学物理教授"，但条件是没工资！更不可思议的是，老实人吉布斯竟然同意了，因为，在他看来"大学能提供自由的思考场所"。于是，9年，整整9年，耶鲁大学没花一分钱就这样聘用了一位自带干粮的伟大科学家。这真是绝无仅有的人间奇迹呀！

不过，后来的事实表明，在耶鲁大学的9年中，吉布斯也没吃亏。因为，他在这里默默无闻地登上了自己的第一座科学高峰，分别于1873年、1876年和1878年完成了代表作，即著名“三部曲”；特别是第三部那篇长达300多页的论文，被认为是“化学史上最重要的论文之一”，它提出了吉布斯自由能、化学势等概念，阐明了化学平衡、相平衡、表面吸附等现象的本质。更喜剧的是，如此宝贝成就在美国竟无知音！在当时科学中心的欧洲已被捧上天的大师，却在落后的耶鲁大学仍然只享受着“零工资”的独特待遇！直至1880年，霍普金斯大学出巨资来挖墙脚时，耶鲁大学才如梦方醒，赶紧开始给吉布斯发工资，而且还远比挖人单位的工资低。怪事儿又发生了：吉布斯放着高薪不要，竟然又出人意料地选择了低薪。唉，耶鲁大学命真好，不但天上能掉馅饼，而且馅饼还恰好掉在手心里！要是每所大学都有耶鲁大学的如此好命，何愁不能轻松建成“世界一流大学”呀！

拿到工资后，吉布斯并未得意，既没有“睡觉睡到自然醒”，也未能“数钱数到手抽筋”，而是很快就又进入了第二轮“闭关状态”。没人知道他在干什么，他也很少谈及正在做的研究，直到20年后，当他的研究成果已达到最完备的形式时，才又爆炸了自己的“第二颗原子弹”，于1902年公开出版了科学巨著《统计力学基本原理》。妈呀，统计力学的经典之作终于诞生啦！“物理学历史上，19世纪和20世纪的分界线纪念碑”终于耸立起来了！该书提出并发展了统计平均、统计涨落和统计相似等3种方法，建立了逻辑上自洽而又与热力学经验公式相一致的理论体系，为温度、熵、自由能等热力学量值找到了统计力学的相似物。总之，统计力学在这里实现了体系化，前人所获得的所有结果都只成了吉布斯理论的特例。

非常可惜的是，就在登上了自己的第二座科学高峰后仅仅一年，吉布斯就于1903年4月28日在纽黑文逝世，享年64岁。是年，冯·诺依曼诞生；而且中国科学界也发生了几件大事，比如首次在河南安阳发现甲骨文、中国最早的工科大学“天津北洋大学”开学等。

除了留下伟大的科学成就之外，吉布斯还给全球科学家及希望成为科学家的读者朋友们，留下了许多值得深思的箴言。

怎样衡量一个科学家是否杰出呢？他说：“别看他发表论著的篇数、页数，更别看他的著作在书架上占据的空间，而是要看他对人类思考力的影响。科学家的真正成就不在科学上，而在历史上。”

何谓真正的科学家呢？他说：“科学拥有建设力，能从混沌中重建秩序；科学拥有分析力，能区分真假；科学拥有整合力，能在看到这个真理时，并不忘记那个真理；唯有具备这三种才能的人，才是真正的科学家。”

关于数学是什么数学不是什么的问题，他说：“数学是一种语言，学数学的目的在于能熟练掌握这种语言，并用它来与大自然进行更精确的对话；数学不是解题技巧，学好数学的关键是专心，是对数学的真心喜爱；数学只要是对的，就是对的。如果真理是个靶子，那么，含糊的数学推论绝对射不中靶心。”

第九十回

自我意识双向刺，祖传叛逆詹姆斯

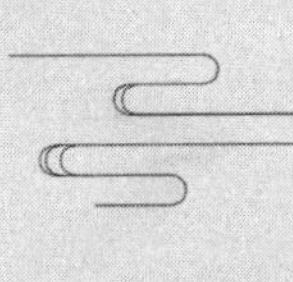

伙计，无论是在商界、神学界、哲学界、心理学或文学界，只要一提詹姆斯，大家都会不约而同道：“哦，我知道！”但是，这些不同领域的詹姆斯，其实并非同一人；但是，他们虽非同一人却是同一家人，而且还是血缘很近的亲人。比如，商界富豪詹姆斯是神学詹姆斯的老爸，神学詹姆斯又是心理学詹姆斯的老爸，心理学詹姆斯则是文学詹姆斯的亲大哥等。这些詹姆斯之间，不但也像其他血亲那样相亲相爱，而且非常奇葩的是，自有记录的祖祖辈辈以来，都概莫能外地出现了如下两个奇怪循环。

其一，长子与爷爷的名字完全相同，次子则与父亲的名字完全相同。本已十分复杂的外国人名，被他家这样一搞，就变得更复杂、更容易张冠李戴了。为使读者不被人名搞糊涂，本回将用詹姆斯来表示主角，即心理学界的那个詹姆斯，其全名是威廉·詹姆斯；而对其他詹姆斯，则只用其与主角的血缘关系来称呼。

其二，父亲与次子之间都能和平相处，而父亲与长子之间却势同水火：老爸想让儿子干什么，儿子就一定不想干什么；儿子自己想干什么，老爸就一定不让干什么；好像前世有冤，仿佛今生有仇。反正，父子俩都在亲情的掩饰下，相互无情厮杀，彼此深深伤害，反复演绎着一幕幕悲喜交加之剧，让人欲哭无泪，欲笑不能；父子心中都烦闷、都痛苦、都无奈、都酸楚、惆怅加茫然，可都无人能倾诉，以至于身体受到严重影响，甚至出现数次自杀冲动。更奇葩的是，几乎每一代的结局都是，父亲施压，儿子反抗；反抗失败，再次反抗；再反抗，再失败；反抗，失败；抗，败；最终，儿子却突然成功，并且还是在完全意外的领域内取得成功，更是越来越巨大的成功！

当然，在该家族的所有长子中，叛逆最为成功的当数心理学界的那个詹姆斯，即本回主角。他通过继承家族的“叛逆”基因，最终构建了科学心理学，成了“美国心理学之父”和美国最早的实验心理学家；他是最早把心理学看作自然科学的心理学家，也是詹姆斯机能主义心理学派创始人，还是实用主义哲学的先驱。他于2006年被美国权威期刊评为“影响美国的100位人物之一”（排名第62位）。他与达尔文、赫尔姆霍茨和弗洛伊德等一起，被称为“心理学史上的四大名人”。著名评论员杜威说“大家一致公认，詹姆斯是美国最伟大的心理学家”，甚至更认为“他也是那个时代最伟大的心理学家，也许是所有时代最伟大的心理学家。”他撰写的长达1 400多页的巨著《心理学原理》，几乎概括了整个19世纪的全部心理学成果，开创了机能主义心理学新方向，且在很大程度上促进了美国心理学派的发展，还长期影响着全球心理学界。60多年后，哈佛大学佩里教授都还在反复强调："心理学界，没有哪本著作曾获得过如此热烈的欢迎，也没有哪本著作曾赢得过如此经久不衰的名声。"此外，还必须指出，詹姆斯其实首先是哲学家，然后才是心理学家；由于本书是"科学家列传"，故略去了他的哲学和文学成就等。

詹姆斯家族中长子与父亲之间的叛逆，至少起源于他爷爷与祖爷爷之间的斗争；而他祖爷爷与祖祖爷爷之间有没有斗争，以及是如何斗争的，那就只能靠各位猜测了。其实，他爷爷本为爱尔兰某位大地主的长子，祖爷爷非常希望爷爷能老老实实躬耕于祖传的浩瀚肥田，然后娶一门媳妇生一堆娃娃，安安稳稳过日子。可是，叛逆的爷爷却对农耕完全没兴趣，一心只想经商，只想看看外面的世界到底有多精彩；甚至，在18岁那年，身无分文的爷爷竟然偷偷一人就走上了移民美国之路，气得祖爷爷吐血。须知，在当时，这无异于自杀；因为，单单是移民远航就危险重重：轮船失事、遭遇海盗、面临饥饿、染上疾病等任何一项都可瞬间将移民者送往地狱而非美国。侥幸活着到了美国后，爷爷从最底层的打工仔做起，既勤勉又节俭，终于一步步从货郎担到小商贩，再到连锁店老板，再到多种经营总裁，最后竟成了伊利运河工程的发起人，还一举鲸吞了沿河两岸多达25万亩（1亩≈666.67平方米）的土地，成为美国当时最大的巨富之一，书写了最早一代移民的"美国梦"。其实，爷爷还是很爱祖爷爷及其家族的，因为在他辛勤经商的44年时间里，始终都承担着长子义务，随时都在不断回报家族、帮助亲人。

詹姆斯家族中长子与父亲之间叛逆斗争的最精彩片断，是爷爷与爸爸之间的叛逆斗争。作为个人奋斗的成功典范，爷爷当然希望爸爸能续写自己的成功，至少要继承自己创下的这个庞大商业帝国。可哪知，爸爸的兴趣点却完全不在商业，只醉心于"科学梦""艺术梦""哲学梦"或"神学梦"，与爷爷的"发财梦"一点也不搭杠；于是，新一轮的父子"叛逆大战"又开始了，毕竟，"梦"不同不相为谋嘛！

爸爸童年时"野性"十足，不是钓鱼就是打枪，反正很喜欢运动，也更常常因此而受伤。于是爷爷开始管教了，可哪知爷爷越管爸爸就越"野"，终于在13岁那年，在一场过"野"的游戏中，爸爸从高空摔下，被迫腿部截肢并在家养病3年。期间，爸爸对这次事故进行了深刻反省，而反省的结果却又完全出人意料，因为他认为，这次受伤是神的某种启示，是神要让他理解肉体与灵魂、物质与精神之间的关系。从此，爸爸便开始了"神学梦"，并立志要为神传播天命。

为了更严格地管教已经16岁的儿子，爷爷将刚养好腿伤的爸爸送入了联合学院。为啥要送到这所名不见经传的学院，而非更著名的大学呢？嘿嘿，主要原因在于爷爷是这所学院的"金主"，校长和老师都乐意与爷爷结成"钢铁联盟"来共同管教爸爸。可哪知，爸爸也不是吃"素"的，别看他孤军奋战，也照样像孙悟空大闹天宫那样把校长坑得哭爹喊娘，把全校折腾得底朝天！爷爷本来已让了一步，同意爸爸不必非得继承家业而经商，只要当一名律师就行（其实，爷爷的商业帝国本来也需要律师，这实际上是爷爷在"放长线钓大鱼"），可爸爸却一口拒绝，全无商量余地。爸爸还瞄准了爷爷的软肋，知道他非常节俭，于是便大手大脚花钱，心疼得爷爷捶胸顿足。于是，爷爷猛念"紧箍咒"，大幅度压缩零花钱；可爸爸也不甘示弱，干脆屁股一拍就来了个"胜利大逃亡"，像他爷爷当年对付祖爷爷那样离家出走了！

幸好，这次爸爸没越洋过海逃出国外。很久以后，爷爷终于打听到了爸爸的踪迹；原来，他去了波士顿，并在某出版社做校对员，他像刚出狱的犯人那样尽情呼吸着自由的空气，享受着自食其力的独立生活。此举着实将爷爷逼得走投无路，只能仰天长叹，盼望着有朝一日爸爸能良心发现，浪子回头，成为家族中最受尊敬的人物。可是，一个月过去了，两个月过去了，一年过去了，忍无可忍的爷爷终于决定要断绝父子关系；这时，爸爸才暂时屈服，于19岁那年重新回到联合学院。屈服后的爸爸，虽象征性地开始学习法律，但其自信心和热情却完全被消灭了，整日烂醉如泥，并打算如此沉沦终生。

不知算有幸还是不幸，两年后爷爷中风去世。爷爷的次子，即爸爸的弟弟，乖乖地继承了家业，而且还做得很成功；爸爸从此终于可以自由飞翔了，但这时他已21岁，与其他同龄人相比已远远落后了，因为他几乎从未受到过任何正规教育，必须从零起步，奋起直追，努力实现自己的梦想。詹姆斯家族的奇迹又再一次发生了，经过随后40余年的不懈奋斗，爸爸还真的实现了自己的"神学梦"和"哲学梦"，成为当时美国的风云人物。

此外，爷爷与爸爸间的叛逆斗争并未因爷爷的去世而烟消云散，甚至还更加升级了；原来，爷爷对爸爸的倒行逆施始终耿耿于怀，故在遗嘱中几乎剥夺了爸爸的遗产继承权。直到14年后，直到兄弟反目成仇后，直到历经数次惨烈的官司后，直到爸爸几乎被逼疯（实际上已出现神经分裂症状）后，爸爸才总算分得了部分遗产。唉，真是清官难断家务事！爷爷崇尚勤奋，孜孜以求利，时时想壮大家族，没错吧；爸爸崇尚自由，追求内心召唤，刻刻想着实现自己的梦想，也没错吧。可是，他们又好像都有错，至少他们彼此把对方伤害得都很深，以致爸爸晚年写自传时，对爷爷给他造成的心灵创伤还念念不忘；另一方面，爸爸给爷爷造成了多大伤害，由于缺乏文字证据，我们不敢胡编乱造，但只想强调：爷爷死于中风。

当然，詹姆斯家族的父子叛逆斗争还远未结束，因为本回主角詹姆斯还没登场呢！作为长子，他也将与自己的父亲展开一场长达30余年的博弈；而且这次博弈更奇怪，因为这对父子都做着同样的“科学梦”“艺术梦”和“文学梦”。原来，即使“梦”相同，也照样可以不相为谋！此外，与爸爸和爷爷之间的“热暴力”不同，詹姆斯受到的却是来自爸爸的“冷暴力”。

在展示詹姆斯与他老爸间的“刀光剑影”之前，咱先来认真思考一下：为啥父子之间的代沟会如此之深呢？虽然詹姆斯家族的情况确实特殊，但有什么更深层次的原因吗？哈哈，真是“众里寻他千百度。蓦然回首，那人却在，灯火阑珊处。”原来，那个最深层次的原因竟然就明明白白地摆在詹姆斯自己的心理学成果中，它就是詹姆斯机能主义的核心之一。实际上，詹姆斯机能派的主要观点就是，意识是机体适应环境，以达到生存目的之工具；心理学的任务，就是对意识状态适应功能的描述和解释；意识状态是一种连续不断的整体，称之为思想流、意识流或主观生活流；人和动物的心理活动都是本能意识冲动的结果；等等。

伙计，就算你完全看不懂上面对詹姆斯机能主义的复述，但你只需经简单词频分析就不难发现，其中的关键词是“意识”两字。这里的“意识”，当然重点是自我意识。至此，在詹姆斯家族中父子间的“超强逆反”就真相大白了：原来，那是因为他们的“意识”太独特。准确地说是儿子和父亲的自我意识都太强，所以，一方面儿子会滋生强烈的独立需求，而父亲却总想在精神和行为上予以约束和控制，从而导致儿子的强烈反抗；另一方面，儿子企望被视为独立的社会成员，给予平等的自主性，而父亲却又总想将其置于“孩子”地位，并予以保护、支配和控制，从而导致儿子的强烈反抗；第三方面，儿子本来在各方面都已有自己的观点和主张，而父亲却又总想将自己的观点强加给儿子，这自然就会引发抵触或拒绝，并进而表现出观念上的对抗。

仍然是在詹姆斯家族中，那为啥次子却通常是既听话又成功呢？由于次子不是本回主角，故此处略去“听话”的原因。而关于“成功”的原因嘛，可能是家

族基因本来就很好，干什么都能成功；所以，次子听父亲的安排，一定会成功。长子我行我素，嘿嘿，他照样也能成功。抱歉，本回都快结束了，却还顾不上让主角出生呢！下面有请詹姆斯登场，并请继续观看新一辈的父子叛逆剧。

话说道光二十二年，即清朝签订丧权辱国的《南京条约》那年，准确地说是1842年1月11日，詹姆斯在纽约出生了。那时，他父亲才刚从爷爷的束缚中解放出来，随后他还将有三个弟弟和一个妹妹；特别是那老二，将乖乖地实现父亲的“文学梦”，成为美国著名小说家，即文学界的那个詹姆斯。

也许想吸取自身教训，老爸十分重视子女教育，从小就有意培养子女的独立精神，鼓励他们进行批判性讨论，并让孩子们在欧洲和美国的多所学校交替接受教育。因为父亲认为，一方面，在欧洲读书有利于增长见识，避免心胸狭隘；另一方面，经常回美国读书，有助于了解国情，有助于今后在美国发展。书中暗表，这老爸也太不“知己”了，独立精神压根儿就是他的“家传”基因，哪还再需培养，不信就等着瞧吧。

果然，在童年和少年期，詹姆斯与老爸还能和平相处，特别是老爸自己未能实现的“科学梦”“艺术梦”和“文学梦”对詹姆斯的影响更大；以至16岁那年，詹姆斯还真的爱上了绘画，并于1858年专程从欧洲回到美国拜著名画家亨特为师，学了整整一年的绘画。这时，老爸又开始后悔了，毕竟“艺术梦”与“科学梦”南辕北辙，很难兼顾；于是，詹姆斯与老爸之间的首场“斗智”便就此拉开了序幕。刚开始，老爸巧妙地旁敲侧击，希望以“三寸不烂之舌”劝说詹姆斯放弃绘画，结果当然是无果而终；接着，老爸来了一招“釜底抽薪”，干脆于1859年举家迁往日内瓦，希望以此切断儿子与美国画界的联系；可哪知，詹姆斯回敬了一招“就地取材”，直接与瑞士的更多画家打成一片；老爸又“抽刀断水”，将儿子接触过的画家逐一“策反”；儿子也不甘示弱，自然又使出了祖传的“三十六计，走为上计”：于18岁那年偷偷溜回美国，重回亨特麾下。正当老爸准备认输时，詹姆斯却又突然宣布：因自己缺乏画家天分，决定放弃“艺术梦”，重做“科学梦”。

19岁那年，在初战告捷的老爸的精心安排下，詹姆斯进入了哈佛大学攻读化学专业。正当老爸以为儿子终于长大了，终于肯听话了，正准备“阿弥陀佛”时，詹姆斯突然又“跳槽”到比较解剖学专业。随后，这对父子之间的过招节奏实在太快，以至于根本无法进行现场直播解说。反正，像变魔术一样，后来詹姆斯又跳到了生理学专业，并在此期间接触到了进化论思想；很快，又因聆听了一堂动物学演讲，便头脑一热转入了生物学专业；22岁那年，他又无故转入哈佛医学院；23岁时，作为医学院的学生，他又逃学到巴西参加了一场大型野外考察活动，并因此染上了天花，险些丧命，同时也自愿放弃了“生物梦”，并继续回到哈佛学医。但即使如此，詹姆斯也未能从医学院毕业，因为24岁的他又“因身体原因”彻底中断了过去5年在哈佛的所有学业。25岁时，詹姆斯又“跳”到德国留学，并以闪电般的速度在医学、生理学和心理学等专业之间“腾挪闪移”，但最终都“因体力不支”而辍学。可非常诡异的是，他却有大把时间和精力去博览法、德、美等国的众多文学名著，甚至还常去柏林大学旁听文科类课程。显然，这是詹姆斯的“战略大转移”，他将与老爸的“战场”从“科学梦”延伸到了“文学梦”。虽然“文学梦”也是老爸年轻时的未实现梦想之一，但老爸的穷追猛打也照样不会罢休。

27岁那年，逃无可逃的詹姆斯终于又被老爸追回美国，并获得了哈佛大学医学博士学位。但此时，这对父子早已斗得筋疲力尽了，他老爸的情况如何，咱不得而知，反正詹姆斯自己却几近崩溃，甚至曾一度悲观消极，患上了抑郁症。直到后来，他因读到一篇有关自由意志的论文后，才决心通过对意志功效的信仰来医治抑郁症；果然，4年后，31岁的詹姆斯终于从抑郁症中康复过来。总之，到此时为止，詹姆斯可以说仍是一事无成：干啥，啥不成；学啥，啥不会；既没成家，更没立业；甚至在经济上都还得完全依靠父亲的救济。不过这对父子间的叛逆斗争却始终没完没了。

从抑郁症中解脱出来后，1873年开始詹姆斯终于找到了一份体面的职业，即在哈佛大学任教；当然，这绝非因为他做出了啥惊天成就，而是昔日邻居、现任校长的特殊照顾。于是，他先后在哈佛大学讲授了解剖学、生理学、心理学等课程，并在34岁时勉强升为副教授。此外，他还在36岁那年娶回了满意的媳妇，并生育了5个孩子；然后，按家族传统，长子又与詹姆斯的老爸同名。

不知是偶然还是必然，反正，与他老爸和爷爷的情况类似，在詹姆斯40岁（1882年）那年，老爸去世了。仍然很奇怪的是，老爸去世后，詹姆斯的事业开始在毫无预兆的领域中突飞猛进了：43岁时，升任哈佛哲学教授，同年整理出版了父亲的遗著，可见詹姆斯其实还是很想念父亲的；49岁时，转任心理学教授，次年出版了自己的心理学代表作——两卷本巨著《心理学原理》；50岁时，再出《心理学简编》，它是当时美国大学采用最广的心理学教本；57岁时，完成了另两本重要的心理学著作《对教师的讲话》和《宗教经验之种种》等。此后，在生命的最后10年里，他致力于哲学研究并又取得若干重大成就。

1910年8月26日，詹姆斯从欧洲旅行回国，两天后便突然逝世，享年68岁。但愿他与长子间没再延续家族的叛逆斗争史；但愿詹姆斯家族的这种代沟斗争，能为各位读者及亲人提供有益的经验和教训。

第九十一回

科赫法则灭病菌，万年瘟神遇克星

伙计，就算你没听说过本回主角科赫，但你肯定知道被他打败的众多“对手”，比如鼠疫、伤寒、炭疽热、结核病菌等。实际上，这位名不见经传的“赤足”郎中，仅凭一台破旧显微镜，在自己的破屋里经过数年走火入魔般的“外练筋骨皮，内练一口气”和“冬练三九，夏练三伏”，终于练得家徒四壁，终于练跑了首任娇妻，这才练就了若干“世界第一”。他发明了蒸汽杀菌法；发明了固体培养基的“细菌纯培养法”；证明了“特定微生物是引起特定疾病的原因”，分离出了伤寒杆菌和结核病菌；发现了霍乱弧菌，提出了霍乱预防法；发明了细菌照相法，使细菌再也无法遁形；发现了炭疽热的病原细菌，并发明了预防炭疽病的接种方法；发现了鼠蚤传播鼠疫的秘密；发现了睡眠症的传播源等。

伙计，就算你不知科赫到底拯救了多少生命，但通过下述类比便可得出大致结论。2003年，亚洲国家及部分欧美国家爆发了SARS病毒，引起世界恐慌，经全球科学家共同努力，很快就找到了“元凶”，从而使得后续治疗成效卓越；而最终判定真凶的方法，正是科赫在百余年前提出的“科赫法则”。

伙计，就算你不懂科赫创立并开拓的“病原细菌学”，但你肯定知道传染病是人类大敌。从古至今，鼠疫、伤寒、霍乱、肺结核等众多可怕的病魔夺去了无数生命。若要战胜这些凶魔，首先就需弄清其致病原因；而正是科赫，首先发现传染病是由病原细菌感染而成。

伙计，为了成就你的科学家梦想，也为了怀念科赫对全人类的伟大贡献，科赫的科学家传记绝对值得认真阅读。

罗伯特·科赫，1843年12月11日，以家中13个孩子的老三之序生于德国克劳斯特尔城。妈妈品德高尚，极其聪慧，是远近闻名的贤妻良母；老爸虽只是一位矿工，但却见多识广，甚至年轻时还游历过欧洲诸国，不但学到了许多知识，还大开了眼界。也许科赫是老爸的“福星”，三娃出生后不久，老爸就被提升为矿区督察，于是就有更多时间陪伴孩子们。

在老爸的影响下，科赫从小就喜欢做梦；大概他也相信：梦想还是要有的，万一哪天真的实现了呢！科赫的“未来梦”还真是千奇百怪。

老爸那多姿多彩的游历生涯，让科赫立志长大后也要环游世界，甚至因此而做起了“水手梦”。于是，有一天，当老爸赶着孩子群回家吃饭时，数学本来就差的妈妈掰着本来就不够数的十个手指头，左数右数，数来数去，可总也只有12个，到底少了谁呢！急得老爸赶紧动用“军事手段”，“列兵报数”；终于，在孩子们“1，2，3……”的报数后发现，哦，原来又是问题最多的老三不见了！妈呀，这可不得了啦！于是，赶紧动员街坊四邻，翻箱倒柜，对周遭十里八村进行了“地毯式扫荡”，终于“挖地三尺”，在后院小河边找到了发呆中的科三娃。原来，这小子正幻想着“登船远航”呢，他刚折好的几只小纸船，已顺水漂了很远很远。

老爸对大自然的喜爱，又让科赫做起了“生物学家梦”：每次郊游，他都兴奋无比，缠着老爸问这问那，并很快学会了如何采集苔藓、昆虫，如何辨别奇物怪石等。甚至，他还建起了自己的小型博物馆，收藏了多种蝴蝶、甲虫、树叶、毛毛虫和矿石标本等；至于家中的各种畜生，那更是他喂养和观察的重点，一会儿给兔子来根萝卜，一会儿又给豚鼠端碗水。自从老爸送他一个放大镜后，哇，科赫就更“入魔”啦：举着放大镜，见啥看啥，像什么蚂蚁有几只眼啦、鱼儿有没胆啦、细沙好不好看啦等。为了证明鸡也是鸟类，科赫竟在院子里挥舞扫帚，与小狗“合作”，经一番瞎折腾，终于把“鸭子赶上了架”，然后才确信：哦，原来它们还真是鸟，因为确实也能飞嘛。

此外，儿时的科赫还做过许多其他梦。比如，5岁时，他就开始了“文学梦”，吵着要老爸教他认字，而且还真能借助报纸读书，甚至后来还差点成了“文艺青年”；7岁时，又做了“摄影家梦”，要老爸教他如何使用相机，因为“今后当了水手，就可把全球风景照寄给爸爸和妈妈嘛”。就在上小学前，科赫又做起了“医生梦”；原来，他随妈妈参加了一位著名牧师的葬礼，知道了这位好人死于“无法医治的绝症”，于是，他又立志要征服病魔，要治好人类的绝症。此事让科赫印象深刻，以至于成年后，每当遇到困难时，他都会想起这次葬礼，都会反问自己“难道真没办法了吗？”也许正是这个“医生梦”，驱使科赫把一生都献给了医疗事业。

怀揣各色五彩梦想，科赫在8岁那年成了一名小学生。由于自幼就积累了独立的学习技巧和思考方法，所以，在老师和同学眼里，科赫简直就是一个传奇。一方面，每次考试他都名列前茅；另一方面，却谁也没见过他认真听课，更无课外补习：要么在用放大镜照石头，要么用显微镜看细胞，要么玩摄影，要么仿照博物学家随时描绘观察结果。而且，他还特爱管闲事，对身边的各种现象都很敏感；哪怕是听见商家讨价还价都会赶紧默默替别人算账，看看到底谁赔谁赚。科赫就这样一直玩过了小学，接着又玩过了中学，并于1862年以全班第一的成绩从中学毕业。非常幸运的是，就在科赫中学毕业前夕，独具慧眼的校长在科赫的“文学梦”

上“浇了一瓢凉水”，却在他的“医学梦”上又“添了一把大火”。

于是，19岁的科赫便顺利考入了德国哥廷根大学医学院，师从著名病理学和解剖学教授亨勒。这位亨教授，可真是一位育才高手！但见他“火眼金睛”一睁，就发现了未来医生科赫的一个致命弱点，那就是“粗心”。教授眉头一皱，计上心来；“啪”的一声扔出一本“狂草”，“将它用正楷抄一遍”，导师命令道。良久，见满头大汗的弟子吃够了苦头之后，导师才开始言归正传：“若医生开出如此处方会咋样？别人可以粗心，医生则必须一丝不苟，否则必出人命！”导师的点化对科赫震动很大；从此以后，无论是学习还是科研，科赫都非常严谨。当然，亨教授对科赫的学术影响更大，甚至让科赫永远记住并践行了这样的原则：必须不断地通过显微镜从传染物中寻找细菌，并将它们分离出来，测试其致病力，才能确认它们是否会引发传染病。

22岁那年，科赫参加解剖学毕业考试时，在试卷页眉上恭恭敬敬地写下了6个大字，也是自己的终生座右铭：永不虚度年华！23岁那年，科赫获得了医学博士学位，然后在汉堡总医院实习三年，接着自己开业行医。1870年普法战争爆发，27岁的科赫成了一名志愿军医；战争结束后，又于1872年8月回乡当了一名“赤足医生”，并正式“吹响了进攻各种瘟疫的冲锋号”。

四年后的1876年，科赫拿下了第一个“堡垒”，即臭名昭著的炭疽，一种人畜共患的急性传染病；其患者的临床表现非常恐怖：皮肤坏死或溃疡，肌体组织广泛水肿，出现毒血症症状，皮下有出血性浸润；血液凝固不良，呈煤焦油样，甚至引发肺、肠和脑膜的急性感染，并伴发败血症等。若略去具体医学专业细节，科赫的攻关过程非常具有启发性，完全可借鉴到其他科研领域。实际上，大约在1873年左右，科赫用他那架仅有的破旧显微镜，从一只死于炭疽病的家鹿血液中观察到了一种纵横交织的“粗大而透明的杆菌”。于是，科赫运用自己在“生物学家梦”里学会的本领，赶紧画下了观察结果，并将其取名为“炭疽病菌”。若故事只是到此，那就没啥精彩了，因为早在30余年前，另一位名叫波兰德的医生也发现过这种病菌；大约10年前，巴斯德也已知道它的存在；但精彩的是，科赫开始了随后的穷追猛打。

首先，科赫追问的第一个问题：这种少见的所谓“炭疽病菌”，会无一例外地出现在所有炭疽病患的血液中吗？借助“赤足医生”的人畜病源广泛之优势，科赫确认：无论是牛、马、羊或人，只要是炭疽病患者，其血液中就一定含有这种“炭疽病菌”；反之，健康动物则不含。

其次，科赫追问了第二个问题：从患者体内分离的“炭疽病菌”，能在体外被纯化和培养吗？经过艰苦的探索，这第二个问题也有了肯定的答案。原来，科赫发现：只要将患者血液注入健康动物体内，后者也必定被感染。而且，他还通过精巧手段发现了炭疽病菌的生长过程和活动情况，完成了炭疽病菌的培养基，并成功实现了炭疽病菌的体外培养。

接着，科赫追问了第三个问题：经人工培养的“炭疽病菌”被转移至健康动物后，动物将表现出感染的征象吗？答案也是肯定的。甚至，科赫培养的“炭疽病菌”经多达8次接种后，仍保持着很强的传染力，无论是牛、马、兔、鼠等概莫能外，必定被很快传染。

最后，科赫追问了第四个问题：受感染的健康动物体内，又能分离出这种微生物吗？其答案仍是肯定的；而且，对现在的科赫来说，回答它已易如反掌了。

如今，若将上述四个追问中的“炭疽病菌”替换为任何“病菌”或更广泛的“微生物”，那就得到了著名的“科赫法则”。对，2003年的SARS病毒就是利用该法则被迅速消灭的。科赫法则，不仅为病原微生物研究制定了系统方法，更促进了传染病防治。

当然，科赫还再接再厉，不但搞清了“炭疽病菌”的传染渠道，发明了其接种方法，还揭示了炭疽病菌的生活史，即“从杆菌，到芽孢，再到杆菌”的反复循环；其中，芽孢可放置较长时间而不死。科赫建议，患炭疽病死的动物要深挖深埋，可疑饲料要消除芽孢；科赫还发现，蒸馏消毒的灭菌效果最佳，并发明了至今仍被广泛使用的“科赫蒸馏器”。总之，科赫终于战胜了“炭疽病菌”这个长期威胁人类的罪恶瘟神。

1877年秋天，科赫开始进军第二个“病魔堡垒”，试图搞清感染和腐烂的机理。当然，他唯一的“武器”仍然只是那台破旧显微镜。刚开始还比较顺利，因为他将被感染的血液注入健康动物体内后，后者很快就被感染；但是，紧接着怪事就出现了：在后者体内竟找不到任何造成感染的细菌；可是，若将其血液注入第三者体内，却依旧会引发感染！这是咋回事儿呢？造成感染的细菌到哪去了呢？若无细菌，咋又会无端引起感染呢？于是，科赫使尽浑身解数，发誓要找出细菌，哪怕砸锅卖铁！只见他，睁大“火眼金睛”四处张望，没发现；启动所有“触角”

八方摸索，仍没发现；最后，即使请来“观音菩萨”还是没发现！突然，科赫灵机一动，哦，莫非是那细菌穿上了“隐身衣”，从而变得透明不可见了？小兔崽子，哪里藏，这点雕虫小技何足挂齿！只听得科赫双手合十，口中念念有词，瞬间就搬来了“染色天王”。于是，“天王”用“神水”轻轻一点，哈哈，细菌们果然就被染色了，再想躲藏时，却已“上天无路，入地无门”了！于是，被强行穿上“彩衣”的细菌们，只好乖乖任由摆布，并在科赫发明的无菌固体培养基（实际上就是肉汤胶冻）中老老实实地生长。书中暗表，科赫首开的细菌染色，如今已发展成了更广泛的微生物染色，并已是组织学、胚胎学、病理学中最基本、最广泛的技术了；科赫的无菌固体培养基，也已在现代细菌学中变得不可或缺。

由于其累累成果，1880年，“赤足医生”科赫被调入德国卫生署，并前往柏林工作。这时，实验条件得到大大改善，科赫又开始了新的攻坚战。这次，他瞄准了更危险、更狡猾的肺结核细菌，因为它的传染性更强、杀伤力更大，当时欧洲每死亡7人中，就有1人死于肺结核；其临床症状包括低热、盗汗、乏力、消瘦、月经失调等，此外还伴有咳嗽、咳痰、咯血、胸痛、胸闷或呼吸困难等。比其他病魔更恐怖的是，肺结核患者不会立即丧命，而是被病魔慢慢折磨，直至骨瘦如柴而死。

若想消灭结核病，当然就得首先找到它的病原体，但此事谈何容易！虽然结核病的传染性很容易验证，但无论是采用动物试验法还是显微镜观察法，却都未能找到相关病原体。于是，不服输的科赫撸起袖子开始了疯狂的“穷举法”，试图又来一次大海捞针。他一边试验了大批动物，一边配制了上百种结核菌样品，然后无差别地一一解剖或验证：妻子顾不过来了，宝贝女儿无暇关爱了，吃饭忘了，睡觉省了，甚至连续数日都不回家了！数月的严重“失态”后，科赫终于找到了“众里寻他千百度”的结核病菌，原来，蓦然回首，那斯却躲在“灯火阑珊”的第271号样品中！

找到了病原体后，还得再努力培养结核菌。于是，科赫的第二轮严重“失态”又开始了。说书从简，反正，经过数轮“狂轰滥炸”之后，已经面容憔悴、骨瘦如柴的科赫，终于摇摇晃晃、勉强走出了实验室，并兴奋地宣布：“已为结核病菌找到了最接近自然的培养基。”果然，将一小部分菌体从菌落上移到新鲜培养基上后，仅仅4个星期就长出了细细的纺锤形细菌，微微泛蓝、稍稍弯曲。

给结核病菌“最后一击”的时刻终于到了！只见科赫将各种试验动物放入封闭的箱子中，然后喷入含有结核菌的雾剂；果然，箱中动物很快就无一例外地被感染了。于是，谜底就清楚了，1882年，科赫宣布：结核病，是且只是由结核病菌所引发；结核病是一种寄生虫病；征服结核病的关键是阻断传染源，患者痰液是最重要的传染源之一，患者用过的衣物等都该消毒；结核病患者，无论是人或动物，其感染的结核菌都属同类微生物，但人与牛的结核病稍有不同，人被牛传染后，病情都不太严重，因此，应该重点预防人的结核病菌。1890年8月4日，科赫再接再厉，又给出了更惊人的成果：若将结核纯菌苗注入健康动物，后者必受感染；反之，若给已感染动物注射纯菌苗，则患者不但会治愈，且今后再也不会被感染了。换句话说，结核病的治疗和预防等都被科赫“一揽子”解决了！

当然，科赫一生中所剿灭的凶恶病菌远不止上述几种，限于篇幅，只在这里来一个“跑马观花”。

面对谈虎色变的霍乱，科赫只用了一计“降龙十八掌”，就将它打入了地狱。原来，科赫找到了霍乱的培养基，证实了霍乱容易寄生在潮湿环境中，但却不适于炎热和干燥，更经不住石岩酸等消毒剂。后来的事实证明，虽然1892年开始的霍乱，造成了近2万人感染、8 000多人死亡，但是当1900年科赫的成果被大面积推广后，分别于1905年和1910年再次爆发的霍乱便都很快就被“科赫法则”“镇压”了，甚至1926年以后欧洲就再也未发生过霍乱了。

面对牛黑死病，科赫快刀斩乱麻，将牛黑死病患的血液和健康牛的血清注射给牲畜，并给健康牲畜注射适量牛黑死病胆汁；于是，健康牲畜就免疫了。而且，科赫在极短时间内，用该方法就成功拯救了200多万头牛！面对以鼠疫为主的人黑死病，科赫大开“天眼”，很快就找到了元凶，即患有鼠疫的老鼠；于是，人们只需对老鼠进行“灭绝式大扫荡”便可一举多得：既清洁了环境，又断绝了传染源。

面对疟疾，科赫一语中的，直接指出，疟疾不是由细菌而是由原生物引起的，其罪魁祸首是蚊虫。他发现，奎宁是疟疾的主要“克星”，并很快打出了对付疟疾的一套“组合拳”：一方面消灭疟蚊，另一方面使用奎宁。

1904年10月1日，61岁的科赫光荣退休了。但他并未待在家中享清福，而是立马启程前往非洲，开始研究那里的海岸牛热病、非洲回归热病和锥虫病等传染病，并取得了许多实质性进展。总之，科赫对人类的贡献，怎么表彰也不过分；于是，1905年的诺贝尔生理学及医学奖便理所当然地颁发给了科赫这位伟大的医学家。

1910年5月27日，67岁的科赫，由于过度劳累，突发心脏病，在座椅上静静去世了！安息吧，科赫！人类因您而有福，谢谢您！

第九十二回

出师未捷身先死，长使英雄泪满襟

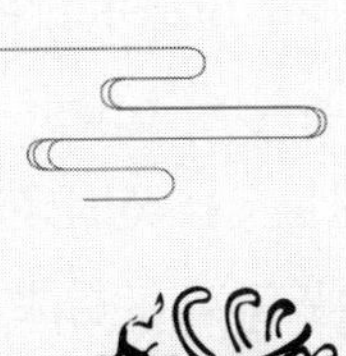

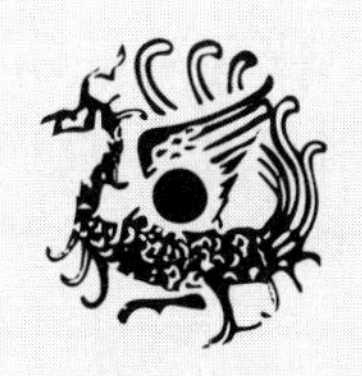

伙计，别被标题误导，本回当然不是讲述诸葛亮；但是，主角的智商肯定不亚于孔明，而情商却与孔明有天壤之别，甚至情商几乎为零，至少是不断逼近于零。因为，作为一位花甲老人，夫妻和睦，家庭幸福，儿孙满堂，咋会莫名其妙自杀呢？作为一位从25岁起就长期享受荣耀和掌声，甚至被奥地利举国公认为最伟大的科学家，享受最高科学礼遇的教授，咋会突然自杀呢？作为一位常见老年病患者，虽然视力极差，但也完全没理由自杀呀！更不可思议的是，据说，他自杀的主要诱因竟然是在与学术对手辩论时，因暂时处于下风，于是就模仿古代烈女而“以死自证清白”。但更可悲的是，就在他自杀后仅仅2年，在爱因斯坦的理论预测下、在佩兰的实验证实下，其学术对手竟主动认输，承认了自杀者的理论。反正，千不该万不该，本回主角不该自杀；千有理万有理，唯独自杀没道理。看来，科学家的心理素质确实很重要。关于他的自杀，比较靠谱的解释是，要么他情商太低，要么他患有某种精神疾病。即使是后者，其病因也仍该归罪于其过低的情商，毕竟任何人都会遭受挫折，并非一遇压力就该患精神病呀。

那么，本回主角到底是谁呢？其实，只需上网一搜，其名字就会立马刷屏，连篇累牍地跳出诸如玻尔兹曼常数、玻尔兹曼大脑、玻尔兹曼分布、玻尔兹曼机、玻尔兹曼方程、玻尔兹曼公式、玻尔兹曼定律、玻尔兹曼熵等。是的，本回主角就是玻尔兹曼，全名路德维希·玻尔兹曼，一位伟大的物理学家和哲学家、热力学和统计物理学的奠基人。他首次从统计上给出了热力学第二定律的完美阐释；他通过原子量、电荷量、原子结构等原子性质，解释和预测了物质的黏性、扩散性、热传导性等物理性质。有这样一种说法，可形象地描述他的伟大，那就是，牛顿定律控制日月星辰运动，麦克斯韦方程揭秘电磁世界，爱因斯坦探讨时空本性，普朗克量子力学追寻世界本源，而玻尔兹曼的熵公式则从极大的宏观入手探究极小的微观。换句话说，若说其他理论揭示了世界真相，那玻尔兹曼则是人类理性对世界的另一种解读，是人类的新宣言，因为它首次同时研究了极大世界与极小世界。

1844年，是近代中国的又一个屈辱年：继两年前被迫订立中英《南京条约》后，美国也强迫中国签订了《望厦条约》；法国更不甘落后，将肥得流油的《黄埔条约》强行收入囊中；《上海地皮章程》又让英国轻松获取了大片英租界。1844年，也是怪人诞生之年。这一年，文学界诞生了后来发疯致死的尼采；科学界，则于2月20日在维也纳诞生了后来自杀致死的本回主角。据玻尔兹曼成年后的自嘲式解释说，他之所以终生情绪变幻莫测，一会儿狂躁一会儿抑郁，就是因为自己的生日

太怪，不但年份怪，日子也怪，因为它介于“忏悔星期二”和“圣灰星期三”之间。啥意思呢？哦，原来“忏悔星期二”就是所谓的狂欢节，当然就该狂喜；而与之冰火两重天的是“圣灰星期三”，它是耶稣被出卖之日，当然就该大悲。哈哈，风趣的玻尔兹曼竟为自己的“过山车”情绪找到了心安理得的借口。

玻尔兹曼的父系祖先都是“小康”之家：爷爷早年从柏林移居维也纳，以制作和贩卖八音盒为生；爸爸是税务小吏，可惜英年早逝，在玻尔兹曼15岁那年就撒手人寰，此事也影响了玻尔兹曼的情商。妈妈则是富家女，到底有多富呢，这样说吧，至今在维也纳也都还有一条大街是以她家命名的；不过，妈妈的情商可能也不高，因为据说有一次，钢琴家庭教师仅因错放了雨衣便被她给炒了鱿鱼，这显然是典型的“大小姐做派”。玻尔兹曼是家中长子，下有一弟弟和两妹妹；可惜，弟弟在读中学时不幸死于肺炎，这也影响了玻尔兹曼的情商。

玻尔兹曼的初级教育是在家中由数位家庭教师完成的，而且，课程涉及面还很广，不但有文化课，也有艺术课，比如玻尔兹曼终生都爱好钢琴演奏。后来，玻尔兹曼随父母移居林茨，并在这里进入预科学校，成了全班响当当的“学霸”，特别是数学等课程更优秀。当然，他的学习非常用功，经常秉烛夜读；玻尔兹曼将晚年的眼疾，归咎于该阶段的过度刻苦。

19岁那年，玻尔兹曼进入维也纳大学物理学院，并在时任院长斯特潘教授的巧妙指导下，闪电般地于3年后获得了博士学位。斯特潘院长是如何指导学生的呢？嘿嘿，就简单4个字：高举高打！比如，不管三七二十一，也不管是否具有预备基础，刚刚见面时，院长就“啪”的一声扔给玻尔兹曼一篇麦克斯韦的顶级学术论文，“自己反复研读这篇英文稿去吧。”院长鼓励道。当得知玻尔兹曼连英文都不懂时，院长也并未退步，只是又扔过来一部英文辞典而已。

玻尔兹曼博士毕业后，于23岁那年前往格拉茨大学物理学院当助教，并与一批志同道合的年轻老师合作，创建了一个名叫“埃德贝格”的学术研讨班。该研讨班上的“头脑风暴式”讨论对玻尔兹曼有很大帮助，以至后来在各个时期的科研中，虽然实验条件得到了大幅改进，但他始终都以该研讨班为榜样。1868年，玻尔兹曼获得了讲课权；次年，成为格拉茨大学的数学物理学教授，紧接着就在科研方面突飞猛进，点响了第一支冲天的“二踢脚”。

1869年，玻尔兹曼发表了第一篇重要论文，阐明了热力学第二定律的统计性质，并引出了能量均分理论，大幅度推广了“麦克斯韦速度分布律”，从而得到了“玻尔兹曼分布律”；特别是明确指出：一切自发过程，总是从概率小的状态向概率大的状态变化，从有序向无序变化。

紧接着，玻尔兹曼又于1872年发表了重要代表作《关于气体分子热平衡态的进一步研究》，提出了著名的“玻尔兹曼方程”；它是人类发现的“支配概率随时间变化过程”的首个方程，描述了气体从非平衡态到平衡态过渡的过程，给出了气体的统计特性。此文还证明了众多宏观现象的不可逆性。比如，若将一盒白粉倒入一盒黑粉，然后使劲摇晃，那么，在白粉和黑粉消失的同时将出现灰粉；而反过来，无论怎么摇晃，都不可能从灰粉中再摇晃出一盒白粉和一盒黑粉等。

“二踢脚”一响，玻尔兹曼的名声也就跟着“响”了起来；紧接着，好事和坏事也接踵而至。对玻尔兹曼来说，坏事是，他的朋友兼同事洛喜密脱马上就对“玻尔兹曼方程”提出了异议，并试图用“可逆佯谬”来否定它。其实，学术争辩本来很正常，甚至可能是好事，但也许因为情商太低之故，玻尔兹曼每次都将正常的学术争辩最终转化成了对自己身心的伤害，情商也随之一次次降低。更可惜的是，也许玻尔兹曼的思想太过“超前”，所以在他的一生里总是不断遭到来自各方的学术质疑；虽然后来的事实几乎都证明，玻尔兹曼其实是正确的，他本可不理睬这些质疑，至少别因此而自己伤害自己。但可怜的玻尔兹曼也许已陷入了这样的恶性循环：低情商使自己在学术争辩中屡屡败北；而每次败北，又加重了对身心的伤害，致使情商更低！换句话说，在“智商大战”中，玻尔兹曼总是“常胜将军”；但在“情商大战”中，他却总是失败，且越败越惨，直至最终走上了不归路。更惨的是，玻尔兹曼总喜欢扬短避长，将本该是“智商大战”的“战争”主动转化为包括人身攻击等在内的“情商大战”！

“二踢脚”给玻尔兹曼也带来了好事，那便是母校带着高薪前来“挖墙脚”了。于是，1873年，玻尔兹曼便成了维也纳大学的数学教授。可是，当他入职维也纳后才惊讶地发现：妈呀，自己的心被拴在格拉茨啦！

原来，28岁那年，当玻尔兹曼还是格拉茨大学的数学物理学教授时，一位长着亚麻色长发和蓝色眼睛的18岁美女，不顾物理学院“不招女生”的规矩，强行闯入他的课堂听课，因为她发誓“今后要当数学家”。老师若拦，她出口就骂；同学敢挡，她甚至动手便打；“老娘孤儿一个，怕过谁；妇女为啥只能学烹调专业！”她理直气壮争辩道；后来，她干脆直接向法庭递交请愿书，控告格拉茨大学歧视妇女。刚开始时，他对她也较反感；但慢慢地，竟觉得她很勇敢；再到后来，甚至突然临阵倒戈，反过来帮她向学院争取读书权利。于是，随着“维护妇女权益斗争”的不断深入，特别是随着校方的最终让步，这对志同道合的战友、这对情商均不高的同盟，在庆贺斗争胜利时却突然双双坠入了“情网”。后来，为了爱情，她自愿放弃数学专业，主动转入了烹调专业；他则“身在曹营，心在汉”，人在维也纳，魂却在格拉茨。经过一番荡气回肠的异地恋，频繁的情书化作丘比特的利箭，在格拉茨和维也纳之间往来互射；终于，在1875年9月27日，他写给她的一封求婚信，将这对痴情男女的心“串”在了一起。1876年7月17日，他与她总算修成正果，结成夫妻。对此，格拉茨大学也非常高兴，因为，凭借爱情的力量，已是著名物理学家的玻尔兹曼又被格拉茨大学“挖回来了”；毕竟她从小就生长在格拉茨，不想离开故土而远嫁，所以他只好自愿“入赘”格拉茨，并在这里一待就是14年。期间，除了41岁那年因母亲去世而受到过打击之外，这14年也是他一生中最幸福的14年；因为此后，他将在无休止的学术辩论中越陷越深，越来越觉孤立无助，以至不得不经常搬家，经常变动工作单位。幸好，任何大学对他这位大师都求贤若渴，所以他压根儿就不愁找不到新工作。

好了，闲话少说，还是书归玻尔兹曼的科研“正传”吧。

借助爱情的力量，婚后仅仅一年，玻尔兹曼又于1877年发表了另一篇代表作《论热理论的概率基础》，明确提出了后来被爱因斯坦称赞为“玻尔兹曼原理”的重要思想，即用宏观的概率值把“熵”解释为“无序”的度量；而且还给出了熵与分子世界微观状态的概率关系，即著名的“玻尔兹曼熵公式”。该公式，既深刻，又优美，还简捷，以至于后来被镌刻在了玻尔兹曼的墓碑上。当然，在今天的许多物理学专著和教材中，该公式更是不可或缺的主角。紧接着，他又最先把热力学原理应用于辐射，导出了热辐射定律，即斯特藩–玻尔兹曼定律。简而言之，在第二次入职格拉茨大学期间，玻尔兹曼已成为当时全球物理学界的“泰斗”，受到了包括时任皇帝在内的众多崇拜者追捧。但可惜的是，由于无谓的“自我”压力太大，玻尔兹曼的心理危机开始慢慢积累。

最早的“心理危机”显现于1888年，后来更发展成为1900年的首次未遂自杀。对此，没人知道其原因，好像也没啥原因；即使后来历史学家们翻箱倒柜找出了所谓的“可能原因”，但在常人眼里，它们压根儿就不是原因，至少不是引发自杀的原因。比如，41岁时母亲去世，虽造成他一年未做科研的重大影响，但也不该因此而自杀吧；1887年担任校长期间，“造反”学生摧毁了时任皇帝的雕像，虽给玻校长造成了一定的心理压力，但也不至于自杀吧，况且他还是皇帝的座上宾呢。1888年，在未请示本国皇帝前就擅自接受了德国皇帝的聘请，甚至差点前往柏林工作，后经两国政府紧急谈判，才最终未造成人才流失；此事虽略显冒失，但后来本国皇帝不但未加责怪，反而对他更加关怀，此事仍不该引发自杀吧。1889年，他11岁的长子死于阑尾炎，“白发人送黑发人”其打击肯定不轻，但也不至于自杀吧；况且，他很快就采取了一些措施，部分释放了丧子之痛的压力。比如，1890年7月16日，他离开了格拉茨这个伤心地，受聘慕尼黑大学教授，而且旧东家格拉茨大学还很大度，专门为他举行了一次盛大的欢送仪式。

刚到慕尼黑大学时，玻尔兹曼心情很好，他的讲课大受欢迎，因为，他极为风趣，妙语连珠，经常讲出诸如“非常大的小”之类的脑筋急转弯“金句”。由此可见，幽默其实是他的天性之一；但是，他的另一种天性在时时伤害着他，那就是“自视甚高与极端不自信的奇妙结合”。在慕尼黑期间，他过得很惬意，几乎每周都要去一次酒吧，一边享受美酒，一边与众多学术大腕讨论问题，其中不乏著名的数学家、物理学家、化学家、天文学家以及低温学专家等，大家畅所欲言，互相启发。玻尔兹曼就这样在慕尼黑很安静地待了4年；期间，来自世界各地的精英学生纷纷拜在他门下；当地歌剧院优美而丰富的节目，更让他乐不思蜀。可是，按既定法律，当地政府却无法给他提供养老金，再加他的视力越来越差，几近失明，甚至只能依靠口述，由夫人代为记录；所以，到了1894年6月，玻尔兹曼终于恋恋不舍地离开慕尼黑，再次回到母校，担任了维也纳大学物理学院院长。

好容易回到维也纳大学后，玻尔兹曼却又摊上了麻烦！原来，另一位辩论天才，也是当时的著名哲学家马赫，正在那里虎视眈眈地等着他。这回马赫并非是要否定玻尔兹曼的某项具体成果，而是要用特有的新武器“唯能论”彻底刨掉玻尔兹曼所有成果的根，即要从根本上否定“原子论”。

若“攻擂者”不是马赫的话，那“攻擂”几乎注定会失败。但是，作为古今少见的超级辩才，马赫也忒厉害啦：不但心理素质强大，而且战略战术也极精明，甚至压根儿就没与“擂主”发生过面红耳赤的争吵，只是掰着手指头，将“原子论”的众多“不是”轻描淡写地娓娓道来。面对“擂主”暴跳如雷的回击时，马赫等还大度而友好地解释道：“玻尔兹曼其实是好人，只是令人难以置信的幼稚和不慎重；特别是在重大事情上，他简直是分不清东西南北。”“攻擂方”和风细雨的几句话之后，再看那可怜的玻尔兹曼时，早已气得浑身发抖，当场“吐血倒地”。

若“守擂者”不是玻尔兹曼的话，那肯定能轻松“蝉联冠军”。因为，经上千年风雨历练的“原子论”，其实那时已相当稳固，虽然确实还没人见过“原子”的庐山真面目，但它也绝非能被几位哲学家仅仅动用三寸不烂之舌就说死，“擂主”至少应该拥有这点自信吧。退一万步，先且放下“原子论”的对错不管，就算“攻擂方”的武器“唯能论”已在哲学上天衣无缝，但它毕竟也仍未被实验所证实，仍也只是一种想象嘛，何必拿它太过当真呢！再退一万步，就算对方真正“攻擂”成功，这也只是暂时的学术胜利嘛；历史上不知有多少“伟大理论”都曾被否定过，别人咋就没闹出“气死周瑜”的人命官司呢。而仅仅几年后的事实也确实证明“原子论”没错，反而是“唯能论”不对嘛。

在“擂台”上被打得鼻青脸肿（其实是被自己打得鼻青脸肿）后，玻尔兹曼后悔不该回到维也纳大学；于是，1899年，他在夫人的陪同下前往美国克拉克大学，以学术报告为借口逃避马赫等的进攻。接着，1900年，玻尔兹曼干脆“逃出”祖国，再次前往德国，受聘于莱比锡大学，并被供奉为“德国和全球最重要的物理学家”。据说，他此时曾表示“终于摆脱了抑郁的心态”。但是，他高兴得太早了，因为，他“逃跑”时慌不择路，竟忘了莱比锡大学是“唯能论”的“老巢”，而他在这里的顶头上司则是“唯能论”的“老祖宗”。于是，本已伤痕累累的他又被迫登上了“擂台”；只不过对手换成了“拳头”更大、更硬的“猛张飞”。左勾拳带右勾拳，连环腿接扫堂腿；可怜的玻尔兹曼，这回被打得更惨，连马赫都“不忍心”了，以致玻尔兹曼实施了第一次未遂自杀。

幸好，1901年，马赫因中风而辞职；于是，1902年，玻尔兹曼便迫不及待地“逃回了”维也纳。但是，鉴于玻尔兹曼三番五次跳槽到国外，奥地利政府有点不高兴了，教育部长拐弯抹角、旁敲侧击，让他写了一份保证，保证今后不再跳槽它国；也许此事又给玻尔兹曼造成了一定的心理压力。此外，他的健康也开始恶化，哮喘、失眠等老年病频发，失落感越来越强。

在心理大夫的建议下，1905年7月，玻尔兹曼携夫人再一次前往美国，进行为期一年多的访学，以疗养为主，讲学为辅。从他给亲友的信中可知，他对这次访问还是基本满意的；但是，就在本该结束访问返回维也纳的前夕，1905年9月5日，他竟毫无预兆地上吊自杀，享年61岁！

这回，玻尔兹曼彻底解脱了，但却给后人留下了永远也解不开的谜。

第九十三回

独孤修炼集合论，狂躁大侠终成神

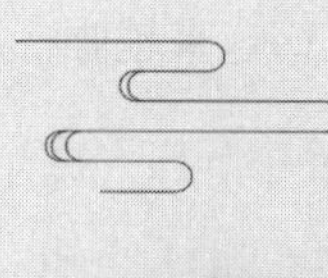

伙计，就算你不知道本回主角康托尔，那你一定会知道他的“集合论”吧；因为，每年高考数学的第一题几乎都是关于集合论的。刚开始时，一般人都会觉得集合论很简单，至少很正常；但随着学习不断深入后，你将发现其实它非常诡异，以至于几乎彻底颠覆了数学江湖：一方面，它挽救了牛顿和莱布尼茨的微积分，让数学安然度过第二次“危机”；另一方面，它却又冲击传统数学观念，甚至引发了第三次数学“危机”，让当时许多著名数学家不知所措、几近崩溃。

至此，后人终于明白，像高斯、柯西等伟大数学家几千年来为啥都对无穷集合“敬而远之”的原因了。可是，康托尔却初生牛犊不怕虎，竟勇敢地打开了这个“潘多拉魔盒”，放出了让同行目瞪口呆的“怪物”；于是，可怜的康托尔便注定惨遭来自各方的批评、讽刺、嘲笑甚至攻击等“狂轰滥炸”。

他导师克罗内克，也是当时德国“一手遮天”的数学大师，严厉批评弟子的无穷集合，说它“压根儿就不是数学，而是神秘主义”，还说“集合论空洞无物”。

法国著名数学家庞加莱也宣布：“我个人，而且不只我个人认为，切勿引进不能用有限文字完全定义的集合论。”他还将集合论当作“病理案例”，并预测“后人将把集合论当作瘟病。”

德国著名数学家魏尔也认为康托尔的观点是“雾中之雾”。此外，其他数学大师的态度也很分明：克莱因不赞成集合论思想；本是康托尔朋友的施瓦兹，不但反对集合论，还与朋友断交。特别是集合论引发数学“危机”后，同行们更坚信“集合论根本就是妖魔鬼怪”，纷纷挥舞着经验主义、半经验主义、直觉主义、构造主义等“大棒”，浩浩荡荡组成了“反集合论联盟大军”。

在众人长期、全面、无情地打击下，“独孤大侠”康托尔终于彻底崩溃，最终惨死在精神病院。当然，这里绝无指责其他数学家之意，毕竟集合论思想太过超前，无限热爱自己事业的数学家们肯定不想故意将学术对手逼疯，但问题是，若康托尔不疯，那他们就会疯！君若不信，请看下述简单例子，体验一下集合论是如何“荒诞之极”。

假如某宾馆有n个房间，分别编号为$1,2,\cdots,n$。谁都知道，若该宾馆客满后，就无法再接待新客人了。但是，即使是如此简单的事实，在集合论面前竟也不再成立了！你看，假如n是无穷大，那就算宾馆已满，新客人到来后，老板照样可以“无中生有”为他挤出房间；实际上，老板只需让新客人住1号房；原1号老客人搬入2号；原2号老客人搬入3号……一般地，原k号老客人，搬入k+1号房；如此继续下去就行了。

咋样？奇怪吧！若还不够刺激的话，那就请继续往下听吧。假如老板有2个这样的“无中生有宾馆”，那他还可轻松将这俩宾馆合二为一，从而节约一半成本！因为，他可对甲宾馆做如下调整：1号客人搬到2号，2号客人搬到4号，一般地，k号客人搬到2k号房间。于是，在甲宾馆中便空出了第1，3，5，…，2k+1号房间。然后，他再让乙宾馆的第k号客人搬入甲宾馆的第2k–1号房间就行了！由此可见，该老板可轻松挤出无穷多个房间。

君若以为“无穷数”的怪招到此为止，以为这种宾馆永远也装不满的话，那就又大错而特错了！因为，你可轻松将这种宾馆“挤垮”。比如，随便请来一批新客人，只需让其数量等于1毫米（甚至更短）线段上的点的个数，那么，纵然老板有天大本事，他也无法接待这批客人了，即使他有任意多个这种宾馆，即使这些宾馆本来空无一人！更恐怖的是，康托尔还有本事请来一批“特殊客人”（如今称为“康托尔集”），他们的个数等于“总长度为0的线段上的点的个数”，却照样能将这种宾馆挤垮！

若任由康托尔依此思路大面积穷追下去的话，那将出现更多不可思议的怪事，甚至让数学家们“三观全废”。

总之，经过10余年的针尖对麦芒，“主攻手”克罗内克死了，康托尔疯了，部分围观者终于顿悟了；谢天谢地，无穷集合论被接受了。特别是在1897年“首届国际数学家大会”上，著名数学家胡尔维茨破天荒地阐明了集合论对函数论的巨大推动作用，首次向全球显示了“集合论并非可有可无，而是数学的重要理论工具”；法国数学家阿达玛也在会上报告了康托尔工作的重要价值。后来，集合论的重大意义被逐渐认识，甚至希尔伯特高度赞誉道：“康托尔的无穷集合论，是数学思想最惊人的产物，是纯粹理性中人类活动的最美表现，是数学精神最惊艳的花朵，是人类理智活动最漂亮的成果。”罗素也说：“康托尔的成就，可能是这个时代所能夸耀的最伟大成就。”

在“第二届国际数学家大会”上，希尔伯特更高度评价了康托尔，并将其“连续统假设”列为“20世纪初有待解决的23个重要数学问题”之首。再后来，越来越多的数学家接受了集合论的开创性成果。比如，柯尔莫戈罗夫就说：“康托尔的不朽功绩在于他敢于向无穷大冒险迈进，敢于挑战流行成见和哲学教条；他创立的集合论如今已成为了整个数学的基础。”

正当数学家们握手言和，以为终于风平浪静时，另一位“神人”罗素却弱弱地问出了一个问题；妈呀，瞬间“轰”的一声，全球数学家又炸锅啦！原来，罗素只是问道：“若s是由一切不是自身元素的集合所组成，那么，请问s包含s吗？”伙计，你若嫌该问法的“数学味”太浓的话，那它可通俗地变身为，若某理发师决定，只给所有“不给自己理发”的人理发，而不给那些“给自己理发”的人理发；该理发师要不要给自己理发呢？

完了，完了，罗素这一问又把数学的“天”给捅破了，甚至最终引发了数学的第三次“危机”。因为，若该理发师给自己理发，那他就属于那些“给自己理发”的人，因此，他就不能给自己理发。若他不给自己理发，他就属于那些“不给自己理发”的人，因此，他就该给自己理发。反正一句话，该理发师无所适从了！

幸好，即使面对如此重大“危机”，集合论也再未遭受灭顶之灾。数学家们一边积极修补集合论的相关缺陷，一边也坚信“任何人都再也不能将我们赶出康托尔创造的‘伊甸园’了”，而且一致认为“集合论是19世纪末20世纪初最伟大的数学成就”。总之，康托尔是不幸的，为了创立集合论、为了捍卫集合论，他付出了极其沉重的代价；但康托尔又是幸运的，毕竟他在有生之年，终于看到了自己的成果被肯定、终于可以“含笑九泉”了。

哦，抱歉，康托尔大叔，时间顺序搞反了：忘掉那“含笑九泉”吧，还是先说说您的“含哭人间”。

伙计，3月3日，可不只是“全国爱耳日”哟，它其实是一个伟大的日子。比如，这一天，杨坚建立了隋朝；这一天，唐中宗恢复了唐朝国号等。当然，本回的故事，起源于1845年3月3日；因为，这一天在俄罗斯圣彼得堡，诞生了一位伟大的数学家，乔治·斐迪南·路德维希·菲利普·康托尔，他是家中6个孩子的老大。

好像是命中注定，康托尔及其家族总在不断经历各种大喜大悲和大起大落。他祖父本是丹麦富豪，却在英国炮击哥本哈根时突遭横祸，瞬间一无所有，只好逃到俄罗斯圣彼得堡，投亲靠友。其父从“零起步”经商，经20多年打拼，又成功东山再起，业务横跨英美德等国家；正当全家春风得意时，突然又惨遭破产，全家再次跌入“深谷”；幸好，不服输的父亲迅速战胜沮丧，以极大热情投入股票交易，并节节胜利。老爸的这种坚强毅力对儿子产生了重大影响，使其追求成功的意愿异常强烈，甚至过于强烈；这也许是他后来精神崩溃的内因之一吧。实际上，老爸是典型的“严父”，很早就为儿子规划了清晰的人生道路，并试图强制儿子服从。不过，妈妈却是典型的“慈母”，她出生于圣彼得堡著名的音乐世家。

11岁时，康托尔随全家移居德国威斯巴登。为锻炼儿子的自理能力，老爸不惜重金，将康托尔送入当地的一所寄宿制贵族中学；每月只能面见一次父母，平常则必须自力更生。果然，熬过短暂的适应期后，康托尔那超强的综合能力便表露无遗：在智商方面，他各门功课都很优秀，课外知识非常丰富；在情商方面，他与老师、同学甚至是宿管阿姨等都能和睦相处，广受大家喜爱。每月从学校回家后，哇，那他简直就成了妈妈的“小尾巴”，跟前又跑后、帮忙又添手；与爸爸则又恰似无话不谈的“铁哥们儿”，叽里呱啦，说不完的李家长、道不尽的张家短，反正学校的任何“鸡毛蒜皮”都是父子俩的谈资，若不尽兴交谈，便食无味、觉不香；老爸当然是有心人，话里话外、明里暗里不断给儿子灌输自己的“成功学”，不断引导儿子进入自己为其预设的人生“轨迹”。

这时的康托尔还很调皮，“鬼点子”也特多。比如，早晨既想睡懒觉又想吃早点时，他便灵机一动，在宿舍里搞起了“抽签”活动，与室友抽签：若谁抽到“起”签，则明早就得起床替室友领早点；若谁抽到“睡”签，则可蒙头大睡至天明。但奇怪的是，无论是先抽还是后抽，康托尔每次都能赢。后来，谜底终于揭开了，原来他出了“老千”：当他后抽时，两张签条上都全写“起”字，而他并不展示自己的签；当他先抽时，签条上则全写“睡”字，他却不让对方再抽签，因为结果已定了嘛。

这时的康托尔还有很多“怪”本领。比如，他想象力丰富，晚上想家时，便把天上的星星看成妈妈的眼睛；女工还不错，作为男孩子，竟对洗衣和缝补等闺房工艺颇有研究，在一次刺绣比赛中，居然胜过女孩子获得了冠军；绘画也很好，甚至参加过市级展览并获奖，从而成了全校“红人”；情窦初开的时间也很早，至少将“过家家”时的媳妇看得很认真，甚至还彼此交换过“情诗”呢（此处略去300字）；立志成为科学家的时间就更早，还在一年级时，就已开始与父亲通信认真讨论今后如何成为科学家，并从此泡进了图书馆，从此变得孤僻内向。

特别是12岁时转学到荷兰阿姆斯特丹后，康托尔更成了“独孤大侠”：课后自己躲着看书，衣服脏了自己洗，裤子破了自己补，甚至连续两年的寒暑假都不

回家，而是留在学校拼命读书。更让同窗神秘的是，他竟常收到德国、法国、俄罗斯、丹麦等世界各国的来信，却从不与大家谈及那些信件；其实它们是跑国际生意的老爸寄来的“遥控指令”。

15岁那年寒假，离家两年半的康托尔从学校回家了。一番天伦之乐后，这小子却突然宣布，自己要当文学家了，而且即将在假期完成一部《希伯斯传奇》。谁是希伯斯呢？嘿嘿，就是首次发现无理数的那位数学家。刚开始时，康托尔奋笔疾书，充分运用自己的超强记忆优势，把希伯斯如何千辛万苦才发现无理数、如何又不被认可、如何还被同行骂为亵渎神灵、最后更如何被扔进大海活活淹死等悲剧情节，如歌如泣地细细道来，不但常将自己感动得热泪盈眶，更让妈妈读得失声痛哭；但很快，笔下生花的康托尔就发现，待到真正需要文学原创时，自己早已江郎才尽！于是，经过一番痛苦抉择，康托尔果断烧掉了手稿并坦承自己不是当作家的材料。此后他便决定献身数学，并在图书馆馆长的帮助下阅读了大量数学经典，知道了“阿基里斯追龟说”等有关“无穷”的著名悖论；这也在冥冥之中，为今后自己研究无穷集合论埋下了伏笔。书中暗表，也许是巧合，也许是命中注定，其实康托尔后来的命运几乎就是希伯斯的“翻版”，只不过康托尔发现的是集合论、被扔进的是疯人院，只不过希伯斯比康托尔早2 000多年而已。

17岁时，康托尔考入苏黎世大学工学院；可惜，仅仅过了一年，在给儿子留下一大堆成功愿望后，父亲却英年早逝了！客观地说，若无父亲从未间断过的各种成功激励，可能就没康托尔后来的成功；反过来，若无父亲的过度激励，也许康托尔就不会将同行攻击看得太重，也许就不会被逼疯。唉，看来任何事物都是一分为二呀！

父亲去世后，康托尔便转入柏林大学，改行攻读数学专业，并师从著名数学家维尔斯特拉斯和克罗内克。有趣的是，在康托尔提出集合论后，这两位导师也分道扬镳了：前者成了集合论的忠实拥护者，后者则成了集合论的头号“攻击手”。大学期间，康托尔的性格又发生了巨变，不但继续保持成绩优秀，比如大一和大二都连续取得数学竞赛第一名；而且思维也相当敏捷，辩才更是出众，并很快跃升为全班的“核心人物”，还被推选为全校数学会主席。1866年，21岁的康托尔在哥廷根大学访问一学期后，于1867年解决了一般整系数不定方程的求解问题，并以此获得了博士学位。

毕业后，康托尔本想再接再厉，继续沿着博士论文的方向前进，但两年未取得任何成果；在导师建议下，只好改换研究课题，并于1869年前往哈雷大学任讲师。果然，进入新领域后，康托尔突然灵感爆棚，分别于1870年和1872年连续发表了两篇重量级学术论文，证明了复合变量函数三角级数展开的唯一性，并用有理数列极限定义了无理数，这也就为随后创立无穷集合论奠定了坚实基础；于是，哈雷大学赶紧将他晋升为副教授，时年康托尔27岁。

1874年是康托尔的幸运之年，也是双喜之年。第一喜是，几近而立之年的康托尔终于成家了，虽为奉母之命、媒妁之言，但他俩一见钟情、二见形影不离、三见如胶似漆。后来的事实也表明，康托尔的这门媳妇确实娶对了。在随后40余年的“风吹雨打”中，夫妇俩同甘苦、共患难；她尽心尽力相夫教子，他全心全意埋头科研。康托尔的第二喜便是遇到了事业上的贵人兼“伯乐”戴德金教授。于是，在爱情力量的推动下，在戴教授的精诚合作下，康托尔的集合论研究突飞猛进，并终于在1878年发表了代表作《集合论》，并于次年被晋升为哈雷大学教授；紧接着，又分别于1879年、1880年、1882年和1883年连上4个“台阶”，抛出了更加“烧脑”的“无穷线性点集理论”。当然，他所遇到的来自克罗内克等反对派的压力也越来越大；除了正常的学术对抗之外，反对派甚至失态地动用了一些非学术手段，比如阻止康托尔被更好的大学聘为教授、阻止更权威学术刊物发表集合论相关论著、在经济和生活等方面给康托尔制造麻烦等。特别是随着第五篇爆炸性论文《集合论基础》的发表，康托尔受到的各方压力终于突破极限；于是，“当”的一声已绷得很紧的琴弦突然断裂了，39岁的康托尔于1884年5月被首次逼疯了，准确地说是患上了狂躁抑郁症！书中暗表，康托尔的狂躁症也可能有家族遗传因素；因为，他爷爷当年狂躁过，他老爸也狂躁过，而其原因均为事业上遭受了沉重打击。

经半年多的精心医治，康托尔总算恢复正常，并又重新投入集合论研究，然后再继续与反对派论战，将对方驳得更加理屈词穷。从此以后，攻防双方便陷入了这样的悲剧式循环：康托尔被逼疯，然后被医治，然后又取得更多更怪的集合论成就，然后反对派施压更猛，然后康托尔再次被逼疯！如此恶战，终于在1891年戛然而止，因为反对派的“主攻手”克罗内克去世了。从此以后，康托尔终于走出困境，在德国数学界站稳了脚跟并开始将其无穷集合论推向全世界。为此，聪明绝顶的康托尔双管齐下：一方面，经两年多的精心准备，于1897年发表了最后也是最重要的专著《超穷数理论基础》，总结了自己过去20余年来的主要成果；

另一方面，又积极组织全球数学家召开了“首届国际数学家大会”。果然，集合论很快就被全球数学界广泛认可，康托尔名声大振；哈雷大学也赶紧见风使舵，对康托尔又是加工资又是奖住房，还随时不忘“拍马屁”和大加表扬。

可是，好景不长，康托尔的狂躁症已几乎常态化了，但凡遇到家庭或事业等方面的任何打击便旧病复发。比如，1899年左右，由于弟弟和儿子先后去世，康托尔疯了；1902年，虽无明显刺激，但他仍疯了；1904年，参加“第三届国际数学家大会”时，又突然疯了；1908年，几乎全年都处于疯狂状态。1917年5月，年逾古稀的康托尔再次爆发狂躁症；此后，复发率越来越高，病情越来越重；年底时，甚至已频繁处于神志不清状态。

1918年1月6日，伟大的数学家康托尔终于彻底“摆脱”了长达34年的狂躁抑郁症折磨，享年73岁，与孔子同寿。

安息吧，康托尔！

第九十四回

知人知面能知心，千秋功业归伦琴

如今，除婴幼儿外，几乎人人都在医院照过X光片；用大夫的话说，那叫X光透视，或更专业地叫作X射线透视。东施看过X光片后，一定会自信心爆棚：哦，原来大家的透视照都一样嘛，纵然是西施也不过一副骷髅架而已。过去都说“知人知面不知心”，而今只需借助X射线，八戒肚里那点“花花肠子”便可一清二楚了：是不是黑心肝，它知道；是不是烂心肺，它知道；胆有多壮，它知道；胃口有多大，它知道；是不是破嗓子，它也知道。反正，任何人都能被X射线一眼洞穿。

严肃地说，作为人类发现的第一种穿透性射线，X射线如今已被广泛应用。比如，大家最熟悉的X射线诊断，它可实现非创伤性内脏检查，让医生尽早发现体内病变；X射线治疗，通过照射不同剂量的X射线，对病变组织特别是恶性肿瘤等进行适当穿透，使其被抑制或消灭，从而达到治病效果。此外，在工业领域，X射线还可用于荧光激发、气体电离、乳胶感光、物体厚度测量、材料无损探伤等；在科研领域，X射线衍射已成为研究晶体形态的重要手段，还能提供大量原子和分子结构信息等。总之，X射线的发现，被誉为“19世纪末物理学的三大发现之一”；该发现开创了人类探索物质世界的新纪元，揭开了20世纪物理学革命的“序幕”。

那么，到底是谁发现了X射线呢？当然是本回主角！故X射线又被称为伦琴射线；伦琴也被称为“诊断放射学之父”和“20世纪最伟大的物理学家之一”，因为他创立了医用放射学，开辟了向原子物理学进军的道路。当然，还有另一说法认为，最早发现X射线的人其实是美籍发明家特斯拉，只不过其发现不为外界所知而已，因为大部分相关资料已被毁于1895年3月的一场大火。幸好，伦琴和特斯拉都是伟人，本书都会为他们撰写科学家传记；不过，前者的贡献主要是X射线，后者则有更多发明，比如发明了交流电动机等。按出生时间的先后顺序，还是先讲讲伦琴的故事吧。

话说，在1845年3月27日这个平凡的日子里，在没有任何“天降异象”的平凡情况下，在德国的一个平凡的城市雷姆沙伊德诞生了一个平凡的人，至少他始终自认是平凡的人，名叫威廉·康拉德·伦琴。即使他后来获得了“首届诺贝尔物理学奖”，他也仍然自认为很平凡，不但转手就将巨额奖金捐给了母校，甚至在领奖台上都未发表只言片语，更未激动地感谢ATV、感谢BTV、感谢所有TV等；即使他的发现震惊了全球，但他仍认为那很平凡，既未申请专利来独享其成，也没谋求赞助来发财，更谢绝了众多贵族称号，而是宣称“我的发现属于所有人”，因此才使X射线的应用能迅速发展和普及；即使他促进了20世纪许多重大科学成就（比如，间接启发贝克勒发现了天然放射性并使后者获得1903年的诺贝尔物理学奖），他依旧认为那很平凡。反正，也许伦琴天生就有一双X射线般的眼睛，不但能看穿一切名利的虚妄，还能使所有东西看起来都很平凡。

刚刚呱呱坠地时，小伦琴放眼一望：哦，自己是老大，还是独子，这很平凡嘛，虽然整个家族在当地已居住数代且一直人丁兴旺；哦，祖辈也很平凡嘛，多为铜匠、纺工或小贩等，且血统丰富，至少含有英、德、荷、意和瑞士等混血基因；哦，父母更平凡嘛，父亲是小毛纺厂的小老板，母亲则是心地非常善良的普通荷兰人。3岁那年，伦琴一家作为难民匆匆逃往荷兰，同时失去了德国国籍；从此以后，他便对出生地知之甚少，只是从父亲模仿旧居而做的玩具中，依稀了解一点故乡。

伦琴的童年很愉快，因为是独子，自然倍受宠爱；因为是外来户，故全家较封闭，与本地人接触不多；因为老爸在荷兰发了财，故伦琴也难免染上“富二代”的通病；因为父母一直是希望儿子子承父业，今后也成为商人，故对独子的文化教育不太重视，以致伦琴的整个小学阶段的教育都不正常，只是象征性地在一所私立学校应付了一段时间而已。

17岁时，伦琴终于进入一所技术学校并开始接受正规学校教育，学习代数、几何、物理、化学和工艺学等课程。当然，伦琴的成绩很平凡，这次是真的很平凡，毕竟“散养”惯了，对“圈养”当然不适应：上课嘛，根本没兴趣，更甭谈用功，一心只想骑马、溜冰、郊游或玩工艺等；闲得无聊时，不但不守规矩，还喜欢搞些恶作剧，他也因此惹火烧身了！原来，有更捣蛋的学生在黑板上画了一幅涂鸦，丑化某位“凶老师”；正当伦琴醉心于欣赏此画时，恰巧被校长逮了个正着。根据以往的综合表现，可怜的伦琴这次“跳进黄河也洗不清了”，于是，便“含冤”被校方勒令退学了！

读不读书本来不算大事，毕竟伦琴家族压根儿就非书香门第，但“含冤”被赶出学校并失去“高考”资格，这对一个“土豪”之家来说就很“跌份”了。于是，不服气的老爸四处活动，终于为儿子争取到参加自学“高考”的机会。经过一年多的“头悬梁锥刺股”，也不知伦琴是否真的在认真学习，反正，“高考”发榜后，伦琴便毫无悬念地名落孙山了。

“切，谁说老子无缘上大学！”伦琴生气了，“后果很严重”！只见他“唰”的一下扔出足额旁听费后，就挤进了乌德列支大学教室，并真的很认真地成了一个乖学生！两学期后，他早把那什么物理、化学、动物学和植物学等课程学得滚瓜烂熟，让别的正式学生也不得不刮目相看。然后，伦琴昂首挺胸，大踏步闯入了瑞士苏黎世工业大学的破格录取现场，一通叽里呱啦的唇枪舌剑后，主考老师宣布：立即免试破格录取该生！

于是，20岁的伦琴，终于成了苏黎世工业大学机械工艺专业的学生。由于大学机会来之不易，再加他是班上名副其实的“大哥大”，比其他学生年长约2岁，所以，在整整三年的大学期间，伦琴的学习特别刻苦，广泛攻读了数学、工程、冶金、水文学、热力学、机械制图、机械工艺和机械工程等课程，且门门考试都名列前茅、年年考评都是优秀。作为一名典型的“富二代”，本来就人高马大的伦琴当然不会只是一个书呆子，他不但穿着时髦，“标配”黑上衣、灰裤子、花领带和闪闪发光的金表链，引得美女们的回头率“噌噌”攀升；而且业余生活也特别丰富，今天登雪山、明天划游艇、后天玩拳击，至于酒吧咖啡厅之类的场所嘛，更是闲暇的必去之地；甚至，一来二去，这小子仅用他那深邃而俊酷的目光就把酒吧老板的闺女给“拽”进了情网。哪管她比自己还年长6岁，哪管她还在另一所寄宿制学校读书，反正他就是喜欢上了这位身材苗条的妩媚姐姐。就这样，学习恋爱两不误的伦琴，于23岁那年以优异成绩从苏黎世工业大学顺利毕业；并于1868年8月6日取得了的机械工程师资格。

既然走上了“秀才路”，那何不一鼓作气走到底呢？经与恋人“叽里咕噜”一通商量后，伦琴决定：继续“进军”博士学位！但选啥专业呢？正在这关键时刻，伦琴人生中的贵人闪亮登场了，他就是当时正如日中天的后起之秀、年仅29岁的孔特教授。说来也怪，伦琴当时擅长的机械工程与孔教授的实验物理压根儿就风马牛不相及，也不知哪根神经搭错了，伦琴却看中了孔教授，并将他作为自己的人生楷模；说来更怪，在学生心目中以“冷酷无情”而著称的孔教授，本来有大把优秀学生可供挑选，但更不知哪根神经搭错了，却偏偏看中了跨专业的“公子哥”伦琴，并爽快地将其接收为自己的弟子，其实后者只不过旁听了自己主讲的几次“光学理论”课程，并在自己的实验室里当过几次助手而已。书说从简，孔特和伦琴这对年龄相仿的师徒都很有眼光！因为，仅仅一年多以后，在导师的指点下，伦琴便魔术般地于1869年6月22日，以“气体研究”为题完成了毕业论文，并获得哲学博士学位。由于伦琴的科研成果突出，他更被认为“在数学物理学方面具有丰富的知识，已表现出独立的创造才能”，所以毕业后，伦琴便被留校，成为苏黎世工业大学助教兼孔特的助手。到此，伦琴“立业”已定，至少吃饭没问题了，可以考虑成家了；但是别急，因为红娘丘比特说“还有一劫未渡呢！”

果然，随后伦琴便与其女神开始了为期近三年的异地恋。原来，伦琴与孔特已合作得非常愉快，都希望彼此不再分离；但孔特却因太过优秀，而被多所大学连续挖了墙脚：1870年，被从瑞士苏黎世工业大学“挖”到德国维尔茨堡大学；紧接着又于1872年被“挖”到了法国斯特拉斯堡大学。于是，伦琴也像导师的“小尾巴”一样，以孔特助手的身份不断在多国大学间来回“跳槽”，终于在1872年，暂时稳定在了斯特拉斯堡大学的讲师和副教授岗位上。至此，“丘比特之劫”总算安然度过了，于是，伦琴以迅雷不及掩耳（没盗铃）之势，就把相恋6年的媳妇给娶回了家；次年，伦琴的父母也搬来法国，与子媳一起共享天伦之乐。后来的事实表明，虽然伦琴小两口也有“勺子碰锅沿”的时候，但整体来说，他们的婚姻很幸福，唯一的遗憾是没能生出“爱情的结晶”。不过从事业上看，伦琴却在结晶研究方面花费了大量精力；实际上，他的几乎所有教学和科研工作都是以“结晶物理学”为基础的。这主要是因为，伦琴不但特别喜欢结晶体之美，还相信结晶体是自然规律的具体表现；甚至他之所以能发现X射线，其实也该归功于结晶体研究，因为前者只不过是后者的副产品而已。据说，即使是在去世前3天，伦琴也仍在研究结晶体。

成家后的伦琴，开始将全部心思聚焦于“立业”方面，准确地说是要“立更高的业”，并希望尽早成为一名有所作为的物理学家。为此，伦琴打出了一系列眼花缭乱的“跳槽组合拳”：1875年，从法国斯特拉斯堡大学“跳”到德国霍恩海姆农学院，任物理学和数学教授；仅仅一年半后，又于1876年“跳”回到法国斯特拉斯堡大学，任物理学副教授；1879年，又“跳”到德国吉森大学任物理学讲座教授，并将全家接来吉森。期间他父母分别于1884年和1888年去世。安葬好双亲后，1888年，他再次“跳”回到维尔茨堡大学，任该大学物理研究所所长和物理学教授，接着又于1894年被推选为维尔茨堡大学校长。

伙计，你也许觉得这套“组合拳”够复杂了吧，其实不然，此处还做了不少“压缩”和“裁剪”呢，真实情况比上述“迷宫”混乱得多，比如中途还出现过多次“闪电式”和“拒绝式”跳槽。不过，伙计，只要你抓住下面这几条主线就不会“晕菜”了。

49岁之前的伦琴，之所以能四处跳槽，那是因为他确有跳槽的“本钱”；毕竟在多方面，他每年都会取得不少重要成果，因此，许多大学都争相前往“挖墙脚”。比如，他的成果至少覆盖了晶体导热性、毛细现象、物质弹性、光电关系、电的热释、压电现象、气体热容性、光偏振面的气体旋转、电介质运动的磁效应等方面。只不过，从整体上看，伦琴仍属大器晚成之才；因为，上述成果将很快显得微不足道，若与他下一年即将发现的X射线相比的话。但是，“在第三个包子吃饱前，总得先吃第二个吧”，这也是此处对伦琴人生的前50年来它一个“跑马观花”的原因。

49岁之前的伦琴，虽还称不上伟大，但他时时处处都在为伟大做准备：几乎每次跳槽的目标，都瞄准了更好的物理实验室，瞄准了更多更厉害的物理学家聚集地；当然，也更随时瞄准了物理领域的国际最前沿。比如，这期间，无论是在教学还是在科研中，伦琴都特别注意积累各种物理实验技能和经验，而且还与导师实现了完美的共赢互补：孔特善于理论，伦琴则是正统的实验物理学家。这师徒俩，一个大胆假设，另一个小心求证；一个思路清晰，另一个试验严谨。这期间，伦琴与亥姆霍兹、基尔霍夫、劳伦兹、赫兹和迈尔等顶级物理学家都保持着密切联系，以便随时知悉最新科研动向；当然，也有利于伦琴自己的成果迅速走向国际。这期间，伦琴在掌握国际前沿方面的最大收获来自于1888年；因为，这一年赫兹将其电振荡的伟大发现告诉了伦琴；后来的事实表明，正是赫兹的研究，将伦琴引向了X射线这个伟大发现。

49岁之前的伦琴，虽已贵为校长，但仍醉心于科研：他不但广泛阅读了当时的主流文献，养成了良好的记笔记的习惯，还始终坚持脚踏实地的作风，不忽略任何一个细微的试验结果；更为重要的是，每个时刻，他都聚焦于特定的问题，从不分心，更不一心多用，因此便能抓住一闪而过的机会、捕捉稍纵即逝的灵感。

总之一句话，面对任何可能的伟大发现，49岁的伦琴已万事俱备，只欠东风了。但遗憾的是，在“东风”到来之前，却先刮起了一阵“西风”：就在1894这区区一年中，伦琴的导师孔特教授“归西”了，伦琴最敬佩的另两位同事赫兹和亥姆霍兹也先后“驾鹤西去”了！唉，真遗憾，若他们能再多活哪怕一年的话，就能分享伟大发现的喜悦了；因为，紧接着，伦琴盼望的“东风”真的就刮起来了。

1895年11月8日深夜，50岁的伦琴像往常一样，又陷入实验室而不能自拔了。

不过，今天他却发现了一件怪事：为防止紫外线和可见光对放电管的影响，特别是不让放电管内的可见光漏出管外，他特意用黑色硬纸板将放电管严密封好；但是，当他接通高压电流后，却惊讶地发现，在远处一个荧光屏上竟发出了微弱的浅绿色闪光，像传说中的"鬼火"一样，甚为恐怖；并且，一旦电源被切断，那"鬼火"也立马消失。经反复试验，这"鬼火"仍随电流的断通而隐现，即使将该荧光屏移入隔壁房间，那"鬼火"也照样忽闪忽闪。

高度敏感的伦琴，立即意识到"这肯定是一项重大发现，也许是一种未知射线！"他顾不得享受惊喜，赶紧"快马加鞭"努力使该发现更加完善。他将自己封闭在实验室中，谢绝一切来客，饭桌搬到实验室了、床也搬来了、太太也被当作助手搬到实验室了。所有现场的实验仪器和材料都被他仔细分析和记录下来了，然后，再逐一排查，找出了产生"鬼火"的原因，并以最简捷的方式重现了这个"鬼火"现象。于是，1895年12月22日晚，伦琴说服太太将左手放在荧光屏前，当电流刚接通时，更加恐怖的场景出现了：妈呀，在荧光屏上竟出现了一只骷髅巴掌。若非那只熟悉的结婚戒指，大妇俩没准还真以为"鬼"来啦！就这样，伦琴太太为人类留下了第一张X光片。

经过一个多月的全面而紧张的准备后，1895年12月28日，50岁的伦琴正式公布了他新发现的这种射线；由于不知其名，故称它为"X射线"。哇，不得了啦！一时间全球轰动：科学家们连滚带爬地赶紧奔入各自的实验室，纷纷重复伦琴的实验，以验证其真伪；普通百姓更是炸了锅，世界各地的媒体，连篇累牍以英、法、俄和意大利等文字反复"炒作"报道；精力过盛的大学生们甚至举行了火炬夜间游行，以庆祝伦琴射线的发现。德国皇帝威廉二世和皇后也被惊动了，他们甚至邀请伦琴前往皇宫亲自讲座和表演；德皇还破天荒地与伦琴共进了晚餐，授予他二级宝冠勋章和勋位，并批准在波茨坦桥旁为他塑像等。

登上事业巅峰后，伦琴的表现也绝对值得再"点一个大大的赞"！在世人眼里，他已赫然成为顶级科学家，且在闪耀的群星中还是最亮的那一颗；但在伦琴眼里，他自己仍是一如既往的平凡：既不愿公开"刷脸"，更不想被赞扬和吹捧；为避开崇拜者们的"朝拜"和庆贺，他曾多次远离柏林，躲到乡下。他仍将大部分时间用于科学研究，甚至在1919年干脆辞掉全部行政职务，专注于科研教学。伦琴治学非常严谨，以至在其众多学术论文中至今都还未发现任何差错。

不过，非常遗憾的是，伦琴的晚年却很寂寞、很坎坷、很困苦。他饱受了第一次世界大战的折磨，以至骨瘦如柴，整个人宛若一张“全身X光片”；此外，他还患上了癌症和肠胃炎等多种疾病。在急性脑炎3天后，他于1923年2月10日早晨8：30，在慕尼黑孤独地结束了78年的光辉人生；那时身边竟没任何亲人，因为他无儿无女，夫人也早已去世。

幸好，人类没忘记他。为纪念其卓越贡献，国际化学联合会将新发现的第111号元素Rg冠以伦琴之名，称为“錀”；放射性物质产生的照射量单位，也被叫作“伦琴”。

第九十五回

细胞免疫开先河，数次自杀皆存活

如今，人类最恐怖的两类疾病，除了癌症就是艾滋病。虽然它们的病理均未彻底搞清，但它们的主要病因之一却都与本回主角梅契尼科夫的研究领域（即免疫学，或更具体地说是细胞免疫学）密切相关！实际上，癌症的三大病因之一就是免疫因素：一方面，无论是先天或后天的免疫缺陷，都容易引发癌症；另一方面，即使免疫机能“正常”，若相关肿瘤恰能逃脱免疫系统的“监视”，那也很可能引发癌症。而艾滋病与免疫的关系就更密切了，它干脆就是由攻击人体免疫系统的病毒，它使人体丧失免疫功能，从而易于感染各种疾病，甚至引发恶性肿瘤等。

因此，长期以来，人类特别重视免疫学研究，不但多次将诺贝尔生理学或医学奖颁发给该领域的科学家，而且该方面的研究其实已持续上千年。为了更好地理解“细胞免疫学之父”梅契尼科夫的成就，了解当时的科学背景，此处先跑马观花地对免疫学做一简单而形象的素描。

所谓“免疫学”，就是研究机体的“抗原刺激”反应；这里的“反应”，既包括“识别”，也包括“排除”等行为。更科普一点，那就是机体如何判别相关的“抗原刺激”到底是“敌”还是“友”、到底是“自己”还是“非己”，然后便“朋友来了有好酒，豺狼来了有猎枪”，即对“自己”形成天然免疫，对“非己”则产生排斥。正常情况下，人体免疫系统会自发产生抗感染和抗肿瘤等的作用，以维持机体健康；若免疫系统受损，机体就会敌我不分，或错用“好酒”和“猎枪”。

免疫学的发展历程大致可分为4段：经验期、经典期、近代期和现代期。其中，“经验期”的典型例子就是11世纪我国发明的“人痘苗”，即用人工轻度感染的方法来预防天花。“经典期”是从18世纪到20世纪中叶，此时对免疫功能的认识，已由现象观察进入到科学实验。期间的重要成果很多，特别是开启了对机体保护性免疫机制的研究，这便是本回的故事所在。不过，此方面的研究，历史上曾形成过十分敌对的两大学派：其一，是细胞免疫学派，它认为抗感染免疫性来自体内的吞噬细胞，该派的“祖师爷”便是本回主角；其二，是体液免疫学派，认为抗感染免疫的主因是血清中的抗体，该派的“祖师爷”是埃尔利希。不过，1903年，人们成功地将该两大学派合并了。于是，特能“和稀泥”的诺贝尔评奖委员会决定，不是“各打五十大板”而是“各奖五十大板”，故将1908年的“诺贝尔生理学或医学奖”颁发给了这两位曾经敌对的“开山鼻祖”；所以，本回后面就不再介绍这两大学派的“恩怨情仇”了。至于近代期和现代期嘛，限于篇幅这里也都忽略。

好了，故事的科学背景就清楚了，下面有请本回主角闪亮登场！

1845年（道光二十五年）5月16日，在哈尔科夫这个敏感的地方（因为它本为乌克兰国土，却正被俄罗斯统治），诞生了一位性格非常敏感的人，名叫埃黎耶·埃黎赫·梅契尼科夫。他父亲的身份很敏感，既是俄罗斯卫队的官员，又是乌克兰草原的地主；母亲是波兰裔犹太人，笃信犹太教，该信仰后来也曾变得很敏感。小梅在家中的地位也很敏感，一方面是老幺，上有三哥哥和一姐姐；另一方面，其爱好和志向独树一帜：别人都研习法律，他却早在8岁时便立下志愿，要终生献给自然科学事业。此外，他一直就以聪颖而著称。

梅契尼科夫从小就全面发展，社交能力很强，15岁便在中学牵头创建了一个科研社团，与同学们就博物学等各种问题进行广泛的“头脑风暴”讨论；而此时恰遇达尔文名著《物种起源》首次公开出版，于是，生物演化思想便在这位未来的微生物学家脑海中打下了深深烙印，以至对其科学观产生了终生影响。他的学习能力也很强，不但各门功课都很优秀，而且还被中学老师提前推荐到大学旁听了多门课程。此时，他的科研能力也开始初露锋芒。比如，他利用课余时间，翻译了德文物理教科书；还从朋友处借得一台显微镜用以观察水中原生动物，须知这时微生物学在全球也才刚刚开始，作为一名中学生，对科学前沿竟能如此敏感，实属罕见。17岁时，梅同学就开始撰写科学论文，其内容虽只是一份详细观察报告，但敢于向权威期刊投稿这件事本身就已很大胆了，毕竟即使许多博士生首次投稿时也都“战战兢兢，汗流如注”，因为，论文被“枪毙”的概率很大。非常幸运的是，梅契尼科夫的处女作竟被发表了！

18岁那年，是梅契尼科夫的丰收年，他不但考上了哈尔科夫大学，还发表了第二篇科学论文，其水平明显高于处女作，甚至被另一位英国“神童”兰卡斯特（后来也成为英国著名动物学家）译成英文转载到英国的某显微镜科学期刊上。于是，“嘴上无毛”的梅契尼科夫，又开始犯“老毛病”了：在“静若处子”方面，他确实该受表扬，比如，其研究状态几近疯狂，甚至不惜连续数小时盯住显微镜，目不转睛地观察某个枯燥的昆虫或微生物；但是，在“动若脱兔”方面，他就该被批评了，因为他经常快速且随意地将“新发现”撰成“科学论文”，并迫不及待地投稿，然后便很尴尬地发现“天啦，昨天投稿的结果是错的！”于是，又不得不赶紧给编辑部写信，一边赔礼道歉一边请求撤稿。

梅契尼科夫的最大缺点，其实就是太敏感，准确地说是对他人的评价过于敏感。比如，每当其论文被发表时，哇，一下子就不得了啦，瞬间万物清朗，四处洒满阳光，窗外一片旷远湛蓝，晓风也悠然清香，宛若旅游马尔代夫，本来肥胖的身躯也开始飘忽，简直快乐得要飞，笑容挤成了堆，去食堂吃饭成了沙滩走秀，杯盘碗碟碰出的都是掌声；若其论文不被认同或惨遭拒稿时，哇，一下子又天塌啦、地陷啦、人生没啥意义啦，甚至想到自杀啦。当然，后来他也为此付出了沉重代价。整体上说，年轻时的梅契尼科夫非常自负，甚至断定自己即将成为公认的科学天才，并毫不忌讳地宣称“我有热忱及能力，且具天生才华，更有雄心成为著名科学家”。

梅契尼科夫记忆力惊人，几乎过目不忘；智商很高，甚至仅用2年就修完了4年的大学课程，并顺利毕业。然后，他频繁留学于德、俄、法、西班牙与意大利等国，并在多所大学攻读硕士和博士学位；当然，这并非意味着他拿了很多学位，而是他脾气太大：常常与导师发生激烈冲突，然后“屁股一拍”换学校了。比如，他在德国基森大学读研时，因论文署名之事，师徒爆发口角，甚至导致俩人彻底决裂。总之，那时的梅契尼科夫醉心于出人头地，且个性又非常倔强而情绪化，所以直到22岁时才勉强获得了硕士学位；一年后，他又闪电般地获得了圣彼得堡大学的动物学博士学位。

毕业后，梅契尼科夫先到敖德萨大学当讲师；屁股还未坐热，就“跳槽”到圣彼得堡大学；仅1年后，再杀个“回马枪”，成了敖德萨大学动物学教授。终于，在1873年，梅契尼科夫开始为其低情商和任性付出了第一次未遂自杀的惨痛代价。原来，一方面，早在博士毕业那年，他就偶遇了一位才貌双全的美女，双方一见钟情，并很快开始谈婚论嫁；可突然她感染了肺结核，婚后健康状况更是越来越差，治病的巨额开销使他陷入“经济危机”。另一方面，梅契尼科夫的事业也遇到了麻烦，其实是非常小的麻烦，只不过是又想“跳槽”却赔不起违约金（因为此时他的钱已不够给她治病了）；还有，仅以一票之差未能当选医学教授；另外，本来志在必得的一项奖励不翼而飞等。总之，家庭和事业的不顺，让他绝望，进而开始厌世。于是，终于在1873年，当妻子不幸去世时，梅契尼科夫彻底崩溃了，不但无法参加丧礼，甚至立即实施了自杀行动：大量服用了妻子遗留的镇痛吗啡！可是，这位差点就是医学教授的梅契尼科夫竟算错了吗啡剂量，使得自杀变成了一场惊人的昏睡。曾经沮丧到极点的他，半夜醒来后开始后怕加后悔了；于是，他一个跟头翻将起来，从此打起精神，下定决心继续活下去。

为避免睹物伤情，梅契尼科夫找了个科研借口，就“逃往”吉尔吉斯斯坦，后来更远遁中国西藏，直到一年后才于1874年返回敖德萨。这时，他又“闪婚”了，因为他偶遇了一位美女崇拜者，年仅17岁的实验员。婚后，在事业上，她成了他的实验助手；在生活上，她则俨然像姐姐，甚至像母亲那样给予他无微不至的关怀。后来，他们虽没子女，但却非常幸福。总之，她不但让他从此“焕然一新”，还协助他在敖德萨大学担任了7年教授。这7年，也是他的第一个“科研丰收期”。比如，他与别人合作创立了比较解剖学的一个分支学科，从胚胎学角度阐述了达尔文进化论；研究了海星与水母等无脊椎动物的胚胎发育，尤其是中胚层内的一种游走细胞，这其实就是后来使他成名的“吞噬细胞”，只不过此时的“窗户纸”还未被捅破而已；特别是1878年，他开始转向新兴且热门的微生物研究，并成功地在啤酒麦芽糊上培养出了一种能感染甲虫的霉菌。

1881年，梅契尼科夫又实施了第二次未遂自杀。这次，他的自杀工具是自己的最新科研成果，即将回归热病死者的血液注入自己体内；结果，他如愿以偿地染上了回归热，并遭受了漫长而痛苦的折磨，虽被搞得生不如死，但最终又没死成！其实，这次梅契尼科夫的自杀理由仍不充分，这次灾难仍该归咎于他的任性。原来，1881年，前任俄皇被杀身亡，新任俄皇大开“历史倒车”，施行专制，并仇视犹太人。因此，他母亲遭到仇视，大学也乱成一锅粥，致使异常敏感的他倍感空前压力，身心大受影响，情绪低落，终日失眠，心脏病也频发。恰巧，此时第二任妻子又感染伤寒，虽最终并未逝世，但却触发他联想起了8年前首任妻子的伤心事；于是，他为自己的任性又付出了一次沉重代价。

两次自杀均被阎王爷拒绝后，梅契尼科夫最终咬牙辞职，于1882年携妻前往意大利西西里岛，躲进妻家的一栋别墅，并在那儿设立了一间私人实验室，开始全力研究海星与海葵的消化作用；于是，人类一项伟大发现的序幕便徐徐拉开了。实际上，多年前他就已发现，在海星的中胚层内含有一种会游走的细胞；如今，他在重新观察海星幼虫的消化作用时又发现：这些游走细胞竟能把腔中的食物碎屑吞食，然后消化。妈呀，既然它们能“吞食并消化食物碎屑”，那也许就能灭掉入侵微生物，从而在防御微生物侵袭方面扮演重要角色！灵感一现，梅契尼科夫说干就干，只见他一溜烟就冲入实验室，将几根玫瑰刺插入海星幼虫体内。果然，次日一大早，他预期的情况真的发生了：玫瑰花刺四周，聚满了游走细胞！

面对如此重大的发现，梅契尼科夫的急性子脾气又犯了，只见他立马闯入正在本地召开的一个重要国际学术会议会场，拽着当时最著名的德国细胞学与病理学家维周"叽里呱啦"一通唾沫横飞，就得到了后者的礼节性肯定与支持，但维周慎重建议他：再做进一步观察与实验，以充分证明这些游走细胞确能协助宿主消灭细菌。冲出国际学术会议会场后，还觉不过瘾的他，又马不停蹄直奔维也纳，向那里的知名动物学教授克劳斯详细重述了自己的发现，于是，后者建议将这种游走细胞命名为"吞噬细胞"。次年，梅契尼科夫又回到伤心地敖德萨大学，并自信地以"吞噬细胞"为题做了一次公开学术报告。这时，他才总算冷静下来，开始认真寻找"吞噬细胞能直接消灭微生物"的充分证据。

找呀找，翻箱倒柜没找到，挖地三尺也没找到；终于，梅契尼科夫研究生涯中最重要的一天来到了！这一天，他正用显微镜观察水族箱中生病的水蚤，却偶然发现该水蚤被一种类似酵母菌的真菌感染了，在水蚤体内也发现了一些吞噬细胞正在吞食酵母菌的细胞和孢子，而被吞食的细胞真的被逐渐溶解消化了。于是，细胞免疫学的一个重要"里程碑"诞生了，因为，该现象揭示了人类的游走细胞——白细胞，为何会出现在发炎伤口处以及它们在"对抗微生物入侵"中所扮演的角色。1884年，梅契尼科夫正式公布了这一伟大发现。

紧接着，他又再接再厉，提出了"细胞免疫学说"，其大意是当外来微生物或毒素进入人体时，就会引发免疫反应，于是具备吞噬功能的白细胞便把入侵者吞食，并把这些异物的抗原呈献到细胞表面上；当相同微生物或毒素再次进入体内时，抗体则将它们迅速捕获，使其失去活性，同时也会进一步促使吞噬细胞将这些微生物吞食。该学说一经提出，立马招来哄堂大笑；本来就异常敏感的梅契尼科夫当然承受不了这种嘲讽，不过幸好这次他没实施自杀，而是逃避。于是，他暂时放弃了细胞免疫学，开始转向研制由巴斯德发明的狂犬病疫苗，并于1886年被敖德萨大学派往法国巴斯德研究所进修，并在这里幸遇了自己的"伯乐"巴斯德，然后被邀请到法国长期工作。

于是，43岁的梅契尼科夫携家人与数位得意弟子，于1888年10月15日加入了巴斯德研究所，并从此开启了长达20年的另一段科研生涯。至此，梅契尼科夫的科学天才才终于有机会展露光芒了。

首先，他恢复了已被中断的吞噬细胞研究，试图寻找更多证据来说服世人，让他们接受其细胞免疫学说。自从有了巴斯德这个强硬"后台"后，虽仍是孤军奋战，但梅契尼科夫信心满满。他一边率领学生及同事不断发表高水平论文，不断提出新的更有力的证据；也一边充分发挥自己的“降龙十八嘴”神功，在各种学术会议上面对学术对手侃侃而谈，只需几个回合往往就能使对方折服。据说，在学术辩论时，他脸颊通红、两眼冒光、头发飞散，恰似科学“恶魔”，其言词总会引发雷鸣般的掌声；哪怕是初看与吞噬理论相冲突的事实，经他一解释后竟都变成其理论的证据了！甚至，他的这一系列“铁嘴”辩论演讲，后来还汇成了一部畅销书，名曰《发炎的比较病理学演讲集》。就这样，经过数场唇枪舌剑，梅契尼科夫稳扎稳打，还真的转变了世人态度，让大家接受了细胞免疫学说；从此，人们相信，吞噬细胞是身体防御微生物入侵的一道重要防线。如今，科学家已证明：梅契尼科夫的细胞免疫观点与其当年对手的体液免疫观点，不但不矛盾，反而相辅相成、缺一不可，二者共同造就了生物个体的免疫体系。梅契尼科夫也因此而成为“免疫学祖师”之一。

其次，梅契尼科夫还是首位提倡“多食乳酸菌有益健康”的科学家。这是因为，他在保加利亚的一些长寿部落考察时，偶然注意到，当地居民经常食用发酵酸奶。于是，经认真对比研究，他发现这些酸奶中都含多种乳酸菌。进一步研究后，他给出了这样的科学解释：微生物是相互对抗的，若经常食用乳酸菌，则乳酸菌在肠道中就可抑制病原菌的活性，因而有利于维护健康。其实，在巴斯德研究所的最后10年，梅契尼科夫都主要致力于乳酸菌研究，甚至认为：经常服用乳酸菌，寿命也许可长达百岁。为证明该理论的正确性，梅契尼科夫拿自己做实验，每日大量饮用发酵酸奶，而且还真的自我感觉良好，以至同事们也纷纷仿效。很快，医生也开始建议病人服食乳酸菌，并以此保持身体机能健康。所以至今，梅契尼科夫还被称为“乳酸菌之父”呢。此外，在梅毒研究方面，梅契尼科夫也取得了一些重要成果。比如，他证实了造成梅毒的病原菌其实就是前人已发现的螺旋体，还发明了一种能有效预防梅毒感染的方法。

从生活角度看，1895年至1905年这十年，是梅契尼科夫自认的最快乐时光；期间，他与妻子住在巴黎郊区，每日清晨乘火车前往巴斯德研究所，教学和科研工作都很顺利，发表了许多重要论文、培养了不少得意弟子。此外，他还积极从事公益演讲，推广公共卫生、结核病和梅毒防治等知识。1908年，梅契尼科夫还获得了该年度的诺贝尔生理学或医学奖。

1914年，第一次世界大战突然爆发，巴斯德研究所被迫关闭，梅契尼科夫长年所患的慢性心脏病也逐渐恶化。终于，1916年7月15日，梅契尼科夫与世长辞，享年71岁；虽未达到其百岁预期，但其寿命也远远超过了当时的平均水平。遵其遗愿，他的骨灰盒至今仍安放在巴斯德研究所的图书馆内。

安息吧，梅契尼科夫！

第九十六回

技术发明惊破天，企业经营一般般

提起本回主角“发明大王”爱迪生，几乎无人不知，无人不晓；但要给他立传，还真有点勉强。这并非嫌他没文凭，只读过几十天小学；也非嫌他的发明已过时，实际上他发明的电灯、留声机、电力系统、电影摄影机等对整个人类文明都产生了极大影响，几乎前无古人、后无来者；特别是他建立的集团化发明体系，在今天仍是推动高科技发展的强劲动力；他拥有2 000多项发明和1 500多项专利，还被评为“影响美国100位人物的第9名”。但是，毕竟技术发明不等于科学发现，搜遍他的所有发明，若从科学角度上看，能“拿得出手”的东西好像只有所谓的“爱迪生效应”（通电碳丝蒸发时，能在邻近的铜线上产生微弱电流）；据此，后人发明了电子管。

那么，本书收入爱迪生的原因主要有两个。其一，他从事技术发明的勤奋执着精神，与科研精神确实相通；换句话说，若以他这种罕见的专注态度，瞄准任何重大科学问题也许都能成功，这刚好符合本书的宗旨，即有助于读者成为科学家。其二，诺贝尔评奖委员会，早在1915年就将爱迪生同时列为诺贝尔物理学奖和诺贝尔化学奖的提名者，且还排名第一；据说，最终未能颁奖的原因是他本人拒绝领奖。

爱迪生的故事，开始于道光二十七年。那年，在中国，诞生了著名武术家黄飞鸿；在美国，则诞生了两位著名发明家：一位是电话发明者贝尔，另一位就是本回主角。准确地说，1847年2月11日，托马斯·阿尔瓦·爱迪生，诞生于美国俄亥俄州的一个破落贵族之家。他是家中的老幺，排行第七。妈妈是当地一家女子小学的教师，育儿经验非常丰富。爱迪生的祖上系荷兰的名门望族；爷爷是失败于政治的企业家，早年虽为美国富商，但因独立战争被迫逃往加拿大；老爸是失败于科技的企业家，本来红红火火的水运生意，突然被新开通的列车给断了财路，几近破产。到爱迪生6岁时，全家连衣食都成了问题，以至老爸不得不贱卖家产，匆匆迁往密歇根农村，购得几亩薄田，勉强维持生计；包括爱迪生在内的7个孩子，也全都得跟着父亲，在地里干些零活。这时的爱迪生又患了猩红热，差点没去“阎王殿”，否则就没后续故事了。

爱迪生的人生，肯定已输在了“起跑线”上。这并非指他的家境因破落而贫寒，而是说他7岁那年，刚入小学不足三个月便被老师以“低能儿”为理由，毫不留情地赶了出来，从此便结束了学校生涯；他随后的所有知识，都是他在妈妈的帮助下自学而得的。原来，爱迪生有一个特点，那就是特别喜欢刨根问底，哪怕是很明白的常识，在他眼里也都问题连天。比如，像“风是咋产生的呀”这类问题，老师还能勉强应付几句；可像“为啥1+1=2而不是4”等奇怪问题，老师就立马傻眼了！为了避免被问得人仰马翻的尴尬，为了让耳根子清静些，“聪明”的老师干脆一了百了，请来爱迪生的妈妈，命她直接将儿子带回了家！

幸好，父母对儿子非常了解，也很有信心。他们深知，儿子虽算不上聪明，但善于观察、勤于思考、敢于实践。比如，“大树是如何生长的”，他得蹲下来认真观察；“树叶为啥是这种形状”，他得反复思考；至于“小鸡是如何从蛋中被孵化出来的”，他就更得亲自体会了，于是他真的就跳入鸡窝，趴在蛋上一动不动，盼望着早日孵出自己的鸡宝宝，直到被父亲找到并从鸡窝中拎将出来后，才结束了这个流传至今的呆子笑话。虽然失学了，但爱迪生脑中的问题一点也没减少，而且可请教的人反而更多了；只要想到啥问题，哪怕是在大街上，他都会逢人便问，直到满意为止；反正，对爱迪生来说，何止“三人行必有我师”，那简直就是“有人行便有我师”。当然，幼时的爱迪生也少不了为其过分的异想天开而付出代价。比如，有一次，为揭开火的奥秘，这位愣头青竟点燃了邻家的仓库，于是，本来无辜的屁股就又遭了一次大殃。

爱迪生的妈妈，对幺儿的成长起到了决定性的作用；因为，她压根儿就不相信学校的“低能儿”判断，勇敢地担起了儿子的教育重任。她不但始终精心呵护爱迪生的好奇心，还将自己的所有知识一股脑儿地传给了儿子：指导他阅读了莎士比亚和狄更斯的文学著作、学习了吉本的《罗马帝国衰亡史》和休谟的《英国史》等历史书籍、博览了潘恩等众多名家的论著，使爱迪生被书中洋溢的真知灼见所吸引，并一直影响他终生。妈妈良好的教育方法，让爱迪生很早就意识到了读书的重要性；再加他一目十行且过目不忘的天赋，使得他不但知识丰富，还能使各种知识相互融合、彼此借鉴，这对他后来的“跨界”发明非常有用。妈妈还经常鼓励儿子亲自动手验证书本知识：在讲到伽利略“比萨斜塔实验”时，妈妈便让儿子将一大一小两球从高空抛下，结果它们真的同时落地。从此，实践方法便深深嵌入了爱迪生的脑海。

大约10岁那年，妈妈给爱迪生买了本科普读物《自然读本》。哇，瞬间，这小子就被书中的实验给迷住了，从此便一发不可收拾，非要按书中指引把所有实验都亲手验证一遍。没场所，就把家中地下室清理出来；没仪器，就四处收罗了一堆瓶瓶罐罐；至于必要的化学药品等原料嘛，那就只好千方百计想办法挣钱购买。就这样，爱迪生的实验技能还真的迅速提高了。当然，爱迪生并非只是重复书本实验，也经常大胆联想和创新。比如，受小鸟的启发，他也想“让人自由飞翔”。当他看见气泡能飞翔、发酵粉能产生气泡时，便从逻辑上推出了自己的“飞人方案”：人若吃下发酵粉，肚里便会产生气泡；肚里气泡飞翔，当然就能带动人也飞翔。方案一出，他立马付诸行动，并神秘地告诉邻家小屁孩：“吃下这包仙丹，你便能飞，也许能飞上天堂。”结果，小屁孩自然没能飞上天堂，而是差点下了地狱。随后，爱迪生的小屁股又毫无悬念地遭了一次殃。

11岁时，家里的经济越来越糟，爱迪生不得不自己赚钱养活自己。起初，他是帮人跑腿送货，后来又到火车上卖报。由于他腿勤嘴勤，卖报收入不但能基本维持生计，还可挤出少许余额用于购买化学药品和书籍。由于长年待在火车上，为使卖报和实验两不误，爱迪生竟花言巧语说服了列车长，允许他将列车上长期空闲的角落用于化学实验。可没过多久，爱迪生便被赶下了列车，“移动实验室”也被彻底捣毁了。原来，这又是化学实验惹的祸：大约在15岁那年，有一次，爱迪生在颠簸的火车上做实验时，一不小心打翻了黄磷瓶，引发了火灾。这一次，可怜的爱迪生付出的代价就不只是屁股开花了，而是被气急败坏的列车长一巴掌扇聋了右耳，从此也结束了他的报童生涯！

幸好，天无绝人之路。就在被赶下火车后不久，大约是1862年8月的某天，爱迪生见义勇为，在飞驰的列车前奋不顾身地救出了一个小孩。哪知，这小孩竟是火车站站长的孩子。于是，感恩的站长便亲自教他发报，希望将恩人培养成电报员。站长精心地教，爱迪生认真地学；经过短短4个月的培训，勤学好问的爱迪生不但熟练掌握了收发电报技术，还能自制拍电报的电键，更学会了不少电工知识，以至于他后来的许多发明都与电工密切相关。1863年，经站长推荐，爱迪生被聘为某铁路枢纽站的电信报务员，但不久便被解雇了；原来，爱迪生被神奇的电报技术迷住了，他已不满足于只当一位普通报务员，而是想有所创新，甚至不惜违规取巧。比如，为防止电报员夜间偷懒睡觉造成重大事故，铁路局规定，报务员每隔一小时向局里发送一个信号；为摆脱该约束，爱迪生竟将电报机与钟表连接，让机器按时自动向局里发信号。很快，爱迪生的这个取巧机器便被发现了，于是他再一次被砸了“饭碗”；毕竟，这样的“取巧”确实太危险，不该提倡。

失业后的爱迪生非常狼狈，生活没着落、工作更不稳定。据不完全统计，从1864年至1867年，爱迪生几乎过着流浪般的生活，工作单位换了10余个，其中，至少5次是被开除，另几次是被迫辞职；其足迹更是遍及各州各地。爱迪生之所以如此不受待见，绝非因为他的收发报水平不高，也不是因为他不热爱报务员这个职业；而是他的心思压根儿就没放在收发报的具体事务上，只想发现电报技术中的各种问题并试图做出相应改进。比如，当他发现在一条线路上不能同时收发两个以上的电报时，便开始着魔般地思考解决方案；虽然为此又被“炒了鱿鱼”，但他仍不放弃，直到数年后才最终研制出“四重电报机”。爱迪生的衣袋里总是装着一个小本，以便随时记录各种灵感；甚至在收发报的紧要关头，他也会突然停下工作，拿起本子记下某个“闪念”，这也是他常被解雇的另一导火索。当然，爱迪生被解雇的最主要原因，还是他随时随地都在进行的各种实验，特别是危险的化学实验。上班时，他偷偷在单位上做实验；晚上回家，也在宿舍里熬夜做实验。一旦出现事故，他就要么被老板“炒鱿鱼”，要么被房东赶出宿舍，于是便又会开始一段新的流浪生涯。

爱迪生的“发明大王”序幕，是由名著《法拉第电学研究》徐徐拉开的；因为该书浅显易懂，既无高深的数学推导，又有特别创新的思路，很对爱迪生的“胃口”，更有巨大启发作用。甚至，在一段时间内，此书几乎成了他的影子：吃饭时看此书，睡觉时看此书；工作时的“闲暇”时间嘛，当然更在看此书。而且，他还做了大量实验来验证书中内容，从而获得了更多电学知识。后来，爱迪生回忆说：“一生中，对我帮助最大的书籍，当数《法拉第电学研究》了。”

其实，爱迪生的发明生涯，开局并不顺利。21岁那年，经过一通莫名其妙的瞎捣鼓后，他终于取得了自己的首项专利，即发明了一种自动快速投票计数器。满心欢喜的他本以为能赢得国会的订单，可哪知却被当头泼了一盆凉水，原来国会议员明确告诉他，“慢慢投票与计票，有时也是政治的需要”。从此，爱迪生接受教训，再也不创造无用发明了，而是首先从现实需求中发现问题，然后再试图以新发明来解决该问题。

经千锤百炼，爱迪生总算挖到了自己的“第一桶金”。原来，23岁那年，他发明了一种通用印刷机，并成功将其专利卖给了一家大公司；对方出奇的大方，竟主动付给他4万美元，这对当时的爱迪生来说无疑是个“天价”。于是，他赶紧利用此款建了一座工厂，专门研制各种电气机械。从此，爱迪生便进入了成果转化的良性循环，即新发明完成后，或通过出售专利，或通过自产自销等渠道获取收益；然后，再将这些利润投入更新的发明研制中，以取得更多专利。由于爱迪生的专利太多、涉及面也太广，不可能逐一详述；但他的发明思路和技巧却清晰可见，主要有如下3类。

第一类，逆向思维型，即颠倒因果、换位思考。一般来说，因果并非总能颠倒，但有时又确能颠倒。比如，30岁那年，爱迪生基于逆向思维发明了留声机。原来，爱迪生在研究电话时发现：一方面，声音能使薄片产生颤动；另一方面，反过来，薄片的颤动能产生声音。换句话说，若能将薄片的颤动记录并恢复，那便可将声音记录并恢复。如何记录薄片颤动呢？在薄片上栽一根尖针后，薄片的颤动便能使尖针在移动蜡板上扎出深浅不一的小孔。又如何恢复颤动呢？只需反过来，让尖针在移动蜡板上顺序滑过，便可引起薄片的相应颤动。经过这样几次的因果颠倒后，留声机便实现了。

第二类，笨蛋蛮力型，即老老实实对所有可能情况进行仔细排查，直至找到理想答案。比如，31岁那年，爱迪生开始研究电灯，而其关键就是要找出最佳灯丝材料；为此，他花费了一年多时间，在试用了1 600多种材料后，才找到了能连续使用45小时的碳化棉丝；接着，又花费一年多时间，在试用了6 000多种竹子后，又才找到了可持续使用上千小时的碳化竹丝。其实，大家千万别小看这种穷举式的笨办法，它可能是科学研究中最通用的办法；这也是为啥爱迪生会说“所谓天才，其实就是百分之一的灵感，再加百分之九十九的汗水”的原因。但是，也请各位千万注意，爱迪生紧接着又说过“但那百分之一的灵感才是最重要的！”可见，这里所谓的“笨”，绝非不讲技巧的真笨。

第三类，广泛联想型。比如，41岁时，爱迪生开始研究电影机，其灵感便来自发散思维的广泛联想。他先从张三那里买回了连续底片，又从李四那里获得了新型感光胶片、再从王五那里采购了照片连续显示装置、还充分利用了心理学家发现的视觉暂留现象、甚至从儿童玩具中得到启发；终于，将若干看似毫不相关的技术和成果集成在一起，他在44岁那年就完成了活动电影放映机。

爱迪生在发明创造的组织管理方面，还有一个易被忽略的重大创举，其影响可能比某项具体发明更长远、更巨大，那就是他首次将过去散兵游勇式的发明行为变成了集团化的商业行为，从而使得相关创造发明效率更高、规模更大、内容更丰富、对人类的贡献更多。这也是他能拥有上千专利的重要原因，换句话说，爱迪生名下的许多发明其实是集体创作的结果；或者说，是在他的领导下，众人分工合作的结果。爱迪生的这种模式，在今天更值得发扬光大。

爱迪生既是一名发明家，也是一名企业家；每当有重大新发明时，他都会努力将其产业化。从理论上看，他的许多发明都该使自己赚得盆满钵满；但事实却并非如此，更准确地说他的许多企业都以失败告终。比如，他的留声机公司，输给了哥伦比亚唱片公司，直至最终倒闭；他发明的直流电，被特斯拉发明的交流电打得鼻青脸肿；他的通用电气公司被对手并购，致使他本人黯然出局；他好不容易发明的新型选矿法，还来不及产生利润便被对手挤“死”，以致51岁的他，不但耗尽了全部财产，还负债累累；他的新型蓄电池上市不久，便因质量问题而被迫下架。算了，甭提伤心事了；反正，作为企业家，爱迪生的业绩很一般。

不过，作为丈夫和父亲，爱迪生还是基本合格的。实际上，他结过两次婚，共生养了6个子女。他第一次结婚时间是1871年的圣诞节，据说，这天一大早，24岁的他就急匆匆出了家门，可很快就又折返回来，并不知所措地来回踱步，好像忘了啥大事；直到看见自己身上罕见的西装革履后，才突然想起“哦，今天是结婚日”，于是，又火速冲出家门，娶回了认识刚2个月、年仅16岁的娇妻。可是，仅仅13年后，首任妻子便于1884年8月9日因病去世；更遗憾的是，当时爱迪生正在纽约与新雇员工特斯拉（也是后来的最大竞争对手）一起着魔于研制直流发电机，以致没能与妻子见上最后一面。两年后，39岁的爱迪生又娶回了年仅19岁的第二任妻子，一位文雅美丽的大学生。后来，她成了他的得力助手，并陪伴他度过了整整45年。

爱迪生的晚年也很有特色，那就是他压根儿没晚年；实际上，他的晚年仍像青壮年期一样，生命不息、发明不止。比如，他进一步改进了留声机，将它由圆筒形改为圆盘形，还通过“笨蛋蛮力法”找到了当时最满意的唱片材料；又将留声机与电影机结合，通过“广泛联想法”发明了有声电影等。无论有啥困难，或遭受何种打击，都阻挡不了爱迪生的发明激情：67岁那年，当影片实验室被付之一炬后，他坚定地说“幸好，我还不算老，明天再重来”；74岁那年，当被问及何时退休时，他说“没想过，我还精力充沛着呢”；80岁时，他仍表示“我能活多久，就工作多久”；81岁时，他仍沉溺于橡胶实验，竟忘掉了自己的生日庆典。他每天工作至少10小时，还常常诙谐道：“现在每天睡4小时就够了，待到死后，再慢慢长眠吧。”

1931年10月18日凌晨3点24分，爱迪生在睡梦中安然离世，享年84岁，这回他终于可以安心“长眠”了。为缅怀其丰功伟绩，美国政府下令全国停电1分钟；在这1分钟里，美国仿佛又回到了古老的煤油灯时代，这时，人们才更切身体会到了爱迪生的伟大。是呀，正如时任美国总统胡佛所说，“他（爱迪生）是伟大的发明家，也是人类的恩人。”

第九十七回

巴甫洛夫巧实验，可怜小狗做奉献

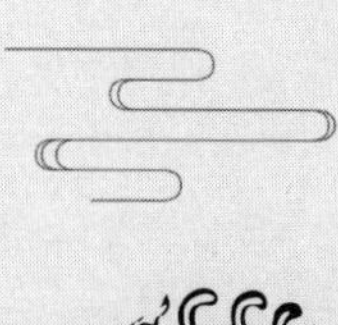

爱狗人士请慎读此回，至少要客观评价相关事实。毕竟，本回主角巴甫洛夫奉献了自己的一生，为人类做出了巨大贡献；巴甫洛夫的成就，与其实验伙伴（各种小狗）的牺牲密不可分；在医学和生理学等方面的研究中，过去是、现在是、在可见的将来也将仍然是以牺牲部分实验动物为代价的。因此，本回既可看成是为巴甫洛夫立传，感谢他的重大科学发现；也可看成是向众多实验动物致敬，感谢它们为人类所做出的巨大牺牲。

本回的部分情节，也许会让您感觉不适甚至恐怖，但确实又难以回避，除非放弃相关科学内容，这显然又不是本书的宗旨；幸好，您若细细品味相关实验方案的设计技巧，将对您今后从事任何实验科学研究都会大有帮助，更有助于您成为科学家。因此，此处先借机简介一下优秀实验方案设计的三大要素。

第一要素，是实验对象。根据实验目的，正确地选择实验对象直接关系到实验的难度和成败。

第二要素，是实验因素，即影响实验结果的各种因素。一个好的实验方案，必须既要尽可能简单，又要能尽可能独立地分离或组合这些因素，以便获得相关因素对实验结果的单独或联合影响。这也是优秀实验方案设计的难点和重点。

第三要素，是实验效应。它是反映实验因素作用强弱的标志，必须通过具体指标尽可能客观地体现出来。

好了，科普到此为止，下面开始书归正传。

话说，道光二十九年，在邓世昌出生前一周，即1849年9月26日，在俄罗斯小镇梁赞诞生了一位小男孩，他名叫伊万·彼德罗维奇·巴甫洛夫。这小子长大后可不得了啦：不但获得了“诺贝尔生理学或医学奖”，还是“高级神经活动学说”的创始人，也是“高级神经活动生理学”的奠基人，又是“条件反射理论”的建构者，还被称为“生理学之父”；更是传统心理学之外，对心理学发展影响最大的人物之一。

不过，如此大人物却出生在一个极为“渺小”的家庭中。实际上，他母亲是文盲，虽为牧师之女，但却因太穷，有时也不得不去富人家当女佣；父亲是一位刚强的乡村牧师，虽有微薄薪金，但显然不够全家基本开销，因此还得种植一些果蔬，以贴补家用。巴甫洛夫是家中老大，下有4个弟妹，故其“长子意识”很强，不但很小就帮父母做农活，还自幼养成了责任、奉献、包容等个性。哪怕是玩游戏，也会有意让着弟妹；若外人胆敢欺负其家人，他一定会挺身而出，让对方知道厉害，因为他人高马大且意志坚强。

巴甫洛夫从小就养成了两大习惯。其一是，只要做出了决定，那在任何事情上都会很专注，不容易被外界所干扰。其二是，他特别喜欢读书，而且每本书都得至少看两遍；据说，这是他从父亲那里继承下来的习惯。他父亲不但喜欢看书，还喜欢藏书，故在他家的阁楼上竟有一个小型图书馆；这也是巴甫洛夫经常光顾之处，所以，他的知识领域始终都很广泛。不幸的是，7岁那年，正专注于看书的巴甫洛夫竟从阁楼上意外坠落，身负重伤，以致未读小学，直到11岁时，才凭借一张“家庭困难证明信”进入了附近的一所教会中学；原来，时任俄皇颁布了一个教育法令，允许贫困但有天赋的孩子免费上学。15岁毕业后，他进入了当地的教会神学院，准备子承父业，当一位牧师。但是，在神学院，巴甫洛夫却偶然读到了一些全新的自然科学书籍。特别是《动植物世界的进步》一书，让他知道了达尔文进化论；而《脑的反射》一书，更让他对自然科学发生了强烈兴趣。终于，21岁那年，巴甫洛夫做出了一个重大决策：放弃神学，转入圣彼得堡大学，先学法律专业，后转到物理数学系的自然科学专业。虽然家里很穷，但其学费和生活费还勉强能拿得出来，这主要归功于他的多方开源节流。比如，一来由于他考试成绩优异，年年都能获得奖学金；二来他经常性的课外勤工俭学，比如给别人做家庭教师的收入也能积攒一些零花钱；三来他尽量节约，比如，为减少车费，他每天都要步行很久等。

若从科研角度看，大学头两年，巴甫洛夫的表现其实很平凡，直至三年级时，才在选修了齐昂教授的生理学课程后突然茅塞顿开，终于对生理学和实验产生了浓厚兴趣，终于找到了真正喜欢的主修方向；从此，他便全身心投入到生理学研究之中。由于生理学研究需做许多精细手术，所以，巴甫洛夫以“放纵自己，便是堕落的开始”的态度，对自己进行了严格的手术训练，不但从理论上掌握了外科手术的原理、指征、操作规范等，还从实践上掌握了诸如切开、止血、结扎、分离、暴露和缝合等具体的操作技巧，以至于他的手术又快又好，已达到得心应手、左右开弓的水平；齐昂教授很欣赏他的才华，常常让他当助手。终于，在齐教授的指导下，25岁那年，大四学生的巴甫洛夫完成了首篇科学论文《论支配胰腺的神经》，并获得校级金奖；然后，于26岁时获得了生理学学士学位；紧接着，又进入外科医学学院，一边当助教一边继续攻读医学博士学位。

29岁时，巴甫洛夫应邀前往一家私人诊所，主持生理实验工作，并在这里一干就是10余年，期间主要研究血液循环、消化生理、药理学等问题。在他31岁那年，顺利解决了个人问题，娶回了圣彼得堡大学教育系的一位美女学生；婚后，媳妇把生活料理得井然有序，使他不仅能安心工作，也能好好休息。虽然这时的工作条件很差，既无设备也无基本的实验环境，但是巴甫洛夫的科研仍取得了重大成果：他不但发现了胰腺的分泌神经，还发现了一种至今称为“巴甫洛夫神经”的著名神经（它是温血动物心脏特有的一种营养性神经，只控制心跳的强弱，而不影响心跳的快慢）。自此，巴甫洛夫开辟了生理学的一个新分支——神经营养学。同时，他于34岁那年，以博士论文《心脏的传出神经支配》获得了帝国医学科学院医学博士学位并留校任教，先后担任讲师、副教授和教授等职，从此就再也没更换过工作单位；只是在34至36岁期间，被派往德国留学过两年，并在那里揭示了心脏跳动的一个重大秘密，即心脏跳动节奏与加速是由两种不同肌肉完成的，也是由两种不同神经控制的。

从38岁开始，巴甫洛夫转向了消化生理研究，并很快取得了重大突破，搞清了神经系统在调节整个消化过程中所起的作用；为此，他荣获了1904年“诺贝尔生理学或医学奖”，成为首位获得诺贝尔奖的生理学家。在消化系统研究方面，巴甫洛夫为啥能后来居上呢？其实，这并非因为他特别聪明，也非因为他特别勤奋，更非因为他的实验条件好，反而他的实验条件还特别差。他之所以能独占鳌头，关键是他的实验方案设计得更好；换句话说，他很好地把握了实验方案的上述“三大要素”。比如，过去其他同行，要么用已肢解的动物部位做实验，要么用被麻醉动物做急性实验，即每次实验结束后，动物都会立马死掉，故无法观察相应的活体生理过程。换句话说，同行们错选了实验对象，因为他们选择的实验对象是死狗，或正在死亡的狗，这当然就不可能观察到正常的消化过程了。而反观巴甫洛夫，他却凭借自己精湛的手术技巧，设计了一种活体实验方案，即改用健康动物做慢性实验，确保动物能在手术后长期存活，故可仔细观察动物的正常生理过程，当然也就容易发现相关秘密了。换句话说，巴甫洛夫的实验对象是“活狗”，他选对了“实验对象”。当然，这无须解释为巴甫洛夫更仁慈，而是他相信：动物是一个整合系统，在神经系统作用下，身体的每部分都会相互影响；某项作用中的每个阶段也都与其他阶段密切相关。其实，更形象地说，假如你有一双能精准透视皮肉的“火眼金睛”，那么，巴甫洛夫所获的诺贝尔奖也许就该归您了。更一般地说，生理学和医学的许多重大发现，都可归功于设计出某种实验方案，使得研究者能巧妙透视障眼的皮肉。怎么样伙计，别轻视实验方案哟，否则本该属于您的诺贝尔奖就可能会泡汤。

巴甫洛夫在“实验因素”的设计方面也相当精巧，尤其是他那个著名的“假饲”实验，虽对小狗很残忍，但从科学实验角度看，他对相关影响因素的组合和分离简直就太神了！原来，为了对消化道的整体功能进行观察，巴甫洛夫先切断狗的食道，再把食道两端分别缝在狗脖上，然后让狗挨饿一天，再把它最喜爱的鲜肉送到面前。饿狗一见鲜肉，当然贪婪地大口吞嚼。由于食道已断，咽下去的鲜肉自然到不了胃里；但饿狗哪管这些，只顾一个劲儿地猛吃。可是，几分钟后，怪事出现了：在肠胃并没进食的情况下，在通向狗胃的那段食管里，竟流出了大量“胃液”（实际上就是唾液）。于是，巴甫洛夫推断，不断分泌的胃液，其实受控于“狗的第十对脑神经”或叫“迷走神经”。为验证自己的推断，巴甫洛夫又对这只狗的迷走神经动了手术，即在其上拴了一根丝线，只要稍微提动该线就可切断脑与胃之间的联系。果然，随后那只狗尽管仍在不断吞咽鲜肉，但却再也不会分泌胃液了。您看，即使是外行，也可通过该实验清楚地观察到消化腺的分泌情况。

当然，就算选对了实验对象，调整好了实验因素；但若不充分挖掘实验效应的话，也可能会漏掉重大科学发现。在这方面，巴甫洛夫又是我们学习的榜样，又比其他科学家技高一筹。实际上，“假饲”实验只回答了有无唾液的问题，但何时产生唾液、唾液会产生多少呢？除了吞食行为会刺激唾液之外，还有别的东西也能异曲同工吗？为此，巴甫洛夫进一步改进了实验方案，他在狗的腮帮上开了一个小孔，插入一根细导管，使其连接在狗的唾液腺上。于是，当狗进食时，部分唾液就会通过导管流出。巴甫洛夫通过观察该实验的“实验效应”发现：只要吃进食物，狗就会分泌唾液；若食物是湿的，分泌的唾液就少些；若食物是干的，唾液就多些。但非常奇怪的是，巴甫洛夫偶然发现，有时只要一看见食物，狗的唾液分泌量就会增加，即在实际吃到食物前，它就已开始分泌唾液了。这又是为什么呢？巴甫洛夫为此又进行了各种测试和反复观察，终于确认：除了食物刺激之外，其实包括光、声音等许多刺激都能使狗开始分泌唾液。比如，若在每次喂食前都先发出某种信号，无论该信号是摇铃、吹口哨、拨动节拍器、敲击音叉或开灯等；只要连续重复若干次后，那么，即使某次只发该信号而不喂食，这狗将会照样流口水，虽然它没东西可吃；但若多次只发信号不喂食，那它就不再分泌唾液了；当然，在这种重复训练之前，狗对那信号也不会有反应。于是，巴甫洛夫的最伟大发现——条件反射，就问世了；至今，条件反射几乎已成了巴甫洛夫的代名词！原来，动物的行为来自环境的刺激，即动物将刺激信号传到神经和大脑，然后再做出相应反应。比如，狗在经过了连续几次经验后，便将“铃声”视作“进食”的信号，因此便引发了“进食”时的流口水现象。

对狗有效的条件反射，对人也有效吗？为了回答这个问题，巴甫洛夫的弟弟勇敢地充当了志愿者。当然，这次不必在腮帮上开孔，而只需代之以言语交流就行了；而其他方面的实验内容都与狗相同。果然，条件反射不但对人和狗都有效，而且它还是所有高等动物对环境做出反应的普遍性生理机制。最终，巴甫洛夫证明了大脑和高级神经活动由无条件反射、条件反射和双重反射形成，从而揭示了“精神活动”是大脑这个“物质肌肉”活动的产物，同样需要消耗能量。此外，人类除了对外界刺激做出反应外，语言也能引起人类高级神经活动的重大变化，从而揭示了人类特有的思维生理基础。当然，该理论的最终形成，绝非此处简述的那么轻松；实际上，它耗费了巴甫洛夫后半生的整整35年时间。

作为一名心理学家，巴甫洛夫也相当“奇葩”。因为，他可能是独一无二的、本来不想当心理学家的心理学家；他的“心理学家”头衔，也是后人强行给他戴上的。实际上，当时他十分反对心理学，反对过分强调“心灵”和“意识”等看不见、摸不着的东西，反对那些仅凭主观臆断的推测。他甚至威胁说，若谁胆敢在他实验室里使用心理学术语，他将毫不留情地开枪将其击毙。然而，事与愿违的是，如此鄙视心理学的人却在心理学研究方面做出了重大贡献，虽然那绝非他的初衷；实际上，他本来是想研究消化系统，却意外发现了“条件反射”这个重大心理学现象；本来是想研究狗，却意外发现了所有高级神经活动的分类！由此可见，若想成为科学家，各位千万别被越分越细的学科目录所约束；您只需记住：科学研究的唯一目的，就是发现大自然运行的普遍规律，而并非一定要将这些规律纳入现有的某个学科中。不过，晚年的巴甫洛夫对心理学的态度有了些许松动，他认为“只要心理学是为了探讨人的主观世界，自然就有理由存在下去”；当然，这并不表明他就愿意当一位心理学家，甚至直到弥留之际，他都还坚称自己不是心理学家。但尽管如此，鉴于他对心理学的重大贡献，后人还是只好违其心将他归入了心理学家行列，甚至还是心理学中“行为主义学派”的先驱。

巴甫洛夫虽早已成为世界级的大人物，比如，被英、美、法、德等22个国家聘为科学院院士、被28个国家聘为生理学会名誉会员、被11个国家聘为名誉教授等；但是，他终生都很谦虚，从不骄傲，甚至认为“一骄傲，就会拒绝别人的忠告和帮助；一骄傲，就会固执己见；一骄傲，就会丧失客观准绳”。他的谦虚，还表现在面对夸奖时的冷静，他说“别以为自己什么都懂，无论他人怎样看重你，你都应当勇于承认自己的无知”。他的谦虚更表现在尊重科学事实方面，他从不嫌弃科研中的“苦活”和“脏活”，始终坚持研究事实、对比事实、积聚事实；他甚至说：“科学的未来，只能属于勤奋而谦虚的年轻一代！”当然，他的谦虚决不意味着没主见或附和别人的意见，实际上，他非常重视学术研究中的争论，甚至认为“争论是思想碰撞的最好触媒”。

巴甫洛夫对自己的科研工作相当专注，认为“所谓天才，就是把注意力全部集中到所研究的那门学问上的最高能力”。在科研中，他始终都坚持循序渐进，甚至认为，若想一下就知道全部那就意味着什么也不知道；他非常重视实验，哪怕是失败的实验，他认为“实验上的失败，可能是新发现的开端”。在工作中，他时时处处都充满了激情，甚至“愿用全部生命来从事科学研究”，认为“哪怕是有两次生命，这对献身科学事业来说也都还是不够的”；实际上，每年9月至次年5月，他每周都工作7天，每天都工作三个单元，甚至已达到痴迷的程度，压根儿就不在乎衣食住行等生活细节。幸好，他娶了一位贤妻，不但积极支持他的科研工作，还包揽了所有家务杂事，从无怨言。当然，他也是一个“三不”好丈夫，即不饮酒、不打牌、不应酬；而且，每年暑假，他都要陪伴妻子到乡下度假。即使是年过古稀，巴甫洛夫也仍坚持乘电车上班；据说，有一次，电车尚未停稳时，他就急匆匆跳将下来，结果跌倒在地，惊得路旁一位大妈大叫道：“天啦！如此聪明的科学家，竟傻得连电车都不会下！”

关于巴甫洛夫的最后一个故事，名叫“巴甫洛夫很忙”，虽然这是一个悲剧，但却更能激发我们对他的崇敬，他确实把一切都献给了人类。原来，作为一位生理学家，他想亲身体验并记录死亡前的生理感觉，要为人类留下更多的感性材料；于是，在生命的最后一刻，他谢绝了所有亲朋好友的慰问和探访，而是以“巴甫洛夫很忙”为由，实际上是为“忙于死亡”而下逐客令，把自己关在屋里，向身边的助手口授生命衰变的全部过程。终于，在1936年2月27日，当他挣扎着试图起床穿衣时，终因体力不支，倒床逝世，享年87岁。

是呀，“巴甫洛夫很忙，忙于死亡”。显然，他的死亡，不是诗篇胜似诗篇；他的死，不是生命的终结，而是生命的升华。他在生死关头所表现出来的勤奋、无私、无畏、豁达、超然、镇静，无不令人深深折服。

安息吧，巴甫洛夫！

第九十八回

巾帼英雄写传奇，数学史上数第一

在聪明人中，当一位科学家很难；在科学家中，当一位数学家更难；在数学家中，当一位女数学家，那就“难上加难”！本回主角，就是这样一位著名的女数学家，名叫柯瓦列夫斯卡娅，全名索菲娅·柯瓦列夫斯卡娅；她是历史上第一位数学女博士，第一位女院士。她在数学上做出了卓越贡献，解决了号称“数学水妖”的百年世界难题，并因此而获得了法国科学院的博尔丹奖及瑞典科学院奖金等；以她名字命名的“柯西–柯瓦列夫斯卡娅定理”，至今还在偏微分方程理论的相关书籍中经常出现；如今在航空航天等领域所用的陀螺仪，其力学原理也主要归功于她。更不可思议的是，这位女数学家还是一位杰出的文学家，其话剧《为幸福而战》和中篇小说《女虚无主义者》等也大受追捧。但是，这样一位“女神”的人生，却是由焦虑、忧愁、痛苦和不幸等组成的悲剧；而悲剧的根源竟是因为她的性别，或更准确地说竟是因为她想成为一位女科学家，否则，像她这样生于豪门的大家闺秀，本该非常幸福，本该拥有享不尽的荣华富贵。

柯瓦列夫斯卡娅的生命，其实是以喜剧开头的，她于1850年1月15日出生在莫斯科一个贵族家庭。祖父是移居俄罗斯的波兰地主，也曾是匈牙利的王子，且在天文学和数学等方面颇有成就；父亲是俄罗斯陆军中将，也很有学问，不但精通英语和法语等外语，还对自然科学很感兴趣；妈妈性格开朗，才华横溢，对音乐有很强的领悟力。不过，父母可能“八字不合”，婚后矛盾不断，以致父亲在外挥霍无度、好赌成性，在家则独断专行，甚至不准比自己年轻19岁的妻子参加社交活动，使妈妈几乎与世隔绝，倍感压抑。据说，这主要是因为父亲想要个儿子，而妈妈却总是生下女儿，直至柯瓦列夫斯卡娅出生时，已是第三胎“千金”了。因此，据柯瓦列夫斯卡娅后来回忆，她从小就深感性别歧视和命运不济。由于从父母那里得到的爱并不多，她常常郁郁寡欢，性格也越来越孤独，直到五六岁时都还不敢和其他小朋友一起玩耍，只是远远躲在一旁，羡慕着他们玩游戏时的兴高采烈；那时她对什么都怕，对夜晚更恐惧，对猫猫狗狗之类的宠物也不喜欢，甚至有些讨厌。

不过，到了她8岁那年，情况有了好转。原来，他们一家迁到了立陶宛的一个农村，住进了帕里比诺庄园。这里视野开阔，阳光灿烂；草原浩瀚，花香果甜；树木茂密，爽风拂面；山幽水静，牛羊成片；莺歌燕舞，景美人善。如诗如画的田园生活，很快就让柯瓦列夫斯卡娅“融化在了蓝天中”。她过去的心理阴影被一扫而光，性格也开始变得越来越开朗，爸爸和妈妈也重新开始相亲相爱，柯瓦列夫斯卡娅也在幸福中逐渐成长。

由于家里“不差钱”，所以父母为孩子们聘请了高水平的家庭教师。这时，柯瓦列夫斯卡娅的强烈求知欲使她在姐妹们中脱颖而出。她对读书写字很认真，若有不认识的生字，情愿一连几小时不吃不睡也要翻看报纸，直至找到该字组成的熟悉词语，然后通过词语来牢牢记住生字。若遇到不会的发音，她则见人就问，哪怕家中只有保姆，也非得缠住对方请教，直到满意为止；若对方想敷衍了事，她就会生气跺脚，大闹一番。正是通过这种“耍赖”方式，她很快就能自己阅读文章了，这使得其父亲也大为惊奇。

家庭教师对早期智力开发当然重要；但是，真正使柯瓦列夫斯卡娅对数学产生兴趣的人，其实是她的一位伯父。伯父温和而童真，从小就很喜欢柯瓦列夫斯卡娅，故经常给她念书，还将自己所学的全部知识统统传给她；而她也很喜欢伯父，是其忠实听众，常常依偎在伯父身旁，一边烤火一边睁大眼睛，沉浸在一个又一个生动而有趣的故事中。正是从伯父那里，她首次接触到了许多奇妙的数学问题。比如，“化圆为方”使她惊讶，“渐近线”让她倍感神奇。尽管她还不明白其数学实质，但数学的美妙已激发了她的无限想象，甚至使她开始对数学产生崇敬之情，觉得数学是一个神秘“宝库”，盼望着早日深入其中“探宝”。恰巧，这时她家墙纸上又有许多高深莫测的数学符号和公式，在请教全家大人后，竟然谁也不懂，这就更激发了她的好奇心；从此，她便下定决心，长大后要当一名数学家，要弄懂墙纸上的那些符号。当然，悲剧的种子也在这时埋下了。

柯瓦列夫斯卡娅对数学的理解能力，简直达到了令人吃惊的地步；其实，她干脆就是一位数学小天才。刚刚10岁时，她就学完了高等数学。14岁的她在阅读《物理学基础》时，碰到了一个三角函数难题，她稍加思索，竟巧妙地用一根近似线段来代替正弦线，从而独立推导出了书上的全部三角函数公式！数学教授基尔托夫在得知此事后，大为惊骇，连连称赞她是数学“神童”，并强烈建议她父亲，赶紧让女儿专攻数学，今后定会成为著名数学家。可是，重男轻女的观念早已根深蒂固地植入了父亲脑海；别说当数学家，父亲其实压根儿就没打算让女儿继续学习，只是一门心思地想给她找一个门当户对的好婆家。

其实，就算父亲很开明，愿送女儿继续读大学；柯瓦列夫斯卡娅的“大学梦”也只能是“梦”！因为，当时的俄罗斯还很保守，歧视妇女的政策多如牛毛，不但

没专门的女子大学，而且全国所有大学都不准招收女学生。咋办呢？若想上大学，就必须去西欧，因为那里有些大学可招女生，至少允许女生旁听。留学经费当然不是问题，可是，父母肯定不允许自己的黄花闺女在未出嫁前满世界乱跑。于是，经过反复、激烈的思想斗争后，柯瓦列夫斯卡娅“眉头一皱，计上心来”，大胆地一咬牙，“豁出去了，为了读大学，为了能留学，那就先嫁人吧！”

1868年9月，18岁的柯瓦列夫斯卡娅闪电般地嫁人了。新郎是莫斯科大学的学生，红娘自然是她的那位伯父。被蒙在鼓里的父母，高高兴兴地把女儿送到了婆家。可哪知，婚礼刚一结束，在红娘的掩护下，新娘就在新郎的陪伴下，以伴夫读书为名匆匆奔入了大学课堂，今天偷听数学课，明天卧底物理课，后天再蹭几节自然科学课；反正是才出医学院，又读生物书。幸好，在当时俄罗斯的大学校园里，像她这样伴夫读书的妻子还真不少，老师和同学们都心知肚明，只要别太张扬，别惊动官方监督员就行了。就这样，她多年积压的求知欲突然爆发了。只见她浑身充满力量，好像变成了一只辛勤的小蜜蜂，在知识花海里贪婪地吮吸着花蜜；恨不能不吃不睡，立马读遍天下图书。除了课堂听讲外，她还积极向科学家学习，主动与科学家夫人交朋友；其目的嘛，当然是借机拜访科学家，请教相关问题、了解科研最新动态和前沿知识等。若校方监察严格时，她就聘请相关教授到家中授课。比如，数学教授斯特兰诺柳布斯基就每周到她家授课数次，每次超过5小时。总之，这时的她感觉非常愉快，甚至写信给姐姐说这里的学习环境“好像使自己重获新生”。

丈夫终于大学毕业了，于是，这对“夫妇”按既定计划，于1869年5月经维也纳冲入德国海德堡大学。一下火车，她就直奔课堂；由于其速度过于迅猛，引起了校方注意，甚至怀疑她是骗子；幸好，气喘吁吁的丈夫随后跟来，赶紧掏出录取通知，才化解了一场虚惊；从此，她便被允许在海德堡大学自由听课。很快，柯瓦列夫斯卡娅就成了名人，这一方面是因为她的勤奋好学，赢得了师生们的尊敬；另一方面，也因为海德尔堡这座小城竟来了外国美女，闲人们当然不会放过如此新鲜事。此外，她还经常在当地报纸上发表一些文学作品，很受读者欢迎；以至当她走在大街上时，常会收到路人的“注目礼”。即使如此，她也仍保持沉静和谦虚，从不炫耀，很少露面，只是咬准自己的目标，发誓要在数学领域取得杰出成就。她这种朴实无华的品行，让那些尊重妇女的德国教授刮目相看，从而更加尊重妇女。

当柯瓦列夫斯卡娅在海德堡大学准备参加数学力学博士学位考试时，她又突然迷上了一门新课“椭圆函数论”，其中含有严密、精巧而深刻的数学理论。当她得知该方面的国际权威是被誉为“现代分析之父”的柏林大学教授魏尔斯特拉斯时，便立即决定：到柏林去，拜入魏教授门下！于是，1870年秋，20岁的柯瓦列夫斯卡娅到达柏林，直接闯入魏教授办公室，请求他帮自己进入柏林大学；但不巧的是，当时柏林大学数学学院也不招收女生，魏教授爱莫能助。可哪知，倔强的她对魏教授竟提出了更惊人的请求：求他收自己为徒！

天啦，在无学籍的情况下，还想入名师之门，谈何容易！不过，魏教授就是魏教授，他不会轻易放过任何一匹潜在的千里马；既然柯瓦列夫斯卡娅胆敢来揽磁器活，那不妨先试试她的金刚钻。于是，唰唰唰，魏教授就随手扔出了几道数学难题，“一个月后交卷吧”，魏教授神秘地笑道。可哪知，仅仅不到一周，答案就回来了。魏教授一看，妈呀，全对啦，而且还很有独创性呢！这些难题都够数学专业的高才生喝一壶的，因为其中包括了极富难度的椭圆函数等问题；而现在却被一位小姑娘给拿下了，而且她还是业余选手呢。从此，魏教授相信，柯瓦列夫斯卡娅是难得的数学天才，她所具有的数学直觉能力“甚至在更为年长，更为成熟的学生中，也是极为罕见的”。

即使过了学术关，也不能就马上进入魏教授的师门，因为柯瓦列夫斯卡娅的人品等情况还有待考察。于是，魏教授与她留过学的海德堡大学进行了多次书信往来；在各方面都获得了肯定的答复后，魏教授才终于被她的抱负所感动，她也才最终如愿以偿。收下这位女弟子后，魏教授便全力以赴，甚至单独在家里为她授课长达4年之久；这对她的整个科学生涯影响至深，甚至最终决定了她后来的研究方向。导师的大家风范让她非常感动，于是她更加勤奋地学习，更加充分地发挥数学才能，以至于最终成了魏教授的“最有天才和最喜爱的学生”。

4年后，柯瓦列夫斯卡娅终于完成了博士论文；可是，该向哪所大学申请学位呢？这又是摆在这对师徒面前的一个难题：柏林大学，太保守；二流大学，又看不上。幸好，导师与哥廷根大学长期保持着学术交流，而该大学恰巧刚刚颁布了一个新规定：可以仅凭论文就授予外国人博士学位。于是，1874年8月，24岁的柯瓦列夫斯卡娅以最优异的成绩，在免试德文口语的情况下，被著名的哥廷根大学授予了数学博士学位；这是首位获得数学博士的女性，也是所有学生中最早获得博士学位的女性。也是在这一年，柯瓦列夫斯卡娅结束了长达6年的“假

婚”状态，终于与其丈夫正式结婚了。婚后，夫妇俩衣锦还乡，带着难得的荣誉、怀着满腔的热情回到俄罗斯，梦想着拥抱祖国的玫瑰。

回到祖国后，迎接柯瓦列夫斯卡娅的确实有许多玫瑰；但是，除了亲朋好友们的玫瑰上带着鲜花和馨香外，其他玫瑰上则全都只有尖刺！这位不惜拿婚姻冒险的女数学家，竟然在俄罗斯找不到一份科研工作；理由很简单，既然不招收女大学生，那又何必需要女教授呢？若确实想进学校当女教师的话，大门其实也是敞开的，只不过那是小学而非大学。于是，柯瓦列夫斯卡娅只好回到父亲的庄园，一边继续自费研究数学，一边努力寻找科研岗位，更要一边积极准备当妈妈，毕竟最佳妊娠年龄马上就要错过了。也正是在这段时间，柯瓦列夫斯卡娅把部分精力转向了文学创作。妈呀，真是“天生丽质难自弃”！这位数学女博士竟然文理双全！只听她，才思泉涌哗啦啦、下笔如神唰唰唰，很快就以自己的童年生活为素材，以俄文和瑞典文等语言出版了小说《拉也夫斯卡娅姐妹》，并在文坛上赢得了很高声誉。

1874 年9月，柯瓦列夫斯卡娅前往俄罗斯圣彼得堡，希望进入那里的某所大学或科学院。虽然同行们对她很客气，甚至邀请她出席了一个由门捷列夫亲自主持的重要晚会，并在会上遇到了数学、生物、化学和古生物等方面的著名科学家，大家还进行了热烈而友好的交流；但是，当谈到应聘等实质问题时，俄罗斯数学家们就开始“左顾右盼”了。原来，那时俄罗斯数学派与德国数学派“不对付”，因此，作为德国数学派领军人物魏尔斯特拉斯的得意弟子，柯瓦列夫斯卡娅当然就不会被夹道欢迎了；反而是被不动声色地“夹了道”，但却不被欢迎。

1878年，俄罗斯好容易赶了一次“时髦”，在圣彼得堡开办了一所女子学校。这本来是柯瓦列夫斯卡娅入职的天赐良机，而且，从学术水平上看，她几乎是最佳人选；可是，当时德俄政治关系又突然“裂了缝”，咱们的女数学家又成了无辜的牺牲品。总之，柯瓦列夫斯卡娅处处遭排挤，深感很难在祖国立足，至少当时的俄罗斯绝对不需要她这样的女数学家。这时，德国导师又伸出了援手，不但为她在柏林找到了便宜公寓，还正积极为她在全球相关大学谋求职位。

于是，1881年春天，柯瓦列夫斯卡娅带着刚出生不久的女儿来到柏林，一边与导师合作研究光折射问题，一边等待求职消息。等呀等，一年过去了没消息，两年过去了没消息；第三年时，终于等来了一个大消息，可那不是求职消息，而是一个晴天霹雳的噩耗：天啦，刚“下海”经商的丈夫竟因生意破产而自杀身亡！

顿时，她两眼发黑，两腿发软。肝肠寸断的她把自己锁在房间里，四天四夜不吃不喝，第五天终于昏死过去了。幸好，丧偶的打击并没打跨柯瓦列夫斯卡娅：第六天苏醒后，她又顽强地开始了数学研究，试图用数学演算来解除心中忧愁，用专心研究来摆脱心中悲痛。在当年8月底，在敖德萨举行的“第七届自然科学家大会”上，她发表了一篇重要学术论文，受到了一致好评。

经导师多年不懈努力，在克服了或明或暗的各种性别歧视后，1883年11月17日，斯德哥尔摩大学终于为柯瓦列夫斯卡娅，这位独身漂泊的女数学家敞开了大门，特聘她为无薪讲师！哇，一时间全城“炸锅”啦。妇女们欣喜若狂，把她当作妇女解放运动的英雄，当成科学的“公主”；许多媒体都争相报道：全瑞典第一位女教师上岗啦！崇尚男女平等的人们更是大肆渲染此事的重要历史意义，甚至认为这是“把科学从老牌大学的保守主义中解放出来”的标志性信号。当然，柯瓦列夫斯卡娅也并未让其支持者失望，她仅用了两周时间就学会了一口流利的瑞典语；一年后，被聘为数学力学教授；两年后，又被晋升为斯德哥尔摩大学终身教授，并担任了《数学学报》编委。她终于实现了自己多年的夙愿：说自己知道的话，干自己应干的事，做自己想做的人。

1886年，柯瓦列夫斯卡娅出席了“哥本哈根国际科学家代表大会”，并因此接触到了一个名叫“数学水妖”的重要难题，它被数学界公认为“100多年来悬而未决的世界难题”；实际上就是刚体绕定点的转动问题。于是，这位女数学家大显神威的机会终于来了，只见她双手合十、双目紧闭、口中念念有词，“天灵灵，地灵灵，数学水妖快显灵”；然后突然击掌，睁眼大叫一声：“定！”于是，1888年，38岁的柯瓦列夫斯卡娅神奇地逮住了这头“数学水妖”，解决了百年数学难题。被惊呆了的法国科学院，赶紧将博尔丹奖颁给了这位“花木兰”；整个欧洲科学界都为之轰动；德国导师魏教授更兴奋不已，盛赞女弟子送给了他晚年最大的快乐；至于巴黎的各大报纸嘛，那更是“你方唱罢他登场”，恨不能将最美的赞词都献给她。如此重大喜讯传回祖国后，1889年11月，俄罗斯科学院物理学部破例将“院士”头衔授予了她；从此，人类首位女院士便诞生了。但非常遗憾的是，即使取得了如此辉煌的成就，俄罗斯也始终未给自己的女儿提供一个科学家岗位。

正当柯瓦列夫斯卡娅克服世俗和学术双重困难，在事业上取得节节胜利时，病魔却无情夺走了她的生命；原来，她不幸患上了肺炎，于1891年2月10日上午在斯德哥尔摩去世，年仅41岁。

第九十九回

生物化学创始人，杀身成仁几成神

本回主角在其祖国几乎被供奉为“科学家之神”，是德国最知名的学者之一。这倒不仅是因为他获得过1902年诺贝尔化学奖并险些再次获得诺贝尔奖，实际上，他也是1914年诺贝尔生理学或医学奖的热门候选人；也不只是因为他培养的两个徒弟，分别于1930年和1950年获得过诺贝尔化学奖；仍不是因为他的一个徒孙又获得了1950年诺贝尔化学奖；更不是因为他比其导师贝耶尔教授还早3年获得诺贝尔化学奖；反正，绝非仅仅因为他们师徒四代，竟有5人连续获得过诺贝尔奖，简直就像诺贝尔颁奖台上的“钉子户”。他是生物化学的创始人，其成果为现代蛋白质和核酸研究奠定了重要基础。他终生致力于探索与生命相关的有机化合物。比如，他发现了苯肼，合成了多种糖类，搞清了葡萄糖的结构，总结了糖类普遍具有的立体异构现象，确定了咖啡因、茶碱、尿酸等嘌呤衍生物，合成了嘌呤等。更难能可贵的是，他最辉煌的成就竟是在获得诺贝尔奖后才取得的；换句话说，其他科学家趋之若鹜的诺贝尔奖，对他来说，绝非“船到码头，车到站”，而是继续前进的动力。此外，他还是德国化工界元勋，更是卓越的科学组织者；这也是德国人民怀念他的另一重要原因。

不过，要想给他写科学家传记其实很困难，甚至连介绍他的名字都不易。他本名为Hermann Emil Fischer，在早年的纸质书上，大都将他名字译为赫尔曼·埃米尔·费雪；可最近在网上，他的名字又被译为赫尔曼·埃米尔·费歇尔；更麻烦的是，他培养了一位徒弟Fischer，也在网上被简称为费歇尔，且也是诺贝尔化学奖的获得者；更诡异的是，他们师徒俩竟然也都因自杀而身亡；因此，若笼统称呼本回主角为费歇尔，那就很容易混淆这两位伟大的“费歇尔”。经再三权衡，本书采用早期译法，将主角称为费雪；但必须指出的是，如今在化学领域中，仍被广泛使用的以费歇尔命名的许多成果，其实是指本回的费雪，比如费歇尔吲哚合成、费歇尔投影式、费歇尔恶唑合成、费歇尔肽合成等。

伙计，抱歉，我们也与您一样，每当手捧化学书时，简直就羞为文盲；因为，哪怕是高水平的文学家，面对化学专业术语中的许多汉字，也只能大眼瞪小眼，更甭想精准掌握其科学内容了。不过幸好，本书的宗旨是帮助读者成为科学家，而非认识更多的生僻汉字，特别是那些连普通字典里都找不到的汉字。反正，您只需相信费雪很厉害就行了，比如他发现了安眠药、生产了人造奶油、首次合成了核酸化合物等。至于他是如何变成这么厉害的，那就请继续往下读吧。

那是咸丰二年，“含着金钥匙”的费雪急匆匆奔驰在虚空中；左挑挑右选选，一直犹豫着：像自己这样的绝世天才，到底该投胎到哪家呢？突然，德国科隆市的一个大户人家引起了他的兴趣，“好，就是它了！”说时迟那时快，只见他瞬间化成一道闪电，“唰”的一下便降生到了人间；再看那日历时，刚好是1852年10月9日。一阵窃喜从费雪心中喷薄而出：老爸虽没文化，但很富有，不但经营着葡萄酒等众多酒类生意，还开办了毛纺厂、钢管厂、啤酒厂、玻璃厂等数家工厂，更拥有若干矿山的股权，反正，家里除了有钱还是有钱；妈妈也出身豪门世家，拥有良好的基因。此外，费雪还是家中老幺，上有5个姐姐；更重要的是，他这个独儿兼幺儿还特来之不易，因为，他本有两哥哥，但却都不幸夭折。总之，无论从哪方面看，他都“集万千宠爱于一身”；在全家眼里，他要多宝贝就有多宝贝，“捧在手里怕摔了，含在嘴里怕化了”。

幼时的费雪，虽未被全家宠坏，但也没啥特别之处，只是平平淡淡、按部就班地完成了学业：5岁开始读书，先跟家庭教师学习了3年，又到公立小学读了4年；13岁进入韦兹拉中学，两年后转到波恩中学。其实，我们随后将发现，费雪一生都很喜欢“跳槽”，无论是读书还是就业，这也许是因他忒有主见或忒挑剔吧。17岁时，他以第一名的成绩从中学毕业。至此，费雪的人生故事才真正开始。

首先，摆在费雪和他老爸面前的第一道难题是读不读大学？这当然不是交不起学费的问题，而是老爸生意太好，家中又只有一根儿“独苗”，今后谁来继承庞大的家业？

其实，最为纠结的是他老爸。因为，若仅考虑当前的生意，他恨不能立马让儿子接班，毕竟企业经营有许多技巧，需要手把手带儿子实习数年。但是，若从专业知识角度看，老爸又希望儿子能读个大学，掌握尽可能多的化学知识，以使家族产业能有足够的后劲，能长期持续发展。因为，无论是家族的毛纺厂还是染坊等都急需众多化学知识；老爸自己虽赤膊上阵恶补过许多化学知识，但总不如家里有个化学家来得更爽；而且，由于缺乏必要的化学知识，老爸曾吃过不少苦头。

费雪自己也很矛盾。一方面，他非常盼望去大学攻读化学专业，并成为著名化学家，尽管他的最初爱好其实是物理，但他从小就受老爸熏陶，知道化学很重要，更知道老爸很崇尚化学；但另一方面，他也不希望老爸千辛万苦打下的基业毁在自己手上：自己能经营好这么庞大的企业集团吗？自己真愿当企业家吗？唉，要是有哥哥或弟弟，要是有他人来分担一些家族责任就好了！

经过一通叽里呱啦的深入讨论，父子俩终于拿出了折中方案：费雪以病假之名，在家休学；期间，全职进入家族集团的木材厂实习，然后再“骑驴看唱本”，走一步看一步。两年后，费雪的实习成绩出来了，答案是不及格，他压根儿就不是企业家的材料！原来，若在生产一线吧，他总是毛手毛脚，不是丢三就是落四；在市场谈判吧，又放不下脸面来讨价还价；在企业管理方面吧，完全缺乏员工激励意识，甚至连一本收支账目都记得一塌糊涂；至于企业经营的战略战术嘛，那就更是从来没想过。更糟糕的是，这小子的心思全然不在企业经营上，竟在厂里偷偷自建了一个化学实验室，还时不时制造一些安全隐患。至此，老爸只好认命，将儿子送入波恩大学化学系；费雪也从此下定决心，终生献给化学事业。

费雪在波恩大学也只待了区区一年，并非因为该大学的师资不强，其实当时全球最著名的化学家之一凯库勒就是费雪的老师，而且凯库勒的讲课水平奇高，给费雪留下了深刻印象；但是，过于挑剔的费雪却认为该校的化学实验室太简陋，甚至连天平都不准，其他设备更破旧。于是，他“屁股一拍”，转学到了设备精良的斯特拉斯堡大学，并师从当时另一位全球著名化学贝耶尔。如果回放历史，那么费雪当年的决定还真没错，因为他太“知己”了，知道自己的长项在动手能力，而对创立化学理论既没本事也没兴趣。所以，他咬定“若要学习化学就必须做实验，只有掌握了高超的实验技巧，才能成为杰出化学家”，这一观点几乎贯穿他终生，故他一直致力于发现和阐明新的实验事实，依靠坚忍不拔的毅力和出类拔萃的技巧，开辟有机化学新领域。

果然，在更擅长于化学实验的贝耶尔教授指导下，费雪不仅全面掌握了化学基础知识，还得到了实验技巧的严格训练，仅用3年时间就闪电般地于1874年获得了博士学位；从而成为该校建校200多年来最年轻的博士，年仅22岁。从此，“最年轻的博士”就成了费雪在亲朋好友口中的代名词。

以优异成绩毕业后，费雪便留在斯特拉斯堡大学担任贝耶尔的助手。他很快就发现了苯肼，为今后研究糖类打下了坚实基础。仅仅一年后，费雪又于1875年，陪贝耶尔一起跳槽到慕尼黑大学，继续担任导师的助教。其实，此时还发生了另一个有趣的故事。原来，由于费雪年轻有为，多所大学都争相聘他去当教授，但有主见、不差钱的费雪却出人意料地甘愿跟随导师，只当一个小小助教；因为他认为，贝耶尔是难得的好老师，在其身旁能学到更多东西。后来的事实表明，费雪的这一“荒唐”选择又对了。因为，他在慕尼黑大学的头三年并无教学任务，故可专心搞科研，并在贝耶尔的指导下聚焦苯肼。果然，他很快就搞清了苯肼的构造，合成了吲哚，并顺势制成了第一种合成退热剂（安替比林），从而大大刺激了合成药物工业的发展。于是，慕尼黑大学赶紧于1878年任命他为讲师；紧接着，第二年又升他为副教授；此时，费雪才不满27岁。为此，他父亲甚感骄傲和自豪，于是大笔一挥就给慕尼黑大学捐赠了巨额资金，用于改良化学实验室，也使得儿子能专心学术研究，不为金钱发愁。对了，费雪不仅科研做得好，教学也很好，深受学生欢迎哟。

费雪虽然经常跳槽，但其实也很挑剔。比如，1879年，他拒绝了来自亚琛工业大学化学系主任之职的聘请；1880年，阿亨大学欲高薪聘他为化学教授，也被断然拒绝，因为他嫌该校学术气氛不佳，实验条件太差。可仅仅两年后，费雪又主动跳槽到爱尔兰根大学任教授，开始研究嘌呤，并又获得了重大成果。1883年，德国一家著名公司欲以10万马克年薪的“天价”聘他为研究部主任；结果，他又嫌这个职位不自由，因为他认为：自由极为宝贵，决不能用自由来换取财富、金钱或权力等。但是，伙计，别误会，费雪绝非“象牙塔型”的科学家哟，他随时都与化工界保持密切联系，与许多大老板都是亲密朋友；他的实验室也不断为工业界培养和输送大批应用型人才；他的许多成果都极具实用价值，甚至据说，从他实验室里随便拿出一个方案就可开办一座大工厂。实际上，费雪的一生，对德国化工产生了难以替代的重大影响；对增强德国综合实力发挥了不小作用。

1887年左右，费雪得了重病，不得不休养一年，而病因竟是爱尔兰根大学化学实验室的通风不畅，致使实验入了迷的他在不知不觉中吸入大量苯肼，造成严重中毒。此消息一出，哇，前往“挖墙脚”者络绎不绝，甚至连苏黎世联邦工业大学这样的顶级大学也都三番五次派来“说客”，可仍被费雪婉言谢绝，并声称自己的健康状况不能胜任繁重的教学任务。其实，苏黎世工大等虽有诚意，但只“知己”而不“知彼”，并未认真分析此时费雪的真实需求。你看，随后的维茨堡大学就找准了费雪的“痛点”，只见他们赶紧翻修了实验楼、安装了通风设施，还许诺专门为费雪修建实验大楼并配备最好的设备和最健康的实验环境；于是，维茨堡大学不费吹灰之力就于1888年将费雪“挖”到了手。后来的事实表明，维茨堡大学这次确实“挖”到了一个大宝贝，因为，费雪正是在这里，在糖类和嘌呤类化合物研究中取得了突破性成就，确定了许多糖类的构型、探明了单糖类的本性及其相互关系，并因此而获得了诺贝尔化学奖。

更为重要的是，也是在1888年这一年，本来已下定决心终身不娶的费雪竟也“挖”到了自己美丽而善良的媳妇；婚后，夫妇生有三子，其中，长子继承了父业，也成为著名化学家。据费雪自己说，在维尔茨堡大学的日子里是他一生中最快乐的时光；这自然与“成家”的喜悦密不可分，但更高兴的是，“成家”还促进了他的“立业”。比如，他喜欢与妻子去附近的黑森林散步，并顺便对沿路生长的地衣进行了研究，然后提出了有机化学中描述立体构型的重要方法，即如今所称的“费歇尔投影式”。

1892年，天上突然掉下了一个“大馅饼”：德国最有声望的柏林大学化学教授兼系主任的职位空缺，最佳人选贝耶尔教授不想“挪窝”，次佳人选凯库勒教授又年事已高，于是，排名第三的费雪就成了柏林大学的主要“猎取”对象。去，还是不去？这是一个问题！若是在早先的光棍年间，“跳槽成性”的他肯定会毫不犹豫地飞奔而去，可如今已拖家带口，自然不能太任性；而且当前的维茨堡大学环境也很好，工作也很顺心。咋办呢？于是，家庭会议便隆重开幕了：父母举双手赞成“跳槽”，媳妇赶紧拍公婆马屁；本来就想“跳槽”的费雪，在一番假惺惺的犹豫后便连滚带爬赶往柏林大学报到。况且柏林大学也承诺立即为他修建新的化学实验楼，还给他提供了可观的研究经费和一大批优秀学生。不过，从此以后，费雪就再也未跳过槽了；因为，他已跳入了最高学府，再也没地儿可跳了。这一年费雪40岁，他一方面继续研究糖类和嘌呤；另一方面，又开始转向了新的研究领域——蛋白质和酶化学，从而奠定了现代生物化学的基础。

“柏林大学化学教授”这个最高职务，既给费雪带来了许多责任和义务，更使他有机会展现卓越的组织才华。果然，在他精心策划和推动下，整个德国化学界“人欢马叫”，各方业绩突飞猛进：学术成就硕果累累，优秀人才层出不穷，教学质量节节提高，产业推广轰轰烈烈，国际地位异常显赫。总之，官、产、学、研、用等生态链越来越完美，人人高兴，个个满意。为此，他8次担任德国化学会副主席，4次连任德国化学会主席，还被选为普鲁士科学院院士；又被剑桥大学、曼彻斯特大学和布鲁塞尔大学等著名大学授予荣誉博士学位；再获得了“普鲁士秩序勋章”和“马克西米利安艺术和科学勋章”等崇高荣誉。1902年，50岁的费雪因研究嘌呤和糖类的卓越成就获得了“诺贝尔化学奖”，并被后人称为“糖化学之父”。此外，为了让那些特别有科研才能，却又不擅长教学的“书呆子天才”们充分发挥优势，费雪还利用自己的影响，四处奔走呼号，努力筹建国立研究机构。

终于，1910年，威廉皇帝科学促进会成立；1912年，威廉皇帝化学研究所和物理化学与电化学研究所落成，此举对德国后来的科研产生了重大而深远的影响。

即使获得了诺贝尔奖，即使担任了很高的社会职务，但费雪的科研工作却一刻也未曾停止过，他甚至瞄准了更难的课题，即对氨基酸、多肽及蛋白质进行研究。须知，蛋白质的结构非常复杂，一个分子里往往就有数千原子。经十余年的不懈努力，费雪终于发现：自然界中虽有几十万种蛋白质，但它们都是由20种氨基酸以不同数量比例和排列方式结合而成的。他进一步发现，将氨基酸合成后，首先得到的不是蛋白质，而是多肽类化合物；并据此提出了“蛋白质的多肽结构学说”，甚至成功制取了由18种氨基酸分子组成的多肽。这些成果，不但成为当时的轰动性新闻，还差一点又让他第二次获得诺贝尔奖。

综上所述，从事业角度看，费雪是成功的，他不但为其祖国做出了不可替代的重大贡献，也为化学的发展立了大功；但是，若从个人生活角度看，费雪又是不幸的：本来好不容易才修得的一桩美满姻缘，却只持续了短短7年；因为，1895年，费雪的如意媳妇竟因区区中耳炎而并发脑炎去世。若说中年丧妻还不够惨的话，那晚年丧子、白发人送黑发人就惨不可言了；而且，费雪丧失的还不止一个儿子，而是在连续两年中丧失了两个！原来，在1914年爆发的第一次世界大战中，他的次子因承受不了严格的征兵军事训练而精神分裂，并于1916年11月自杀身亡；三子以军医身份在罗马尼亚前线作战时，死于斑疹伤寒。亲人们纷纷离世的打击之后，接踵而至的便是自身健康的每况愈下。由于费雪长年接触苯肼等有害化学品，严重损害了身体健康：肺炎、喉炎、支气管炎，能发炎处皆发炎；头痛、胃痛、四肢痛，能痛之处全都痛。此外，还有什么失眠呀，消化不良呀等，反正，几乎所有病魔都不请自到，扎堆前来折磨这位伟大的化学家。1918年，第一次世界大战结束，德国惨败；费雪的研究工作虽逐步恢复，但他的身体已开始迅速衰竭，他的精神陷入深度抑郁之中，常常悲叹：苍天啊，为何最爱的人却害我最深！

1919年7月初，费雪被确诊为肠癌，手术和药物都已无力回天；深知命不久矣的费雪，于1919年7月15日，在柏林的寓所里服下氢氰酸，自杀身亡！享年67岁。

“杀身成仁”的费雪还做了一件可歌可泣的事情：他在临终前，仍念念不忘化学事业，吩咐后人将巨额遗产75万马克献给德国科学院，作为科研基金供年轻化学家使用，鼓励他们探索化学奥秘。此举的胸怀虽比不过当年的诺贝尔，但也增添了德国人民对他的感激，这也是他被祖国几乎供奉为“科学之神”的另一重要原因吧。

第一百回

物理世家名声响，恁打正着得诺奖

本回男一号名叫贝克勒尔，全名安东尼·亨利·贝克勒尔。老实说，他本人作为一名物理学家，肯定不是最厉害的，虽然他确实于1903年获得过“诺贝尔物理学奖”，而且还是发现天然放射性的第一人。其实，即使是在诺贝尔奖得主中，他也算不上最强，甚至还有人对其获奖表示不服，认为那只不过是“瞎猫碰到死老鼠”。但是，作为物理世家，在过去几千年可能没人能出其右；因为，他的家族竟连续四代都出过杰出物理学家。甚至，他家“称霸”法国物理界近百年，即从1828年到1908年的80年间，在法国科学院的院士中，随时都至少有一个甚至多个院士出自他家！而且，更神奇的是，他家的物理研究还始终都一以贯通，下一辈几乎都会继承上一辈的成果并接力向前推进；甚至，他们的“饭碗”都是同一个，即世袭法国自然博物馆物理学教授之职。

该物理世家，偶然发迹于贝克勒尔的爷爷。其实，爷爷当年生于官宦之家，与物理压根儿不搭杠；爷爷本人也是行武出生，作为一名上尉，多次在法国侵略西班牙的战争中负伤，直到1815年拿破仑彻底失败后，才弃武从学，全身心投入科研，还仅凭肚里那几滴“大老粗墨水”于1829年当选为法国科学院院士；甚至于1837年，获伦敦皇家学会科普利奖，该奖可是法国科学界当时的最高奖哟！1838年，爷爷担任了新设立的法国自然博物馆物理学教授，后又升为馆长。爷爷的科研成果相当厉害，比如，他发现了温度的电学测量原理，发现了无中心对称晶体的压电效应，成功合成了多种结晶体，奠定了从海水中提取氯化钾的工业基础等。爷爷还与当时的许多物理学巨擘，比如安培和法拉第等，都保持着长期密切的学术联系，甚至干脆就是科研合作伙伴；当然，贝克勒尔的爸爸更是爷爷的主要合作者。最为重要的是，爷爷还开辟了一个名叫“磷光现象”的祖传科研领域，爸爸继承了该领域，贝克勒尔自己则更是尝尽了该领域的甜头，并因此发现了后来获诺贝尔奖的天然放射性。

爸爸是爷爷的次子，第一份职业就是当爷爷的助手，随后分别在巴黎大学等多所大学任教；再后来，便接了爷爷的班，成为法国自然博物馆物理学教授兼馆长。爸爸于1840年获巴黎大学博士学位；1863年，当选为法国科学院院士。爸爸的科研成果也很厉害，比如，他首次拍摄了太阳光谱照片；修正了法拉第的电解定律；证明了电流通过液体和固体时，焦耳定律均成立等。爸爸最重要的成就是在其祖传的“磷光现象”研究中，甚至整个19世纪中期，爸爸一人垄断了该领域的几乎所有重要发现。在此，特别需要提醒的是，爸爸证明了“铀盐能发异样磷光”；换

句话说，爸爸接触并使用过铀盐。而后来的事实表明，爸爸还真遗留了一些铀盐；否则，人类有关天然放射性的历史可能会被重新改写。

贝克勒尔的儿子，在第一次世界大战后也成了院士；抱歉，时序反了，在夸奖贝克勒尔的儿子前，还是让贝克勒尔自己先出生吧。

话说，1852年12月15日，贝克勒尔在巴黎出生后睁眼一看，“天，老爸已是物理学教授了！”生在如此书香门第，压力好大哟，简直时不我待呀！于是，他摇身一变，就立马长大成人了。

此举好生意外，害得为他撰写科学家传记的我们，也不得不连滚带爬，忙不迭地跟在他屁股后面，挂一漏万地记录下了他的如下人生轨迹：儿童期，免了；小学情况，省了，反正知道他接受过良好的早期教育就行了；至于中学过程嘛，别磨蹭了，赶紧跳过吧，否则来不及了！终于，一番囫囵吞枣，总算在这小子上大学前跟上了他的步伐。20岁那年，他进入了巴黎综合技术学校，结果却又像变魔术一样，突然一闪身，竟从另一所学校——公路桥梁学校毕业，还获得了工程师职位。22岁时，他又进入登塞特夏萨斯地方政府，当了一个小公务员，还娶回了另一个院士的闺女，并为其家族生下了成为第四代院士级物理学家的儿子；后来，又像他爹那样，前往他爷爷开创的法国自然博物馆，在他那馆长爸爸的领导下，当了一位助理馆员。虽然该馆将是他今后成就事业的根据地，但这次却只是蜻蜓点水；因为，仅仅一年后，25岁的他又再度莫名穿越到另一机构从事桥梁和道路管理工作；可哪知，26岁时，他又杀了个回马枪，再返法国自然博物馆，并担任了助教，还继承了他爹在巴黎国立工艺学院的应用物理学讲座席位；同一年，他爷爷和他的发妻竟先后去世。

就在笔者仍晕头转向没摸着头脑时，他竟然又于1888年获得了巴黎大学博士学位，并一鼓作气于次年成为法国科学院院士，还担任了科学院终身秘书，时年他刚37岁。伙计，抱歉，这家伙的“魔术”还没完呢，因为，38岁时，他续娶了第二任妻子；40岁时，升为巴黎博物院应用物理学教授；42岁时，被任命为桥梁和公路局总工程师；43岁时，又成为巴黎综合技术学校教授，等等。

停，停，停！这回笔者必须强行叫停了，必须将时间冻结在1895年，因为，贝克勒尔的精彩篇章即将在次年上演。所以，我们必须在此对他的前半生特别是其科研方面给出一个小结；虽然与他随后即将出现的成果相比，这些东西都显得微不足道，但毕竟在介绍吃饱时的“第三个包子”前，也不该完全忽略他前面所吃的那“两个包子”，况且，它们还分别是教授级和院士级“包子”呢。实际上，贝克勒尔的第一个“包子”是在1883年前“吃”下的，他由此获得了博士学位和教授职称等。具体说来，此间他主要研究法拉第效应，特别是磁场将如何引起平面偏振光的转动、红外线和晶体将如何影响光的吸收等。贝克勒尔的第二个“包子”是在1895年前“吃”完的，他由此被选为院士。特别需要指出的是，他这第二个“包子”更重要，由20多篇论文组成，其中大多数都属于“祖传”科研领域，即“磷光现象”研究；它与随后的“第三个包子”天然放射性密切相关。

好了，伙计，请注意！现在是1896年，44岁的贝克勒尔马上就要开始吃“第三个包子”了！我们将以超级慢动作来回放该精彩好戏。

首先，这“第三个包子”的灵感来自哪呢？嘿嘿，当然是伦琴嘛！原来，1896年元旦，伦琴偶然发现X射线的重磅消息传到巴黎，立即引起轰动：物理学家们，赶紧奔回实验室，立即重复伦琴的实验并验证其真伪；其他科学家也不肯闲着，茶余饭后只要有机会就四处宣传和谈论“伦琴放射性”这一诡异现象。于是，1896年1月20日，在法国科学院的例行学术进展通报会上，著名数学家彭加勒报告了伦琴的这一重大发现，并展示了伦琴的来信和其X光照片。恰巧，贝克勒尔刚好在场，他赶紧请教彭教授，寻问X射线是咋产生的。数学家彭教授当然不知细节，只大概道：似乎是从真空管阴极处激发荧光的地方产生的，可能与荧光有关吧。接着，彭教授半开玩笑，冲贝克勒尔说：“你这个祖传磷光专家，何不试试，看看磷光是否也会伴有X射线呢？”

说者无心，听者有意。彭教授的话还没说完，贝克勒尔撒腿就跑回实验室，立即开始试验各种磷光和荧光物质，看看它们能否真会辐射出一种看不见却能穿透厚纸并使照相底片感光的射线。试呀试呀，萤石试过了，失败了；闪锌矿试过了，也失败了；自己能找到的其他磷光材料也都试过了，仍都失败了。正当山重水复疑无路时，哈哈，却突然柳暗花明又一村，贝克勒尔还真找到了这样一种物质，它就是约15年前老爸做磷光实验时剩下的铀盐；因为，贝克勒尔发现，哪怕是用厚黑纸将感光底片包严，但若将铀盐放在厚黑纸包上，再在太阳下晒它几小时，那么感光底片就会被感光并显示黑影；此实验多次重复后，结果都一样。为使实验更严谨，避免其感光黑影来自某种热效应或化学作用，贝克勒尔又做了几次巧妙的排他性实验：首先，在太阳下暴晒那个被厚黑纸裹好的感光底片，结果未被感光，故排除了热效应；其次，采取非接触方式，比如用玻璃板将它们隔开，将铀盐和那个厚黑纸包同时暴晒，结果仍被感光，故排除了化学作用引起感光的可能。

如果故事至此结束，那就没啥精彩了；因为这只不过是用另一种方法重复了伦琴的实验而已。但是，紧接着，高潮来了！

原来，贝克勒尔本想继续其他几种排他性实验，但连遭数日阴雨；既然没太阳可晒，便只好将那厚黑纸包扔在抽屉里不管。闲得无聊的贝克勒尔，突然在冥冥之中来了灵感，他想试试：若不晒太阳，那铀盐能否也使厚黑纸包中的感光底片显影呢？不试不知道，一试吓一跳！妈呀，底片也被感光啦！这当然是铀盐在作怪！而且，贝克勒尔还进一步发现，纯铀金属板也能产生这种效果。面对这突如其来的现象，祖传磷光专家贝克勒尔终于顿悟了：天啦，铀元素竟能自身发出某种射线；它不是磷光，也不是荧光，根本不需要外部光的激发。于是，他将这种新发现的射线称为铀辐射，它完全不同于X射线；实际上，虽然铀辐射和X射线都有很强的穿透力，但前者是自发的，后者则需要激发。

1896年5月18日，贝克勒尔在法国科学院公布了他的重要发现：铀辐射是原子自身的作用，只要有铀元素存在，就会不断发生这种辐射。后来，居里夫妇将这种天然辐射称为物质的放射性，即今天所称的天然放射性。至此，天然放射性就这样被偶然发现了。该发现虽未像伦琴发现X射那样引起全球轰动，但其意义却相当深远，甚至是划时代的重大发现。比如，它标志着人类开始进入了原子时代；它打开了微观世界的大门，为核物理学和粒子物理学的诞生奠定了第一块基石。贝克勒尔也因此于1903年，与居里夫妇一起分享了当年的“诺贝尔物理学奖”。

伙计，别急，故事还没完哟！因为，从古至今，许多人都对贝克勒尔的这一发现表示不服，认为它实在太偶然，没啥难度。其理由是，若没彭教授的通风报告会，若无彭教授的那句玩笑对白，若没把铀盐当作试验对象，若未遇连续数天的阴雨，若那个厚黑纸包未与铀盐一起被扔在抽屉里，若贝克勒尔不曾无聊地查看那未被暴晒的底片，那么，也许天然放射性就不会被发现。总之，言外之意无非是，贝克勒尔只不过是被好运“撞了一下腰”。

本回无意对这种“不服”表示任何态度，但必须指出的是，长期以来国人对科学、科学研究和科研成果等都产生了很多误会，此处刚好以贝克勒尔为例来纠

正一下视听，希望有助于那些今后试图成为科学家的读者朋友。

科学是这样一种学问，它意在探索大自然的普遍运行规律；科学是人类探索、研究、感悟宇宙万物变化规律的知识体系的总称。科学是这样一种有序的知识系统，它能对客观事物的形式、组织等给出可检验的解释或预测。科学的专业从业者，就是科学家。对照贝克勒尔的具体情况来说，他显然发现了一个可重复检验的重要规律，即有些物质（比如铀等）具有天然放射性；虽然他未能立即对该规律给出完美的解释或预测，但他的后半生几乎完全奉献给了这样的努力之中，比如他随后发现铀辐射可使气体电离等。

科学研究，是指为认识“客观事物的内在本质和运动规律”而进行的调查研究、实验、思索、试制等活动；它为创造发明等提供理论依据。科学研究的基本任务就是探索未知、认识未知。虽然我们不想呆板地纠结于任何形式的定义，但有这么一个定义，它说：“科学研究是指，为增进知识及利用知识去发明新的技术而进行的系统性创造工作。”实际上，第一方面，该定义很容易混淆科学的真正目的，因为，从任何个人角度来看，“增进知识”和“利用知识”中的“知识”都很容易被误解为人类的“已有知识”；而真正的顶级科学研究，应该是探索未知、认识未知。第二方面，“科学研究”不该受制于“发明”或“技术”等；甚至，在做前沿科学研究时，根本不必考虑随后的发明或技术，否则，就很难有真正伟大的科学发现。第三方面，对真正前沿的引领性科学研究，根本不该有“系统性”的过分要求，哪怕是零星片断的发现，其实已相当不易了！总之，若受限于该定义，那么，要想培养出世界一流科学家，可能还真是遥遥无期。

此外，由媒体宣传等所造成的民间“误会”也很多。比如，一提到科学研究，许多人就会立即联想到：解决了前人提出的啥难题，不吃不睡干了多久，用掉了几麻袋稿纸，论文有多难懂，理论水平有多高等。若按这样的观念去衡量贝克勒尔，那他当然就不足挂齿了；毕竟，任何人，只要不是盲人，只要在同等情况下，那他都可轻松发现当年贝克勒尔所发现的现象！我们绝不敢否认贝克勒尔的偶然性，但请仔细想想，若无祖孙三代对“磷光现象”的不懈研究，别人对感光现象会如此敏感吗？若无上辈遗留的铀，别人能拿铀去当实验对象吗？即使是物理学家，又有几位曾接触或使用过铀呢？除了铀之外，具有天然放射性的物质又有多少呢？特别是在当时检测手段较落后的前提下，即使碰到放射性较弱的某种物质也很难检测出感光效应吧。总之，就算他的发现是一个偶然，那也是伟大的偶然；

各位与其花精力去“不服”贝克勒尔，还不如睁大眼睛、竖起耳朵、调动一切感知能力，随时关注身边事物，没准哪天您也会“捡个大漏”呢！

关于“科研成果”，一些机构和个人的理解与判断，可能都是有问题的；若此种情况不大加改善的话，也许将永远只能产出二流“科研成果”。比如，仍以贝克勒尔的这项“科研成果”为例，显然，它需要的不是什么“评审或鉴定”，而只需其他人能重现就行；不必在意它是“脑力”或“体力”的结果，而只需它是发现了某种新规律就行；不必限定它一定要在某个“学科内”，而只要它是在宇宙中就行；最关键的是，不必在意它是否具有“学术意义”或“实用价值”，否则像贝克勒尔这样的成果，可能就会被立即“枪毙”。

伙计，千万别误以为我们是在钻牛角尖，是在对“科学”“科学研究”和“科学成果”等观念进行无聊的争辩；实际上，观念非常重要；甚至连爱因斯坦都承认，“不改变制造问题的那些观念，就无法解决问题！”换句话说，若不改变“钱学森之问”的那些观念，可能就出不了一流科学家。

在成功发现了铀辐射后，贝克勒尔并未罢休，而是全力以赴展开了更深、更细致的研究，一直到去世为止。比如，截至1899年，他发现铀辐射的强度会不断减弱，且其弱化过程很有规律：先是连续6天，然后是连续15天，接着便是2个月，再就是8个月不断衰减，最后是连续3年不减弱。这就激发了后人对放射性衰变规律的进一步研究。截至1901年，他发现：铀辐射强度与温度无关，无论是在液氮的低温或100摄氏度的高温下，辐射强度都不会变化。1902年左右，他又获得了重大发现，即一种元素通过放射性可能变为另一元素。

贝克勒尔还有一个最值得全人类敬仰的事迹，那就是大约从1902年起，随着放射性物质纯度的不断提高，人们注意到了辐射对皮肤的伤害。为确定这种伤害到底有多大，贝克勒尔竟拿自己的身体做实验！比如，他将装有放射物质的玻璃瓶随身携带：先是携带6小时，结果10天后发现皮肤出现红斑，跟着便脱皮和溃烂；然后，他又携带40小时，结果就出现了更为严重的色素沉积等。

由于长期暴露在射线中且毫无防护措施，所以贝克勒尔的健康受到了严重损害：刚过知天命之年，便浑身瘫软，头发脱落，手上皮肤更像烫伤一样疼痛。终于，1908年8月25日，贝克勒尔不幸逝世于法国西海岸，年仅56岁。从表面上看，喜欢爬山和游泳的他好像死于度假时的心脏病突发；实际上，他是被放射性夺走生

命的第一位科学家。

为纪念其杰出贡献，后人将放射性物质的射线称为贝克勒尔射线；将放射性活度的国际单位称为贝克勒尔，表示为Bq，比如，若放射性元素每秒有一个原子发生衰变，则其活度即为1Bq。

第一百〇一回

穆瓦桑磨金刚钻，电解仪擒单质氟

伙计，提起氟，你肯定不陌生；因为，你家空调若不制冷，那首先要做的事情也许就是加氟。但是，许多人可能并不知道，氟其实是一个“网红”元素，它的故事太多。

首先，千万别被它那妖艳的淡黄之美所迷惑，无论处于气体或液体状态时，它都是著名的“死亡元素”，不但剧毒，还有很强的腐蚀性，且化学性质极为活泼，是氧化性最强的物质之一，甚至有时还能与惰性气体发生反应；换句话说，它随时都隐藏在各种氟化物中，很难见其庐山真面目。此外，氟的脾气还忒大，动不动就爆炸，哪怕是在零下250摄氏度的低温黑暗处也能与氢发生爆炸性化合；她与绝大多数有机化合物反应时，都会爆炸。

其次，它是自然界分布最广的元素之一，在所有元素中，氟在地壳中的存量排序竟是第13位。自然界中，氟主要以萤石、冰晶石及氟磷灰石等形式存在；甚至在你我身体中，在正常情况下，也含有2～3克氟，主要分布在骨骼、牙齿和血液中。单质氟或氟化物，比如氟化氢等，对眼鼻都有强烈刺激，对人体非常有害，若吸入哪怕不足150毫克也能引发一系列病痛；若吸入更多，就会急性中毒，出现厌食、恶心、腹痛、胃溃疡、气管炎、肺水肿等病症，甚至死亡。若经常接触氟化物，则骨骼就会变硬变脆，牙齿也会脆裂断落等。

第三，氟的行踪很诡异，一点也不亚于孙悟空痛打的那位白骨精：早在1774年，瑞典化学家舍勒就嗅到了它的“妖气”，并于1789年猜测了它的“妖性”，即可能与盐酸酸根相似。于是，从1813年开始，人类就一直致力于将它打回原形——提炼出单质氟。首先跳上擂台的是“超级选手”英国化学家戴维，结果只感到阵阵阴风，不但连它影子都没看见，而且自己还中毒受伤。1819年，另一名“超级选手”法国化学家吕萨克再登擂台，结果却被它略施小计，化作一股青烟就溜掉了；而吕萨克自己却差点送了性命。1836年，两位“银牌级选手”爱尔兰科学家诺克斯兄弟俩，试图对它围攻夹击，结果却遭惨败：哥哥中毒身亡，弟弟勉强捡回半条性命。此外，两位“金牌级选手”弗累密和哥尔也分别于1850年和1869年被它打得“鼻青脸肿”，纷纷连滚带爬四处逃散；不过，弗累密却暗中拽下了那妖精的一根“魔发”，并借此让其徒弟（即本回主角）在16年后终于为自己报了这一败之仇。至于被它弹指间灭杀并最终丧命的“铜牌级选手”，那就更多了，包括比利时化学家鲁那特和法国化学家危克雷等。反正，那“白骨精”已在“擂台”上傲然屹立了近百年，却只给化学家们留下了无尽的不服和悲叹。也不知咋的，此事被传到了凌霄宝殿，玉皇大帝勃然大怒："太上老君听令，命你速派一徒儿，带着顶级炼丹炉去人间走一遭，把那单质氟给提炼出来！"

于是，"嗖"的一声，亨利·穆瓦桑就于1852年12月28日投胎到了法国巴黎的一间破房里。可因走得太急，穆瓦桑竟慌不择路降生在了一个穷人家，于是，只好暂时收起"太上老君的炼丹炉"，先解决生存问题。实际上，小穆的母亲是犹太人；父亲是一位铁路工，其微薄的收入只能勉强维持最低生活，哪有"余粮"供子女读书嘛！即使是"散养"，孩子们的日子也不好过，只能饥一顿饱一顿地硬撑着。穆瓦桑10岁那年，全家被迫迁往塞纳省的一个小村镇；后来，小穆出息后，人们才把该小镇改名为如今的穆瓦桑镇。

穆瓦桑12岁时，父亲终于勒紧裤带"挤"出了几两散碎银子，总算把穆瓦桑送进了小学。虽然买不起课本和文具，虽然只能吃糠咽菜，虽然放学后还得赶紧回家帮父母做些力所能及的家务，但是这一切都没影响穆瓦桑的学习成绩，每次考试他都得第一，深受老师和同学的喜爱。少年穆瓦桑聪明而勤奋，他最喜欢化学，总是如饥似渴地阅读借来的各种化学书，同时还亲自动手做实验。

很快父亲就发现，自己确实供不起儿子读书；于是，"学霸"穆瓦桑只好中途辍学，前往巴黎当了一名药店学徒。为啥要去药店呢？因为，当时的药店其实就是一个小型的化学实验室；小穆在这里，不但可以基本解决"温饱问题"，还能学到自己喜欢的化学知识，并一边炮制药物一边进行各种化学实验。果然，穆瓦桑在药店里表现很好，分内的事情，竭尽全力，一丝不苟；分外的事情，只要能做，都绝不推诿，既认真又负责。面对诸如研制化学药物新配方等"高端事项"，他不怕困难，广泛查阅各种文献，广泛请教同事朋友；面对诸如研磨药物的粗活，他也不怕脏不怕累。只要有时间，他就认真读书，读任何能借来的书；平常他尽量待在药店里，简直把药店当成了家。终于，在1870年的某天，18岁的穆瓦桑为药店立了大功！原来，那天他正在药店独自值班时，突然，一伙人急匆匆抬入一个病人，"他吞食了砒霜自杀，求求您赶紧救命！"家属指着奄奄一息者哭述道。"轰"的一声，穆瓦桑头脑瞬间一片空白，救命？咋救？用啥药救？临时找回师傅，肯定来不及了！说时迟，那时快，只见他迅速启动了脖子上的那台"电脑"，一番"搜索"后，嘿，还真找到了有效解药，并将那自杀者生生地从"奈何桥"上给拽了回来！此事立即在巴黎传为佳话，一家报纸甚至以"起死回生的药店和学徒"为题，把穆瓦桑和药店狠狠夸奖了一番；乐得那老板合不拢嘴，从此就更加重用穆瓦桑，甚至支持他业余时间上学读书。

就这样，22岁那年，穆瓦桑通过自学考试，获得了中学毕业证书；25岁时又通过自学考试，获得了大学毕业证书和学士学位。再后来，他更考上了研究生，并师从著名化学家弗罗密；对，就是前面那位奋战“白骨精”时，拽下其一根“魔发”的“金牌选手”。从此以后，困扰穆瓦桑20余年的“经济问题”就不再是问题了。于是，他吹吹打打娶回了满意的媳妇，婚后还生了一个宝贝儿子。他27岁时，成为药学院实验室主任，同时兼任农艺学院物理助教；28岁时，以“论自然铁”为题的博士论文，获得了巴黎大学物理学博士学位。然后，他任巴黎药学院助教和高级演示员；34岁时，升为该校无机化学教授；48岁时，被巴黎大学聘为无机化学教授。伙计，别急，此处的跑马观花，只是先让您了解一下故事梗概；下面马上将回头，重放几个“特写镜头”，复述穆瓦桑的关键人生“节点”。

其实，从科研角度看，穆瓦桑的转运之年是1872年；那一年，20岁的他，遇到了难得的“贵人”，即5年后他的硕士导师弗罗密教授。当时，慧眼识珠的弗教授偶然发现，小穆这位学徒工不但勤学好问，且还颇有才干；于是，弗教授便破例招他为自己的实验助手，不但让他有机会在先进的化学实验室里学习，还大大改善了他的经济状况，毕竟作为大学教授的实验助手，其薪水远远高过药店学徒。另一方面，穆瓦桑也并未辜负“贵人”的知遇之恩；作为实验助手，他不但深刻理解弗教授的实验需求，还尽可能超质超量完成每一项实验任务，当然也更从中学到了不少化学理论、掌握了许多实验技巧。穆瓦桑工作起来特玩命，也不怕任何困难，还从来不满足于已有成绩，经常连续工作十几小时。甚至有一次，他竟在实验室里连续工作了30多个小时，不吃不喝更不睡，以至脸色苍白、眼窝深陷、眼圈发黑。同事们见他有气无力地歪在椅子上，吓得赶紧七手八脚将他抬回宿舍。可哪知，不到半个小时后，他又颤颤巍巍回来了！“天啦，你不要命啦！”面对大家的善意责怪，他坚定地笑道：“再干一会儿，就能得到全部实验数据了！”面对如此“玩命之徒”，大家只好面面相觑，“唉，哥们儿，好自为之吧！”

穆瓦桑开始挑战“白骨精”的时间，大约是在1878年；那时，他已是研究生了，且刚刚成为有妇之夫。他从导师那里了解到，提炼单质氟非常重要且困难，人类虽已为此努力了70余年但仍然没有结果，故氟也被称为“最难驯服的元素”，甚至连导师当年也大败而归。“我一定要提炼出单质氟！”穆瓦桑暗暗下定决心。从此以后，他脑海里就完全充满了氟：吃饭时在想氟，走路时在想氟，睡觉时也在

想氟；在家里时想氟，在学校时那就更想氟；简直宛若得了相思病的情痴，“单质氟，单质氟，您在哪里；死亡元素，死亡元素，我一定要找到你！”，有时在梦中他也反复嘟噜着。但由于深知氟的危险性，所以，穆瓦桑没敢轻举妄动。既然揽下了瓷器活，那就得认真打磨金刚钻，于是，他开始了全面、认真的准备工作；哪知这一准备就是漫长的7年！

7年后，即1885年，手持“金刚钻”的穆瓦桑已全然今非昔比了：有关氟的理论知识，他掌握得已相当全面了；前人提炼单质氟的经验和教训等，他几乎倒背如流了；当时已知的氟化物的性质和特点等，他都反复梳理过多次了；备用的化学药品也已收集够了；实验仪器和设备等，他更是仔细排查过了；甚至，许多预备性的实验已都做过了；实验方案、备选方案和应急方案等，他都认真推敲，甚至在一定程度上“彩排”过了。总之，穆瓦桑自认为已“万事俱备”了！可是，当他刚登上“擂台”时，才突然发现，“完了，完了，肯定要输了！”

原来，他第一次跳上擂台时，计划采用“热兵器”，即想让氟化磷和纯氧一起进行化合反应；结果，却被“白骨精”飞起一脚就踢进了“火焰山”！不但连续数次都以失败告终，而且还白白烧坏了两个非常昂贵的白金管。摸了摸被踢烂的屁股，穆瓦桑忍痛总结了教训，决定启用第二方案。书中暗表，其实这次攻擂还是过于盲目；因为，当时化学元素周期律才发现十几年，大家根本不了解氟和氧的化学势，否则绝不会让关公去大战秦琼。

第二次跳上擂台后，穆瓦桑仍决定使用“热兵器”，只不过辅以偷梁换柱之计而已，用化学专业术语来说就是所谓的“置换反应”；结果，又被“白骨精”一巴掌打了几个跟斗。穆瓦桑一边“满地找牙”一边“复盘战况”，突然明白了：哦，既然氟是很活泼的非金属元素，那就不能在高温下加以提炼，也不能用一般的化学方法，故必须动用“冷兵器”。

屡败屡战的穆瓦桑，第三次又跳上了擂台，这次他使用了当时最先进的“冷兵器”，即不会产生高温的电解法；并采取了各个击破战术。首先，他布置好了“包围圈”，即制得氟化砷或氟化磷；然后，突然发动“袭击”，即将少量氟化钾与氟化砷一起均匀研磨，再放入备好的电解装置，最后接通直流电。起初，反应还算顺利，电池阳极冒出气泡；但片刻后阳极便覆盖了一层砷，反应也慢慢停止了。这时，穆瓦桑觉得全身瘫软，心跳加剧，呼吸急促。“完了，完了，氟虽制出来了，但这次死定了！”穆瓦桑想逃，但早已被“白骨精”使了“定身法”，哪还能动弹半步。幸好，急中生智的穆瓦桑趁自己神智还清醒时，艰难地抬手关掉了电门；随后，就倒地不省人事了。

正当穆瓦桑已准备跨过“奈何桥”，像其他几位先烈那样去阎王殿报到时；突然，他妻子神一样的出现了！只见她，迅速打开所有门窗，并用尽全力，在自己也即将倒地前将丈夫拽出了实验室！不知过了多久，妻子醒了；又过了很久，丈夫也醒了。夫妇俩抱头痛哭，但所哭的内容，却不尽相同。妻子哭的是悲喜交加：悲的是，丈夫太不珍惜自己的身体了；喜的是，谢天谢地这次总算有惊无险。但丈夫只是哭，哭那“白骨精”终于现身了，哭自己终于胜利在望了，毕竟单质氟已制取出来了！

身体稍微康复后，1886年6月26日，穆瓦桑又跳上“擂台”。这次他要向“白骨精”发动总攻，而且胜券在握，因为，他只需不再吸入所制之氟就行了！果然，穆瓦桑只使用了一招“观音拜佛”，就将那“白骨精”轻轻收入瓶中！氟，氟，氟！单质氟被提炼出来啦！近百年来，化学家们梦寐以求的理想终于实现啦！整个19世纪无机化学的重大难题之一终于被解决啦！这时，穆瓦桑年仅34岁。

两天后，穆瓦桑向法国科学院报告了自己的这一成果，后者立即发布喜报：一边充分肯定这个光辉成就，一边也马上组成专家组对相关的实验环境等进行严肃考察，确保这些氟是人造的，而非从未知地方自然获得。毕竟，如此重大的成就，必须严谨对待，不能出任何偏差。可哪知，穆瓦桑的实验设备却很“害羞”，在专家组面前竟死活不肯工作。幸好，专家组的考察是善意的，他们反而安慰穆瓦桑，让他认真准备好实验环境后，改日再行考察。数日后，当着考察专家的面，穆瓦桑终于成功地重现了上次实验；随后，其他化学家也都先后确认了该实验方案的正确性。一时间，科学界轰动了！为表彰穆瓦桑的突出贡献，法国科学院赶紧给他颁发了“卡泽奖金”，而他也立马用这笔奖金偿还了先前的欠债，比如赔偿被烧坏的那2个白金管等。由于这一重大发现，穆瓦桑获得了许多荣誉：1891年，被选为法国科学院院士；1896年，获英国皇家学会戴维奖章；1903年，获德国化学会霍夫曼奖章；1906年，更获诺贝尔化学奖。

穆瓦桑获诺贝尔奖的原因主要有两个：一是提炼出了单质氟；二是于1892年发明了用电弧加热的特殊电炉，如今称为穆瓦桑电炉，从而开创了高温化学新领域。他还用该炉汽化了许多“曾被认为不能熔化的物质”，并由此制取了不少单质元素和新化合物等。比如，他还原了铀、钨、钒、铬、钛、铝、钼、钽、铌等十几种金属，制取了氮化物、硼化物和碳化物等。由于该电炉能迅速熔炼各种金属，故被广泛用于难熔氧化物的研究，这就为化学研究的深入，扫除了一道大障碍。穆瓦桑炉的原理可简述为：利用电极间的弧光放电，以获得近2 000摄氏度的高温。关于该炉的具体细节嘛，此处就略去了，各位就权当它是那个改进版的“太上老君炼丹炉”吧；只不过所用能源不再是“九阳真火”，而是电流而已。非常有趣的是，据说穆瓦桑的妻子是使用铝制烹调器的第一人；而这种烹调器，竟是他用穆瓦桑电炉改造而成的。哈哈，看来，穆瓦桑还是电饭锅行业的祖师爷呢！

提炼出单质氟后，穆瓦桑再接再厉，对氟的性质及与其他元素的反应进行了更充分的研究，从而制备出了许多新的氟化物。比如，1890年，他用碳与氟反应，制成了氟碳化合物，特别是制成了耳熟能详的氟里昂；对，就是你家冰箱中所用的那种高效制冷剂。1894年，他发现，钻石其实是一种在高压下结晶的碳；他甚至利用穆瓦桑电炉成功进行了人造钻石的合成，只不过其粒度很小，不能用作宝石，但却具有很高的工业价值。1900年，穆瓦桑制备出了气态六氟化硫，它便是如今仍在广泛使用的、性能优良的一种绝缘材料。此外，他还先后合成了铂、碱土金属、铱的氟化物、五氟化碘和硝酰氟等。他将自己在氟研究方面的成果，汇编成了专著《氟及其化合物》；如今，该书已成为研究氟及其化合物的制备、性质等的重要经典。穆瓦桑还非常重视教学工作，并撰写了多部化学教材，比如《电气弧光炉》和《无机化学教程》等。

1906年12月，在亲朋好友为他举行的“庆祝穆瓦桑制取单质氟20周年暨获诺贝尔奖大会”上，54岁的穆瓦桑即席发言，揭示了他为啥能成为伟大科学家的秘密，因为他说：“别停留在已有成绩上，在达到当前目标后，应该不停地向下一目标前进。一个人，应当永远为自己树立新的奋斗目标，只有这样，才会感到自己是一个真正的人；也只有这样，才能不断前进。”

穆瓦桑爱好广泛，尤其喜欢诗歌、音乐和绘画等；据说，在他卧室里挂满了各种名画。穆瓦桑品格高雅，深受众人敬爱。但由于长期接触剧毒化学品，他的健康状况日益恶化；终于，穆瓦桑在获得诺贝尔奖的第二年，1907年2月20日与世长辞，年仅55岁。不久，妻子也因哀伤过度而去世。此后，他们的独子把父母的遗产全部捐给了巴黎大学，用于设立两个奖学金：其一是穆瓦桑化学奖，用以

纪念其父亲；其二是路更药学奖，用以纪念其母亲。

作为一代科学巨匠，穆瓦桑的成就是伟大的；然而，他成才的道路却又是十分坎坷的，他亲历了太多困难和危险。总之，他的精神、他的经历、他的成功，对后人都大有裨益。他确实是我们学习的好榜样！

第一百〇二回

经典物理关门者，现代物理敲门人

一提起洛伦兹之名，很多人立马就会两眼放光，“哦，我知道！”但是，伙计，别急，咱先得搞搞清楚，看看你说的那个洛伦兹，与本回主角是否是同一人。虽然“洛伦兹”远在百家姓之外，但非常奇怪的是，在科学界，特别是在著名科学家中反倒经常“撞姓”，不但普通人会被搞糊涂，甚至在科学界也常出“乌龙”。君若不信，咱就来简单梳理一下。

首先，从出生地来看，至少有荷兰的洛伦兹、美国的洛伦兹、奥地利的洛伦兹和丹麦的洛伦兹等，而本回主角却是荷兰的那个洛伦兹。

从出生先后顺序来看，至少有1829年出生的老洛伦兹、1853年出生的“大洛伦兹”、1903年出生的中洛伦兹和1917年出生的小洛伦兹，而本回主角则是大洛伦兹。

再从学科领域看，至少有物理学家洛伦兹、气象学家洛伦兹和统计学家洛伦兹，而本回主角则是物理学家洛伦兹。伙计，别以为这样就说清楚了，其实还早着呢；因为，仅仅是在著名的物理学家中就有两位洛伦兹，而且还都是小同行，都在揭示“电磁波传播速度”方面做出过重大贡献，他们才是最容易被张冠李戴的两位洛伦兹，甚至他俩曾在同一著名物理期刊的同一期上发表过同一领域的论文！

甚至，哪怕是以“洛伦兹方程”命名者，也仍然还有两位洛伦兹！

算了，甭绕弯子了，咱就直说了吧。本回主角洛伦兹，就是那位1853年7月18日生于荷兰阿纳姆的亨德里克·安东·洛伦兹。他是从经典物理到近代物理的、承上启下的科学巨擘，也是电子论的创立者。他填补了经典电磁理论与相对论之间的鸿沟，导出了爱因斯坦狭义相对论的基础变换方程，即洛伦兹变换。总之，他既是经典物理的“关门者”，也是现代物理的首批领袖。至今，在许多物理书籍中也仍常见其身影，比如洛伦兹公式、洛伦兹力、洛伦兹分布、洛伦兹方程等。哦，对了，差点忘了，他还获得过1902年的诺贝尔物理学奖呢。

洛伦兹虽很伟大，但他的出生却很“渺小”，出生时更没啥惊艳的异样天象，既无“龙戏珠”，也没“凤呈祥”；不过，他出生那年，即咸丰三年，他的祖国还真是喜事连连呢，因为就在这同一年，荷兰还诞生了其多位名人，比如艺术界有著名画家梵高，科学界还有著名物理学家昂内斯（超导的发现者）。此外，这一年还有多位国际名人也陪伴洛伦兹一起来到了人间，比如瑞典著名画家拉森，德国著名科学家、诺贝尔化学奖得主奥斯特瓦尔德，中国著名思想家严复等。仍然是这一年，在多个国家都发生了影响历史的重要事件。比如，在中国，太平军攻克南京并定都，随后便对清政府开始北伐；在俄罗斯，沙皇下令侵占中国库页岛，很快黑龙江阔吞屯便被强占；在日本，发生了“黑船事件”，从此东瀛打开国门，迈向开放的现代化之路；在欧洲，爆发了拿破仑之后最大规模的克里米亚战争，奥斯曼帝国、英国、法国、撒丁王国等先后向俄宣战，最终以俄罗斯的失败而告终，从而引发了俄罗斯国内的革命。

洛伦兹的祖先来自德国莱茵兰地区，大多以务农为生。父亲是一个小人物，主业为幼儿园的男“阿姨”，同时也兼种一片水果苗圃。他生母很苦命，虽与前夫育有三子，可很快便有两子夭折，接着前夫也去世；于是，只好带着仅存的幼子改嫁给了洛伦兹的生父；可更惨的是，在生下洛伦兹后仅仅7年，生母自己又去世了。两年后，洛伦兹便开始与继母等一起生活。换句话说，幼年时的洛伦兹所面临的第一项严峻挑战，便是必须怀着对生母的深深眷恋，与各类亲人和睦相处；这些亲人包括各种血亲和姻亲，比如同母异父的哥哥、同父异母的弟弟和妹妹、突然降临的继母以及被艰难生活压得够呛的父亲等；而且，这样的相处还是在衣食堪忧的情况下进行的，其艰难程度可想而知，像生父能不能公平、继母会不会偏心、自己又会不会误解各类亲人或被他们误解、若出现误解又该如何处理等。总之，问题很多，且每个问题都很棘手。幸好，洛伦兹的继母很善良，她不但一视同仁精心地照顾所有孩子，更启发了洛伦兹的一项惊人本领，即超强的融合能力；随后的事实将表明，洛伦兹的这项本领，在其学习、生活和科研等方面都发挥了不可替代的重要作用，甚至他的成功在很大程度上也有赖于适时地将该本领发挥成应变能力、借鉴能力、适应能力，或用达尔文进化论的专业术语来说就是顺应能力。总之，洛伦兹的童年并未因其生母的过早离世而受到太大影响；他对继母的感情也很深，以至成年后竟将自己的大女儿取用了继母之名，以表感恩。

6岁时，洛伦兹进入当地的一所小学读书，不但学到了常规的小学知识，还额外接触到了数学和物理学等方面的“高端”内容。这主要得益于该校的创始人蒂默先生，因为他热心科普，还出过几本物理教材，故常给洛伦兹等优秀学生“开点小灶”；事实证明，这一点其实非常重要，因为它在洛伦兹的幼小心灵里激发出了对科学的好奇心，并进而转化成巨大激情。

13岁时，洛伦兹进入阿纳姆高等中学，又很幸运地碰到了一批优秀老师，并从中获得了不少重要思考方法。特别是一位出版过多部物理著作的老师范德斯塔特，他更是洛伦兹的"贵人"，不但将后者在小学期间被激发的科学热情锁定在了物理领域，更使洛伦兹从此决定献身物理；而且，他还给洛伦兹随后的学习、生活和工作等提供了长期的、多方面的、直接和间接的帮助。在中学期间，除了自然科学外，记忆力出众的洛伦兹还对历史和文学也很感兴趣，既读过荷兰和英国历史的众多著作，也读过许多经典小说，尤其喜欢狄更斯等文学作品。洛伦兹的超强融合能力，首先在学习外语方面显现了神威：他不但迅速掌握了英语、法语、德语、希腊语与拉丁语等多国语言，而且即使面对一门新外语，他也能很快根据上下文推断出相应的语法结构。这当然得益于他的语言天赋，但更是因为他的超强融合能力，因为他找到了各种语言间的某种结构共性，然后将自己所熟悉的这种共性推广到新语种，并辅以适当的个性化就行了。其实，这便是如今所谓的"智能翻译"的核心，即把语法、语义、常识等平面连成有机整体，实现语句在不同平面上的转换。

洛伦兹超强融合能力的另一形象体现，发生在他的性格转变上。其实，少年时的洛伦兹并不善交际，甚至还有点腼腆，即使在亲人面前也少言寡语。但在成年后，他的性格却发生了天翻地覆的变化，甚至变成了有名的"铁嘴儿"；面对各方面的人群，哪怕是敌对国家的科学家，他都能很快找到大家的利益共同点，然后以此为基础把各方完美地融合在一起，以至于同行都很喜欢他：物理学界最重要的国际会议，几乎每次都请他当大会主席。这不仅因为他精通多种语言（当然这一点也确实很重要，其实，外语能力对科学家走向世界绝对是必要的）而且还因为他能清晰解释发言者的意图，特别善解人意，且还是一位辩论高手，可轻松驾驭最为紊乱的辩论。至于他的"铁嘴儿"有多厉害，他曾幽默道："即使不吃'物理饭'，单凭我的嘴，也完全能养活全家。"如果实在没招了，他就开始自嘲。比如，当他刚成为经典物理"代言人"后，面对现代物理的突然挑战，面对经典物理的几乎"崩盘"，面对自己地位和荣誉即将受到的重大影响，他干脆自嘲道："唉，要是我能在'崩盘'前死掉就好了，眼不见心不烦嘛！"当然，他其实是在积极应对这种"崩盘"，并很快就取得了重大成就，否则就不能说他是"现代物理学的敲门人"了。

17岁时，洛伦兹考入了荷兰最古老学府——莱顿大学。期间，他不但有幸遇到了众多名师，更在那位“贵人”中学老师的介绍下认识了该校天文学教授凯泽，并与他结成了忘年之交；凯泽甚至将侄女介绍给洛伦兹，成全了一桩美好姻缘。此乃后话，这里暂且按下不表。在大学期间，洛伦兹通过课堂或自学等渠道，分别接触到了当时经典物理的几个“高峰”理论，比如麦克斯韦电磁理论、亥姆霍兹能量守恒理论、法拉第电子场理论、赫兹电磁波理论以及菲涅耳的相关理论等。于是，在其超强融合能力的无意识驱动下，洛伦兹竟悄悄给自己提出了一个超级挑战：将这些“高峰”理论融合起来！妈呀，这在当时简直就是不可思议的痴人说梦。不过，洛伦兹就是洛伦兹，他一边努力将此梦想变为现实，一边也并未影响正常学业，甚至只用了短短一年时间就学完了大学所有课程并闪电般地通过了硕士学位考试。他于1872年2月离开学校，回家准备博士入学考试。

回家后，洛伦兹便一门心思研究麦克斯韦理论，即当时经典物理“高峰”中的那座“最高峰”；不过为了有条件做实验，他便在当地一所学校做了兼职老师。后来，据洛伦兹回忆说，他的这段经历可能是一生中最重要的经历，因为他做出了当时最大胆的设想，即把光解释为电磁现象。果然，洛伦兹于1873年通过了博士入学考试，并于1875年12月11日，以“论光反射与折射的理论”为题的论文顺利通过答辩，获得了博士学位；而这篇博士论文正是对他那大胆设想的验证，因为它基于麦克斯韦理论圆满解释了光的反射和折射，从而为实现自己的梦想向前迈出了“第一步”。当然，这一步还有另一个重要收获，那就是他于1878年1月25日被母校聘为了理论物理教授；而这又是他那位“贵人”让贤的结果。从此，他便在莱顿大学呆了35年，并完成了主要的物理学成果。

成为教授后，洛伦兹的性格变得开朗和自信了，“铁嘴功”更突飞猛进。实际上，他一登上讲台便激情四射、口若悬河。尽管备课要花费很多时间和精力，但他很喜欢教学，同时也深受学生喜欢，并被认为“具有一种特质，既和善又单纯，还在无形中与学生们保持了恰到好处的距离”。后来，他的讲义还被编成多本教材，不但被反复重印，还被译成数种文字在若干大学广泛使用。再后来，课堂演讲已挡不住他的“铁嘴神功”了，他开始面向公众频繁普及物理学相关知识。由于他能将复杂问题讲得很简单、很清晰，故很快就成了“明星”；其演讲更是倍受欢迎，大家都非常佩服他的渊博学问、惊叹他的高明技巧、赞赏他的精练语言、夸奖他的风趣总结等。不过，这时的洛伦兹还主要在国内的学术圈里打转：不但很少在国外发表论著，甚至也极力避免接触外界。看来，他的“铁嘴功”还得再“闭关”

修炼，果然，后来当他“出关”时就“侃”遍全球无对手了。

27岁时，洛伦兹结识了“忘年交”的侄女。双方一见钟情，并闪电般地订了婚，然后在翌年初就喜结连理；婚后，生育了两子两女。可惜长子夭折，不过长女却很有出息，还成了洛伦兹的学生并继承父业从事物理研究。正是从长女口中，后人才知道了洛伦兹的生活片段，因为她说：“父亲喜欢挑战困难，而且还总能轻松应对；他没有其他天才的古怪行为，更无书生酸气；他是一位习惯良好、性格谨慎的学者；他也擅长社交，在雪茄和美酒中总能表现出过人的幽默与交谈天赋”。当然，成家立业后的洛伦兹并没忘记自己的梦想，随时都在努力迈出“第二步”，虽然这确实很难。1879年，洛伦兹继续沿着他的博士论文思路向前迈出了“小小的第二步”。为啥这里要说是“小小的第二步”呢？因为，一来，洛伦兹仍只是在解剖“麻雀”，即通过分子学说来研究光的物质特性，揭示光的传播速度、折射率与介质密度的关系。二来，其实类似的结果，已在10年前由另一位“洛伦兹”（本回开始时的那位“老洛伦兹”）给出过了。为了同时纪念这两位洛伦兹，如今该结果被称为“洛伦兹-洛伦兹方程”。

洛伦兹梦想关键的“第三步”是在1892年迈出的。这次虽仍未最终实现梦想，但已不再是解剖“麻雀”了，而是开始考虑一般情况。此时，最典型的成果便是所有中学生都耳熟能详的那个“洛伦兹力”，即运动电荷在磁场中所受到作用力。该力的方向由左手掌来确定，即将左手掌摊平，让磁感线穿过手掌心，四指表示正电荷的运动方向，和四指垂直的大拇指所指方向即为洛伦兹力的方向。关于该力的大小，有两种表示版本：其一，对中学生来说，它为带电粒子的电荷量、速度和磁感应强度三者之乘积；其二，对大学生来说，它则有更完整的表述，即还要再加上“带电粒子的电荷量与电场强度之积”，这是因为在中学阶段没考虑电场部分。

最终使洛伦兹梦想成为现实的，是1895年迈出的“第四步”。这时，经典物理的“高峰”理论终于被融成一体，变为经典物理学的统一基础理论——电子论。该理论认为，一切物质的分子都含有电子，它就是阴极射线的粒子。于是人们便可用“物质是由带电粒子构成”的假设来解释当时已发现的各种物理现象，把“电磁波与物质相互作用”归结为“电磁波与物质中电子的相互作用”。但是，该理论正确吗，如何验证呢？别急，因为洛伦兹胸有成竹地用该理论预言了“原子光谱磁致分裂现象”，即如今的“塞曼效应”；一年后，该现象果然被其学生塞曼用实验给证实了！

洛伦兹的电子论，把经典物理学推上了“最高峰”；他本人也因此成为经典物理学史上的最后的巨人。至此，经典物理已达到相当完美而成熟的地步，以至于当时不少物理学家都踌躇满志，沉溺于享受胜利的喜悦中；甚至认为，物理学“大厦已经落成”，今后物理学家将没事可干了，只需把各种数据测得更精确就行了。然而，大家高兴得太早了，因为很快就有人发现了经典物理无法解释的许多“怪象”，特别是光电效应、原子光谱和原子的稳定性等实验事实更接二连三把经典理论逼进了“死角”，甚至使经典物理学突然陷入“危机”，使刚建成的“经典物理大厦”摇摇欲坠。

都说“天塌了有高个子顶着”，可如今经典物理的“天”可真要塌了；于是，刚刚成为“巨人”的洛伦兹就必须顶着了。咋顶呢？当然是老办法，那就是再在更大范围内实施“融合”呗！然而，已经“知天命”的洛伦兹明白，这次新的“高峰融合”不可能由自己一人完成；况且，像什么相对论呀、量子理论呀等新的“高峰”还在不断涌现，所以，必须立即开始培养后起之秀。于是，爱因斯坦和薛定谔等青年才俊便很快进入了洛伦兹的“法眼”，成为其重点培养对象。每当有人前来拜访并寻求帮助时，洛伦兹总是平等相待，从不以权威姿态把任何观点强加于人。洛伦兹为人热诚谦虚，也深受青年理论物理学家们的尊敬。比如，爱因斯坦就坦承“自己一生中，受洛伦兹的影响最大”，甚至崇拜他是“智慧与应变的奇迹”。

作为经典物理的代表，洛伦兹却完全是以科学的态度来对待现代物理的各种新挑战；他始终认为“物理学研究的目的，是寻求简单且能说明所有现象的基本原理”；所以，他绝不偏袒自己的已有成就，比如最早承认量子假说与自己的电子论假说存在深刻对立。他独立提出了长度收缩的假说，认为相对运动的物体在其运动方向上的长度将缩短，更给出了长度收缩的准确公式。特别是在1899年，他又研究了惯性系之间坐标和时间的变换问题，发现电子与速度有关。1904年，他更发表了著名的变换公式，即洛伦兹变换；揭示了质量与速度的关系，并指出光速是物体相对以太运动速度的极限等；而正是这个“洛伦兹变换”，让爱因斯坦创立了狭义相对论。后来，爱因斯坦更继承了洛伦兹的“融合”思想，进一步创立了广义相对论，甚至还试图最终建立所谓的“统一场论”，要将整个物质世界和谐地统一起来，要全面“融合”自然界的所有4种基本相互作用，即强相互作用、电磁相互作用、弱相互作用和引力相互作用等。

无论是生活还是工作，洛伦兹都始终以开放的心态，以“能融天下之所有难融”的精神来对待万事万物；故他不仅在学术上富有成就，在人品上也赢得了同时代人的敬重。可惜，1928年2月4日，洛伦兹因病去世，享年75岁。爱因斯坦在洛伦兹的葬礼上致悼词时说：“他是我们时代最伟大、最高尚的人。”

第一百〇三回

显赫世家出天才，数学怪兽庞加莱

在“数学圈”之外，可能少有人知道庞加莱这个名字，但在“数学圈”内，这个名字却几乎无人不知、无人不晓；因为，这位数学家不但厉害，还特怪。

他到底有多厉害呢？这样说吧，他是数学界公认的继高斯之后的最后一位全才，他取得重大突破的数学领域至少有数论、代数学、几何学、拓扑学、天体力学、数学物理、微分方程、多复变函数论等。他还是数理方面的通俗作家，撰写过多部畅销科普书。自“出山”后至去世前，他就长期“称霸”数学界，是公认的“世界领袖”。他在天体力学领域的研究成果，是继牛顿之后的又一座“里程碑”。他因电子理论的贡献，被公认为“相对论先驱”。他开创了动力系统理论，创立了组合拓扑学。他是多复变函数论的开拓者，还是混沌理论的开创者。他提出的“庞加莱猜想”，既是数学史上最著名的猜想之一，也是“七大数学世纪难题”之一，更引得全球数学家们如痴如醉地奋斗了100多年，最终才以激发4次菲尔兹奖的“代价”被彻底解决了。在数学等相关领域，以他名字命名的定理等多如牛毛，比如庞加莱群、庞加莱球面、庞加莱映射、庞加莱引理、庞加莱级数、庞加莱梨形体、庞加莱回归定理等；而且，这些成果还都相当重要。有这样一个段子说，将任何一个微分几何或广义相对论专家从睡梦中摇醒并提问“何为庞加莱引理”时，假如这人答不出来，那他一定是假货。由于其杰出贡献，他生前赢得了法国政府所能给予的一切荣誉，并获得过英、俄、匈、瑞典等国的大奖。此外，许多大师都对他给予了高度评价。比如，荣获“诺贝尔文学奖”的数学家罗素就认为“他是20世纪初，法国最伟大的人物”；爱因斯坦也承认他是相对论的先驱之一，并说“洛伦兹已经知道‘洛伦兹变换’是分析麦克斯韦方程组的基础，而庞加莱则进一步深化了这个远见”；法国著名数学家阿达马更认为“庞加莱整个改变了数学状况，在所有方向都开创了新路。”唉，算了，他的厉害劲儿实在太强了，以上只是挂一漏万而已。

至于他到底有多怪呢？嘿嘿，读完本回就有答案了；反正，他是数学界公认的“怪兽”，而且从小就很怪，各方面都很怪。当然，您若认为“怪”字不敬的话，那就在适当处改用“奇”吧。

当然，他的“怪”或“奇”，起源于咸丰四年，即著名物理学家欧姆去世那年，准确地说是1854年4月29日；因为，这一天他出生于法国的一个显赫世家，并得名“朱尔斯·亨利·庞加莱”。

首先，他的家族就很奇，为书香门第，世代均以行医为主，拥有极高的声望。

祖父曾是拿破仑的军医权威；父亲也是当地的名医，还是南锡大学医学院教授；母亲既善良又很有教养，还才华出众，且把全部心血都倾注到后代的培育之上。他的几个堂兄弟也很奇。比如，一个堂兄，在学术上达到了国内“顶峰”，成为法兰西科学院院士；同时在政界也达到了“顶峰”，成为1913年至1920年间的法国总统。另一个堂弟也非常成功，曾任法国民众教育与美术部长。

再看他的长相，那就称得上怪了，甚至是“怪中之怪”。猛然一看，宛若外星人：斗大一颗头颅摇摇晃晃插在细脖上，微风一吹，生怕就会出人命；其实这里用“斗”来形容其头颅，还有点失真，因为与他一起玩大的那位总统堂兄曾说“堂弟的头，简直大若水牛”，咱就暂且相信“所有政治家都不会说谎”吧。

不过，若仅从外表看其五官，那就一点也不怪了；不但不怪，还相当标致，甚至是一表人才。英国数学家西尔维斯特在见到成年时的庞加莱后，曾用“如此美貌，如此年轻”来形容其脸庞。但是，若从功能上看其五官，那又怪得出奇了。

首先，他严重近视，视力极差。差到啥程度呢？这样说吧，就算他坐在教室前排，也仍看不见讲台上的板书，于是，上课时他只好“仰望天空”，吓得老师不知所措：一方面，总担心那脑袋会随时“咔嚓”一声掉地上；另一方面，总会无意识地以为他又在流鼻血。更糟的是，他这种怪诞行为，经常成为课堂焦点，从而严重影响教学秩序。眼睛看不见，那他咋听课呢？嘿嘿，甭担心，其实他才是真正的、名副其实的“听”课呢，确实是只用耳朵听！老师刚讲完，他立马就“听”懂了，而且还“过耳不忘”。于是，他的“听觉记忆”越来越强，甚至这种“内在眼睛”成了他终生的法宝，使他能在头脑中轻松完成复杂的数学运算并一气呵成相关论文，甚至无须改动。据专家说，这种“以耳代目”的能力叫“听觉记忆”或“空间记忆”，不少科学家都拥有。比如，欧拉就有，只不过比庞加莱略弱而已；爱因斯坦也有，甚至比庞加莱更强。

再说他那张嘴巴吧，也怪得出奇。幼儿时期，他伶牙俐齿，说话很快，简直像机关枪：“哒哒哒”，任何人经他一通“扫射”都得“举手投降”。当然，这也得益于妈妈的尽心教育，再加自身的超常智力，因此，这位早熟儿童不仅接受知识极为迅速，口才也相当流利。但他后来却又走到另一极端，说话不但词不达意，还慢得出奇，哪怕心里有滔滔洪水要倾泻，可到了嘴边却又立马被堵成了“堰塞湖”。成年后的庞加莱，说话到底有多慢呢？据说，有一次罗素去他办公室聊天，为了客随主便，罗素只好配合对方的说话节奏；当罗素走出办公室后，竟发现自己也不能说话了，直到3分钟后才恢复正常。实际上，庞加莱嘴巴的变化，是他5岁时患白喉病的后遗症。从那以后，他不但变得体弱多病，只能待在家里，无法跟小朋友们一起玩耍，而且说话也很困难了，甚至不能用嘴巴表述思想；当然这也与其思想太丰富有关。不过，话虽少了，但其思维能力却更强了；这也许就是俗话说的"上帝为你关掉一扇门，就一定会再开一扇窗"。

由于体弱，庞加莱在家里的唯一娱乐就是读书，但他看书的动作也相当奇怪：他高度近视，故与其说是看书，还不如说是"闻"书。但更怪的是，尽管如此，他"闻"书的速度却快得惊人，而且还"过鼻不忘"，对几乎所有"闻"过的内容都能迅速、准确、持久地记住；甚至，很长一段时间后，他还能讲出"某事在第几页、第几行"等。比如，有一本名叫《洪水淹地球》的书，据说他终生都能倒背如流；也正是这本书引起了他对博物学、历史学、地理学等的浓厚兴趣，从而也使他很早就显露了超人的文学才华，以至其作文常被语文老师作为样板。您也许会怀疑他鼻子的这种特异功能，其实关键不在鼻子，而是在他那个"大如水牛"的脑子。想想看，别人读书特别是读数学等专业书时，绝大部分时间都用在了理解其内容，比如推导相关数学公式上了；而对庞加莱来说，只要鼻子刚"闻"过，脑子马上就完成数学推导，故只需像水牛犁地那样一行一行快速推进就行了。

好了，除眉毛外，庞加莱的五官都各有其怪，但却更有利于他成为天才，更利于"两耳不闻窗外事，一心只读圣贤书"。下面再按时间顺序，说说庞加莱的其他事吧，当然也包含怪事。

先说学习。自从庞加莱8岁进入小学后，班上的"学霸"们就遭殃了，因为，在所有主要课程上，每次考试下来，大家都会被远远甩在后面。其实，他的"祸害"范围和时期还远不止于此呢。准确地说，参加"法国高中学科竞赛"的全国学生都是被他"狂虐"的对象，若干年来，他一个人几乎包揽了所有冠军，简直不给别人一丝机会，除非他没参赛。不过，每当遇到音乐、体育或绘画考试时，"学霸"们便可猛出一口恶气了；实际上，庞加莱从来就不知道这三门课还有倒数第二名，因为他每次都是倒数第一：音乐嘛，虽然听力奇好，但却不着边地跑调，这可能与其喉头受伤有关吧；体育嘛，那就更是惨不忍睹，只能说赛跑胜蚂蚁、跳高超乌龟，这主要因为他从小就患有运动神经疾病；至于绘画嘛，他笔下的西施怎么看都更像张飞。不过，除了剧烈运动之外，庞加莱还是比较活跃的。比如，他玩游戏就很在行，跳慢舞也响当当。此外，庞加莱对数学的兴趣，其实也是到15岁

时才开始的，但很快就显露了非凡才能。更奇怪的是，他习惯于一边散步一边在头脑中求解数学难题，而不是像其他数学家那样需要不断推演，需要耗费几麻袋草稿纸。

16岁那年，普法战争爆发，庞加莱也不得不中断学业。很快，法国就战败，许多城乡被德军占领并洗劫一空；更快的是，他以闪电般的速度轻松学会了德文。第二年，17岁的庞加莱继续他的学业。19岁时，他以第一名的成绩考入巴黎综合理工大学。据说，他这个“第一名”还有点“水分”，因为当校方得知考生原来是大名鼎鼎的“数度蝉联冠军”后，自然要另眼相待；于是，老师们便“叽里呱啦”一通商量，就给他量身订制了一套难度系数更大的考题，想要试试他肚里的“墨水”到底有多深。可哪知进了考场后，他却一阵狂草，然后就提前交卷了。阅卷老师一看，妈呀，此等天才生源若不赶紧抢到手，还要等谁呀！

果然，一入大学，庞加莱就在众目睽睽之下表演了一场场精彩的“超级魔术”。大一时，他就在著名数学家厄米特的指导下，发表了首篇高水平数学论文；然后，他便在不到3年的时间里，读完了两次大学。即仅用一年多时间，就从巴黎综合理工大学毕业；接着，又进入南锡矿业大学，转眼间就又于一年多后毕业。然后，他加入法国矿业集团，一边继续研究数学，一边从事矿业工程工作。其实，庞加莱的大部分时间都在兼职从事工程事业，不但数年后成为法国矿业集团的总工程师，而且最后还从该岗位退休。26岁时，仍在厄米特的指导下，庞加莱完成了博士论文并获得巴黎大学博士学位，然后到卡昂大学任教；两年后，即1881年，担任了巴黎大学教授，从此就再也没跳过槽了。

好了，现在该说说庞加莱的科研了。比较正常的是，他跟很多数学家们一样，想问题时总是魂不守舍，对眼前的一切好像都视而不见，只沉浸在自己的世界中而无法自拔。当然，比较不正常的事情更多；虽然我们看不懂他的众多数学成果，其实许多数学家也照样看不懂，但是有一点却是很清楚的，那就是，仍然很怪！当然，这里的怪，并不仅限于他于1908年以“散文作家”身份成为法兰西学院院士，从而登上了法国文学界的“最高峰”；更不是指他于1906年以“数学家”身份当选为法国科学院院士，从而登上了法国科学界的“最高峰”；而是指他像“独孤大侠”那样，在科学和文学的江湖里横冲直撞，见神杀神、遇佛灭佛，特别是那些可怜的数学难题，在他面前更是“沾到则伤，碰到便亡”。限于篇幅，下面仅举一例。

伙计，若你是“科幻迷”，那就一定听说过所谓的“三体问题”吧。而庞加莱却是研究“三体问题”的“老祖宗”哟。其实，刚开始时，他并未理睬此难题，而是该难题主动找“死”，送到了他刀下。原来，1885年，瑞典国王为了使自己的60大寿庆典更热闹些，便在著名的《数学学报》上登了“皇榜”，设立了一个“N体问题”奖，鼓励全球数学家都来揭榜。

庞加莱当然不是被那巨额奖金所诱惑，后面的事实也表明，他其实为此还亏了本呢。这位数学天才主要是咽不下那口气，想看看谁敢在关公门前耍大刀，谁敢在他庞加莱眼前炫耀数学难题！只见他三步并作两步，“唰”的一声就撕下“皇榜”，“某家要献其头于帐下！”话音刚落，只见他摇身一变，就化作九尺巨人，髯长二尺，丹凤眼、卧蚕眉，面如重枣、声如洪钟，于帐前置热酒一杯曰：“酒且斟下，某去便来。”旋即提刀出帐，飞身上马；紧跟着便是鼓声大振、喊声大举，如天摧地塌、岳撼山崩。瑞典国王大惊，正欲探听，却见鸾铃响处，马到中军，庞加莱手提那斯之头掷于地上。其酒尚温。

原来，庞加莱以“当两个质量比另一个小得多时，‘三体问题’的周期解”成果（比如，太阳、地球和月亮就属这种情况），获得了该项大奖，而且还顺便证明了：这种限制性“三体问题”的周期解数目，等同于连续统的势。接着，他乘胜追击，竟用一计“降龙十八掌”就把“N体问题”打得从此翻不了身。他证明了当N大于2时，不存在统一的第一积分。换句话说，一般的“三体问题”不可能通过假定某些不变量而降低难度，这就破灭了寻找“三体问题”一般解的幻想。为了研究“N体问题”，他还发明了许多全新的数学工具，甚至为现代微分方程和动力系统理论奠定了坚实基础。他还发现，即使在最简单的“三体问题”中，方程的解也非常复杂，以至于对给定的初始条件几乎无法预测相关轨道的最终走向；这就开创了今天著名的混沌理论。

庞加莱揭这“皇榜”，为啥赔了钱呢？哈哈，原来那段子是这样的。首先庞“大侠”确实从瑞典国王处获得了2 500克朗的奖金；但是，他却被胜利冲晕了头脑，竟趁着“酒劲儿”，将其揭榜成果简单推广后就投稿给了《数学学报》；此文经专家评审后，受到全面好评，并被立即决定录用发表。可是，待他“酒醒”后才发现，妈呀，文中有错！待他火速追到编辑部希望撤稿时，完了，晚了！因为，本期学报已印好，并将马上发行！急中生智的庞加莱果断决定：买下所有这期学报，就地焚毁！于是，这位绝顶聪明的数学家回家一算账：唉，收入减支出后，倒赔1

585克朗!

后来，数学难题不敢再招惹庞加莱了，但他却主动发起了进攻；这方面最典型的例子便是所谓的“庞加莱猜想”。原来，大约是在1904年，庞加莱提出了一个拓扑学的猜想“任何单连通的封闭三维流形，一定同胚于某个三维球面”，后来，这个猜想被推广至三维以上，故被称为“高维庞加莱猜想”。妈呀，此猜想一出，可就苦了全球的数学家哟！在过去100多年里，数学家们一会儿兴高采烈地宣称“证明了该猜想”，一会儿又垂头丧气地忙着撤稿或检讨。许多著名数学家终其一生聚焦于庞加莱猜想的证明，结果却不断重复一幕幕悲剧。直到半个多世纪后，全球数学家们才仅取得了一些零星成果。比如，1961年，斯梅尔对5维及更高的“庞加莱猜想”给出了证明，并立即引起轰动，甚至由此获得了1966年的“菲尔兹奖”（数学界的最高奖）；1983年，福里德曼证明了4维“庞加莱猜想”，也因此而获得了“菲尔兹奖”；甚至连“并未直接证明‘庞加莱猜想’，但却引入了一种新方法”的瑟斯顿，也获得了“菲尔兹奖”。为了鼓励更多数学家前来挑战“庞加莱猜想”，2000年5月24日，美国克雷数学研究所将该猜想与“黎曼猜想”等一起列成了7个“千禧年大奖难题”。最后，直到2006年，“庞加莱猜想”才在诸多数学家的一通混战中被最后解决了；其时，漫漫的100多年已经过去了！

此外，许多读者可能还不清楚，其实庞加莱还是狭义相对论的先锋。他早于爱因斯坦，在1897年就发表了一篇名叫《空间相对性》的论文，其中就已有狭义相对论的影子了；1898年，他又发表了《时间的测量》一文，提出了光速不变性假设；1902年，他更阐明了相对性原理；1904年，他还将洛伦兹给出的两个惯性参照系之间的坐标变换命名为“洛伦兹变换”；1905年6月，他又先于爱因斯坦发表了《论电子动力学》一文等。

好了，各位，限于篇幅，有关庞加莱的科学家传记就要结尾了。许多人也许还想追问：他为啥能如此厉害？唉，很遗憾，我们没能找到答案；但他自己却给出了一个我们不太满意的答案，那就是他说：“数学家是天生的，而不是造就的！”不过，我们建议各位客观对待他的这个论断：一方面，请您注意自我观察，没准儿您就是下一位“天生”的数学家呢！另一方面，也不用太迷信他的这个结论，毕竟顶级数学家千千万，像他这样“天生”之才却只是屈指可数，而您完全可能是下一个“造就”而成的数学家。实际上，庞加莱自己也说过“怀疑一切和全盘信任都同样轻松，因为它们都不需要反思”；而且，庞加莱自己终生就很勤奋，随时都在不断“造就”自己。

1912年7月17日，庞加莱在穿衣时突发血栓性梗死，在巴黎逝世，年仅58岁。为纪念这位最后的数学通才，后人将月亮上的一个火山口命名为“庞加莱火山口”，将2021号小行星命名为“庞加莱星”。

第一百〇四回

弗洛伊德巧解梦，精神分析显神通

在科学家名单中，只要一提“梦”，那几乎所有人都会立马想到本回主角。对，他就是弗洛伊德，全名西格蒙德·弗洛伊德。但是，你若在全球任何科学奖的获奖者名单中去寻找弗洛伊德的话，那肯定又会失望，因为他从来就与科学奖无缘；虽然确实曾在1915年至1938年间，被提名了多达12次诺贝尔医学奖，可惜最后都高票落选。若您很重视获奖，非要看看弗洛伊德这位科学家到底曾获得过啥奖的话，那最终结果又将令您大跌眼镜，因为他竟然于1930年获得过歌德奖；对，就是以那位著名诗人命名的奖，它显然不是 科学圈内的“玩意儿”。此外，他还获得过一次诺贝尔文学奖提名。由此可见，弗洛伊德的文学水平确实也相当了得。难怪英国著名生物学家坦斯利等都承认“弗洛伊德在写作时，行文风格优美、流畅、明晰而优雅，读起来让人感到愉快，每个句子都意蕴深厚”，即使是在随意聊天时“也充满了风趣和幽默，但又不乏一针见血的智慧”。若有机会，建议您也读读他的被誉为“改变历史的十六大名著之一”的代表作《梦的解析》，看他如何能将看不见、摸不着且几乎不着边际的东西——梦，描述得井井有条、有板有眼。反正，笔者读过后感受颇深：确实，作为一个科学家或今后想成为科学家的您，如果不能把心中之所想准确而清晰地表述出来的话，那就趁早转行吧，别再浪费时间了！各位，千万别被当前的所谓“文理分科”给误导了，其实，语文水平对科学家的重要性远远超过文学家；因为，后者更需要的是想象力。

另外，我们还想顺便提醒各位，千万别“以奖论英雄”或“以头衔论英雄”。这里有两层含义：其一，您自己千万别为获奖或拿头衔而做科研，否则无异于慢性自杀；其二，也千万别拿它们去评价别人，否则弗洛伊德就啥也不是了，因为他生前既无科学奖也没啥头衔。其实，从历史角度来看，评价一个人的伟大程度，应该用他对后世的影响来衡量。如此一来，弗洛伊德无疑是最伟大的心理学家，因为他的研究几乎触及人性的每个方面，他的学说影响了医学、文学、哲学、神学、美学、法学、艺术、人类学、历史学、教育学、语言学、伦理学、政治学、社会学和心理学等人类的几乎所有学科领域。他与达尔文等被并称为“20世纪人类思潮的先知”，与达尔文、赫尔姆霍茨和詹姆斯一起被称为“心理学史上的四大名人”。他在心理学方面对人类世界观的影响一点也不亚于天文学中的哥白尼，或生物学中的达尔文，或物理学中的牛顿。甚至，美国心理史学家波林说：“在未来300年，谁若想写一部不提及弗洛伊德的心理学史，那几乎是在痴人说梦。”他开创了潜意识研究新领域，促进了动力心理学、人格心理学和变态心理学的发展，奠定了现代医学模式新基础；他更是精神分析学的创始人。

下面就以梦为主线，简介弗洛伊德像梦一样的人生。

咸丰六年，是中国的噩梦之年：第二次鸦片战争正式爆发，重庆发生裂度高达8级的大地震，从来无蝗灾的山西竟也闹起了大蝗灾。此外，太平军内讧升级：6月才攻破清军江南大营，9月就发生天京事变，东王杨秀清被杀；11月洪秀全处死韦昌辉，并削其封号。也正是在这一年，1856年5月6日，弗洛伊德带着罕见的“祥瑞”（婴儿的胎衣），降生在了捷克某小镇的一个犹太人之家。父母一看，哇，不得了哟，薄薄的胎膜正覆盖着儿子的头部和脸部，好像正盖着被子做着美梦呢；按当地习俗，这可是非同寻常的吉兆哟，因为它预示着儿子将注定成为未来的伟人。于是，父母心中多年的3个梦想便同时被激发出来了：但愿儿子真的有出息，但愿全家从此万事如意，但愿犹太民族不再被歧视、被驱赶。

后来的事实表明，父母的这第一个梦想肯定成了现实；第二个梦想也基本实现；但是，这第三个梦想不但没实现，而且还最终演变成了更悲惨的“噩梦”，一直不醒的“噩梦”。实际上，弗洛伊德的祖先曾世居德国科隆莱茵河畔，但因是犹太人，故14世纪左右被向东驱赶至立陶宛，15世纪左右又被驱赶至加里西亚，19世纪再被驱赶至德属奥地利。直至20世纪，犹太人再次惨遭迫害，以至弗洛伊德的四个妹妹皆被杀于纳粹集中营，财产也被抢劫一空，著作更被当众烧毁。终于，到了1938年，82岁的弗洛伊德也不得不逃往英国伦敦，并很快在那里“最终牢牢控制住了口腔癌等病魔的折磨”，即1939年9月23日，以主动注射吗啡的方式，带着令人动容的尊严而逝世，享年83岁。从而，在他自己身上实现了父母的这第三个梦想。换句话说，弗洛伊德生于被驱赶的路上，也死于被驱赶的路上。

弗洛伊德出生那年，父亲已41岁，母亲才21岁；此时，弗洛伊德已有两个同父异母的哥哥，随后还将有7个弟妹。弗洛伊德的父亲虽只是微不足道的小商人，但给儿子遗传了善良、老实且助人为乐的优秀品格。父亲对儿子要求甚严，若敢犯错，轻者挨骂，重者挨打；所以，儿时的弗洛伊德具有很强的逆反心理。母亲是父亲的第三任妻子，漂亮而智慧，但性格暴躁。她把大部分爱都献给了弗洛伊德这个天生“祥瑞”的儿子，甚至默许他为家中“孩子王”；妈妈还在他卧室里配备了全家仅有的一盏油灯，以方便宝贝晚上看书，而其他成员则只能使用较差的烛光；为避免乐器响动影响弗洛伊德，妈妈竟禁止其他小孩学音乐，须知他家位于“世界音乐之都”，而且那时也正是音乐的全盛时期哟。所以，后来弗洛伊德对母亲很依恋，并从她那里继承了自信且乐观的人生态度。正是父母的这种截然相反的“红脸和白脸”，帮助后来成为精神分析学家的弗洛伊德总结出了一个规律，即在儿童身上都普遍存在着“对母亲的爱和对父亲的妒”。

小时候，弗洛伊德一家十分热闹。为啥是“十分”呢？嘿嘿，每个孩子增加一分热闹，一共10个孩子，所以就“十分热闹”了。每个孩子都有一个可爱的绰号，比如弗洛伊德便被妈妈昵称为“小黑人”，因为他呱呱坠地时长着一头长长的黑发。此外，由于不断被迫搬家，也使得他那本已热闹的家变得更热闹了。比如，他3岁时，全家被迫迁至德国莱比锡；一年后，又搬到维也纳。全家搬到维也纳以后便基本稳定下来，直到第二次世界大战开始。

弗洛伊德没上过小学，其启蒙教育是由半文盲的父母完成的；9岁时，他以优异成绩提前一年通过考试，进入本地的实验中学，并在这里分别念完了初中和高中。期间，他已显示出非凡智力。比如，他学习成绩年年都全班第一名，以至被批准享有一项特权：不必参加任何阶段测验，只需直接进入期末考试就行了。初中阶段，他主要学习了众多文科知识，十分痴迷歌德和莎士比亚，几乎走火入魔，因此成年后才会因优美的文体而获“歌德奖”；此外，他还阅读了从古希腊到古罗马的大量古典文学作品。他的语言天赋也很了得：精通拉丁文和希腊文，熟练法文和英文，自学了意大利文和西班牙文，对希伯来文也很熟悉，之后还成为公认的德语大师。进入高中后，他的好奇心开始爆棚，由好奇心而引发的梦想也不断涌现；当然，这些梦想也随好奇点的转移而很快破灭。比如，他的第一个梦想就是当律师，接着便“转梦”于达尔文进化论，再后来又梦想成为歌德那样的诗人。直到高中毕业前夕，他才总算决定继续深造读大学。

17岁时，弗洛伊德以优异成绩被免试推荐到维也纳大学医学院，主修动物学专业；从此，他就在这里度过了8个春秋。最初，他在进化论的影响下，重点关注生物学，解剖了大量雄鳝来研究睾丸结构，这也是他从事性学研究的第一步。随后，从大三开始，他的兴趣便转向了生理学，并有幸遇到了一位贵人，导师布吕克教授。导师严谨的治学态度，深刻影响了弗洛伊德，使他终生受益匪浅。弗洛伊德跟随导师6年多，研究了鱼类的脊髓，并完成了第一篇科学论文，证明了“低级动物的脊髓神经节细胞与高级动物相同”。

25岁时，弗洛伊德获医学博士学位，然后正式进入社会，开始了自己造梦、释梦和梦想成真的艰苦而曲折的过程。由于期间的故事情节太复杂，对外行似是而非的学术内容又太多；为避免混淆，下面将采取综合兼分析的方式来描述。

首先，为实现自己的“生存梦”，弗洛伊德先担任了维也纳大学的老师；后又成为维也纳综合医院的医生，并从外科转到内科，再转到精神病科，直至升为副医师；他还去法国留过学；最终在而立之年，即1886年春，他以神经病医师的身份私人开业行医。从此，他便摆脱了经济困境，不但于当年9月就攒够了钱娶回了媳妇，还开始了“一边行医，一边做科研”的一举多得计划。

其次，为实现自己的“科研梦”，弗洛伊德从神经学专家变成了精神病专家，即从躯体研究转向了心理研究。他先后掌握了催眠疗法、宣泄疗法（或谈话疗法）、歇斯底里症疗法、自由联想法、精神分析法、梦的解析法、日常生活的心理分析法等，并通过具体的病例分析发现了这些疗法的若干奥秘，为随后的著书立说打下了坚实基础。换句话说，他的“科研梦”与“生存梦”其实是合二为一的，只不过前者遭受了更多挫折和质疑而已。

晚年的弗洛伊德还实现了自己在青年时代就为之疯狂的“文学梦”，其代表性成果便是如下几本社会学名著：1921年的《群体分析及自我之分析》、1928年的《幻觉的前景》、1930年的《文明及其不满》，以及在1939年去世当年出版的《摩西和一神教》。由于此处是“科学家列传”，故对科学之外的成果只是点到为止。

那么，弗洛伊德最终实现的“科研梦”到底是什么呢？嘿嘿，它就是如今所称的“精神分析学派”或“弗洛伊德主义”，它其实是弗洛伊德经过30多年的努力才最终建成的一座“现代心理学大厦”。该大厦的主要著作“构件”包括1895年的《歇斯底里研究》，它是大厦的“地基”，首次提出了精神分析学概念；1900年的《梦的解析》，它是大厦的“主梁”，也是当时最受诟病的书籍，更是作者最伟大、最笃信的内容，以至他的整个余生都一直在坚持“睡前半小时的自我分析”；1904年的《日常生活心理病理学》，它是大厦的“承重墙”，探讨了遗忘、失言、笔误、错放东西等常见失误的心理作用，如今，这些内容已被广泛接受；1905年的3本重要著作《多拉的分析》《玩笑及其与无意识的关系》和《性学三论》，它们是大厦的几根主要“立柱”，分别详述了如何通过梦境去揭示并治疗神经症、无意识动机如何通过多种方式间接表现出来、婴儿期性欲及其与性倒错和神经症之间的关系等；1913年的《图腾与禁忌》，它是构建大厦的“钢筋水泥”，其重要性仅次于“主梁”，因为，它声称发现了三大真理（儿童具有性爱意识和动机；人类普遍具有恋母或恋父情结；梦既是对无意识欲望的满足，也是对儿时欲望的伪装的满足）；以及大厦的其他比较抽象的重要“构件”，比如，1915年的《论无意识》、

1923年的《自我与本我》、1926年的《焦虑问题》和1936年的《自我和防御机制》等。

伙计，即使您是心理专家，估计也很难完全搞懂弗洛伊德的这栋大厦，但是只要你不是文盲，那么，描述该大厦中的某个关键字，一定会让您心里一震，至少感到不自在，更羞于在广庭大众谈及；对，那个字便是“性”字。但是，非常尴尬的是，这个字却又无法回避，因为它是精神分析学的“核心中的核心”；弗洛伊德甚至将极其复杂的精神现象，分解成最单纯的“潜意识”和“性动力”两部分。因此，下面就结合弗洛伊德本人的成长经历来碰一碰这个关键词。也请读者朋友别以此评价弗洛伊德的道德问题等，其实每个人都这样，只不过为了科研，弗洛伊德敢于“家丑外扬”而已。

据弗洛伊德自己回忆，早在孩童时期，他就曾悄悄闯入父母卧室，好奇地观察他们的性生活，并因此被愤怒的父亲责骂。成年后，弗洛伊德通过自省和对他人广泛而深入的观察，竟发现：人自出生起，就对性很敏感；只不过，在不同年龄阶段，性感带有所不同而已；通过刺激性感带，便能得到性满足。

弗洛伊德的初恋故事，发生在16岁那年。她是他出生地的老乡，也是他的青梅竹马。分别多年后，当他突然偶遇她时，妈呀，他满脸通红、心脏乱跳，但不知如何示爱；直到她从视线中消失后，他还傻待在原地想入非非：当初若未搬家，也许就已将她娶回家了。反正，单相思的他立即就完全堕入情网，以至那非分之想一直持续数年而挥之不去。后来，弗洛伊德甚至还幻想过要娶回他的大侄女，即他那同父异母的大哥的女儿；须知，侄女与他的初恋暗恋对象可是同龄好友哟。弗洛伊德以此为例解释说：该时期出现的上述两个幻想对象都表明，他的性发育已进入青春发动期。

伙计，再强调一次，请别仅依据上述两个幻想就误解弗洛伊德的爱情观；其实，他对爱情的态度相当严肃，甚至超乎想象。实际上，弗洛伊德真正开始恋爱是26岁那年，即1882年4月；这时，刚刚拿到博士学位的他，偶遇了21岁的她，并立即就被那双迷人的眼睛给征服了，虽然她有点抑郁和苍白，但却纤细而精力充沛。当然，她也看中了他，于是，一见钟情的他们仅仅在2月后就订婚了。可是，未来的丈母娘却不同意：一个傻博士，穷得叮当响，哪有啥资格娶咱宝贝闺女！弗洛伊德一咬牙，就弃学从医，离开维也纳大学行医挣钱去了。

可是，挣钱谈何容易！在本地医院打工吧，那钱袋子却总也“吃不饱”；去外地创业吧，钱包虽比较满意，可又苦于异地恋。于是，弗洛伊德便充分发挥自己的文学特长，猛给未婚妻写情书，并毫无顾忌地表示自己那滔滔不绝的爱意，当然偶尔也谈及几句工作情况、未来雄心及生活中的鸡毛蒜皮等。如此苦恋，让他缺乏自信、让他情绪不稳，有时过于嫉妒并无理愤怒，甚至表现出强烈的独占欲，比如不允许未婚妻对其他男性有任何亲昵称呼等。直至4年零3个月后，直到他按平均每三天至少两封信的频率写完900多封情书后，直到他的钱包“胖”到丈母娘满意后，他俩才终于在1886年9月13日双双入了洞房。婚后，他们非常幸福地度过了终生。

此外，还有一个难以启齿但又确实是弗洛伊德亲口说出的事实，那就是，从他41岁起，他们就停止了一切性生活，虽然这经历了相当痛苦的挣扎过程。用粗话说来，享年83岁的弗洛伊德，婚后却守了整整42年的“活寡”，而有性生活竟只有区区15年。更令今人不可思议的是，守“活寡”的主要理由竟是当时的避孕工具不行，而他太太又太易怀孕，怀孕后又太易生病，并且他们已有了6个孩子，确实无力养育更多孩子了。看来，爱情常常源于“性”，但爱情又常常能战胜“性”。

最后，还有一个也许偶然也许必然的事实，那就是弗洛伊德的学术高峰期几乎同步开始于他的“禁欲期”。不过，弗洛伊德曾清楚地表明：禁欲有害健康，严重者男女皆会出现神经症病状，如失眠、食欲不振、性格孤僻、易发无名火等“性抑郁”现象。

第一百〇五回

婉拒诺奖科学家，神级天才特斯拉

如今，特斯拉之名几乎无人不知、无人不晓。但大部分人心中的“特斯拉”，却只是一款很酷很炫的电动汽车；少部分人也许知道，“哦，这款汽车出产于一家名叫特斯拉的公司”；更少数人可能知道，“哦，这家公司属于‘科技狂人’马斯克”；几乎没多少人知道，特斯拉其实是19世纪的一位伟大科学家，而“狂人”马斯克之所以要启用“特斯拉”之名，正是要向自己的偶像致敬。因此，若要了解特斯拉，既非常容易，又非常困难。这是因为，一方面，你只需将当今马斯克的疯狂程度、天才程度、大胆程度和勤奋程度等各放大N倍，就能还原出了一个活脱脱的特斯拉；至于马斯克有多“奇葩”，各位只需上网一查就行了，反正，其脑洞之巨，只有你想不到，没有他做不到。另一方面，了解特斯拉又很困难，难就难在，他未能留下多少生平事迹，甚至在去世后的很长一段时间里几乎已被全球遗忘，直到1956年的“特斯拉诞辰100周年纪念日”，世人才重新意识到他的伟大，对他的研究也才迎来了一场国际性的复苏，甚至上演了一出新的“王者归来”传奇。直到1957年，他的骨灰才被运回出生地；直到1960年，“国际电工委员会”才确定用“特斯拉”作为磁感应强度的国际单位，并以此纪念其巨大贡献；直到1975年，他才被正式引入美国发明家“名人堂”；直到2005年，他才被群众投票入选“最伟大的100位美国人”。

至于特斯拉为啥被遗忘数十年，其原因很复杂，本回也不想讨论。但必须承认，特斯拉确实相当伟大、相当超前；特别是随着时代的进步，他的过人之处更显得越来越醒目。难怪当我们回首历史时，才会惊讶地发现，原来他才是真正的电气时代之父。他被众多崇拜者誉为“创造出20世纪的人”和“最接近神的人”。他的终生梦想就是给世界提供用之不竭的能源，且在生前就被认为是当时美国最伟大的电气工程师之一；他发明的交流电动机，奠定了现代电力的基础。他才是无线通信的主要奠基者，因为他早在1897年就获得了无线电专利，其时间早于因此而获1909年诺贝尔物理学奖的马可尼；这一点已在1944年由美国最高法院做出的裁决所认定，因为法院宣布“特斯拉的专利有效，马可尼的无线电专利无效”。他早在1917年就向美国海军提出了雷达构想，而直到1935年后人才发明了首台实用雷达。他先于伦琴发现了X射线，并警告说它很危险；可惜，其相关资料却在一场大火中被烧毁。由于其突出贡献，诺贝尔基金会曾决定将1915年的“诺贝尔物理学奖”同时授予他和爱迪生，可惜被这对“冤家”婉拒。他还于1937年再次获得过“诺贝尔物理学奖”提名。此外，他还发明了遥控器、霓虹灯、火花塞等，建造了人类首个水力发电站——尼亚加拉水电站。他早在1899年就造出了球状闪电；早在1901年，就试图横跨大西洋进行电能的远程无线传输；他独自取得过700多项专利。总之，他被其敌人骂为“疯子”，被其崇拜者赞为“天才”，被世人公认为“一个谜”。下面就来努力揭开这个“谜”的冰山一角。

1856年7月10日凌晨，在克罗地亚的一个穷山村的一个平凡家庭里诞生了一位很平凡的小男孩儿，他就是本回主角尼古拉·特斯拉，家中5个孩子的老四。他的家族也很平凡，祖祖辈辈所从事的职业基本上都很稳定，要么种田，要么参军，要么去教堂当神职人员。

爸爸的主业是看管教堂，也是业余打油诗人，平常说话更喜欢夹上几句名人名言；这些爱好，无疑后来都遗传给了儿子。不过，自特斯拉呱呱坠地后，老爸就一直梦想让儿子当牧师，所以从小就按牧师标准对特斯拉进行培养，每天都规定了奇怪的学习内容，比如互相猜测对方的心思、找出他人仪容表情上的毛病、复述冗长的句子、进行众多复杂的心算等。这些日常训练，大大增强了特斯拉的记忆力，特别是培养了他敏锐的分析批判眼光，这对他后来的发明工作肯定很有益处；虽然，这只是歪打正着。

妈妈对特斯拉的正面影响最大。虽然她大字不识一箩筐，但有着过目不忘的惊人记忆力，而且还特能创新。据成功后的特斯拉回忆：“妈妈才是一流的发明家，假若她能有机会接触现代社会，就一定能做出了不起的大事。她在家里发明和制造了各种各样的工具和装置，纺织了许多精巧美丽的花纹图案，甚至自己育种、自己栽培植物、自己提取纤维等。”妈妈的这些天生本领遗传给特斯拉之后，几乎成为他后来事业的制胜法宝。实际上，特斯拉从小就痴迷于发明创造，5岁那年就造了一台小水车，不但外形新颖，还能在水流中转动自如；成年后，当他设计了一款无叶片涡轮机时，还亲口谈起过这个小水车呢。

当然，特斯拉儿时的发明创造也经常失败。比如，有一次试验飞伞时，他竟从墙头坠落，被摔得失去了知觉；又有一次，他设计了一架由16只甲壳虫拉动的风车，结果却因虫子们“不听话”而出现了失控状况；还有一次，他将祖父的闹钟很麻利地拆成了零件，可待到想要重新组装时，才发现不能“物归原位”了。不过，超强的动手能力和创新能力，也让特斯拉很早就成了全村名人。原来，村里罕见地新购了一辆消防车，村民们异常激动，并为该车举行了隆重的洗尘仪式：在一通噼里啪啦的鞭炮后，便是长辈讲话、村民代表发言，然后再是披红挂绿的消防员们开始灭火表演。结果，火虽点着了，但消防车却怎么也喷不出水来，急得大家团团转；这时，特斯拉自告奋勇，三下五除二就修好了消防车，还将喜笑颜开的长老们淋了个“透心凉”。一时间，欢呼雀跃的村民们把他扛在肩上、抛到空中，简直就像对待凯旋的盖世英雄一样。

特斯拉还拥有许多稀奇古怪的负面性格。比如，每当看见妇女佩戴耳环，特别是珍珠耳环时，他就特别反感，甚至拒绝同佩戴珍珠耳环的人交谈；任何轻微的樟脑味都会使他坐立不安；若见小纸片掉进液体，他嘴里就会马上产生奇异的难受感。他很惧怕细菌，很讲究卫生，是典型的“洁癖”，见面不喜欢握手，甚至不允许别人碰他。此外，他走路时，一定要数步数；吃饭时，必须计算汤盘和咖啡杯里还剩多少喝的和几块吃的，否则就会食之无味，因此，他总喜欢独自吃饭；他还有一个更怪的毛病，那就是不能接触他人头发，“除非用刀枪逼着我”，他说。这些极端古怪的行为和性格，无疑对他后来的生活产生了重大影响，以致他终生未娶。其实，暗恋或疯狂追求他的美女数不胜数，其中不乏名门闺秀和漂亮名媛。当然，这也并不意外，暂且不说他那如雷贯耳的发明家光环，也不说他那身高近2米的伟岸之躯，单看他那无比诱人的人格魅力就足以让姑娘们发狂。据说，他拥有不同凡响的真挚、谦逊、优雅、慷慨、自信、刚强、淳朴、诚实等优良品格；又据说，他安静、腼腆、温恭、友善；还据说，他文质彬彬、很有教养、穿着考究、举止高贵；更据说，他谈吐幽默、反应敏捷、处事低调、落落大方。总之，在美女们眼中，几乎所有赞美之词全都可堆积在这位“白马王子”身上。

虽不知特斯拉的众多怪癖是何时形成的，是怎样形成的；但有一点是可以肯定的，那就是他童年时所经历的许多重大刺激一定发挥了重要影响。比如，儿时的特斯拉，不知有多少次与死神擦肩而过，据他后来的回忆，他至少有3次差点病死、有N次差点淹死，有一次掉进热奶锅里差点烫死，还有一次差点被烧死，更有一次差点被倒塌的古庙活埋；此外，他还数次被疯狗追咬、被惊马冲撞、被凶猛的野猪袭击等。总之，在特斯拉幼小的心灵中，随时都充满了恐怖阴云。

对特斯拉负面性格影响最大的人，可能是他的一位12岁时就早逝的哥哥。哥哥本来才华横溢，是父母的“掌上明珠”，也是特斯拉心中无比崇拜的偶像；可是，在特斯拉不满6岁时，哥哥却惨死在了特斯拉眼前。至于哥哥是如何惨死的，有几种版本，一说是被惊马踢死的，一说是被特斯拉不小心推下悬崖摔死的。不管真相如何，据后来心理学家分析，幼时的特斯拉很可能在无意识中将此事的罪责归咎于己，并从此背上了终生的负疚感，哥哥的阴影也永远留在心中变成了挥之不去的痛，以致成年后他还经常在梦中遭受此事的折磨，甚至产生亡兄的幻觉。

哥哥惨死后，特斯拉便立志要磨炼自己，要奉行铁的纪律，以图有朝一日出人头地，并以此安慰父母；所以，他从小就显得比普通孩子刚强、好学、大方等，各方面都高出一筹。后来特斯拉自己也承认，当他实行自我克制时，便开始形成奇怪的压抑性格。特别是哥哥惨死两年后，特斯拉的性情开始大变，不但变得异常脆弱和优柔寡断，还经常梦见妖魔鬼怪，并开始惧怕死亡，对神更是诚惶诚恐。许久以后，特斯拉才终于找到了一种减弱这种折磨的办法，那就是躲进父亲的书堆里，沉浸在忘我的阅读之中；以至于父亲不得不禁止他夜间点蜡烛，因为要防止他通宵读书。于是他便"天不黑尽不罢休，天刚破晓就起床"，反正，每天除了读书还是读书。终于，有一本名叫《阿巴菲》的小说突然终止了他的优柔寡断，"不知为啥，它瞬间唤醒了潜藏在我心中的意志力。"他甚至认为，后来自己之所以能成为发明家，在很大程度上应归功于这时激发出的意志力。书中暗表，他的这种意志力后来更发展成了利弊参半的严重强迫症。

6岁时，特斯拉开始上小学。他语文成绩优异；外语更厉害，竟然很容易就精通了英语、德语、法语、拉丁语、捷克语、匈牙利语、意大利语、克罗地亚语等8种语言。当然，最不可思议的还是数学，老师刚在黑板上抄完习题，他通常就已得出了答案，甚至让校方误以为他在作弊。他的大脑中"存储"了一整套对数表，若需运算，只要迅速"查查表"就行了。而他的所有这些课堂奇迹，其实都归功于他的另一项更惊人的本领，那就是他所谓的"照相记忆"，即他只需扫一眼，就能将一整页的全部内容（无论它们是文字、图表或数据等）全部记下，而且还能长期保持记忆。甚至，他大脑中出现的图像还可用于溯源早先遇见的实际情况。在小学校园里，他首次看到了若干机械模型，结果他竟然把其中的许多机器都给仿造出来了，而且还能让它们正常运行。

10岁那年，特斯拉勉强从小学毕业，升入中学。为啥说"勉强"呢？因为，他严重偏科。有一门"手工制图"课程，他压根儿就不及格；原来他很反感这门课，因为这样的绘图，他完全不必动手，只需在头脑中轻松构思就行了。至于他在中学期间成绩如何、是否正常毕业等，好像都没准确信息；但是，他肯定已开始了许多胡思乱想，比如，从二年级起他便痴迷于设计某种"只有一根旋转轴和一双翅膀"的飞行器。由于他对该飞行器的思考过于投入，甚至达到殚精竭虑的程度，他终于病倒了，而且还病得很严重，几乎丧命。他好容易从病魔手中挣脱出来后，刚转入另一中学，却又染上了疟疾；再逃回家乡时，唉，又赶上霍乱，最终在病床上躺了9个月后才总算又捡回一条命。

中学是读不下去了，咋办呢？参军呗！于是，特斯拉又服了3年兵役，期间更是浮想联翩，甚至试图在大西洋海底铺设一根邮政管道并利用水压来实现信件的往返传递；后来他的想法更大胆，竟要想在地球赤道上空架设一个圆环，并以此实现全球旅行。反正，在正常人眼里，特斯拉设想的这些东西基本上都属于痴人说梦；当然，确实后来也都全泡了汤。

虽历经数次惨痛失败，但特斯拉一点也不气馁，甚至越战越猛，以至17岁时，他干脆全力以赴聚焦于创新发明，而且还意外发现了自己的出奇想象力，即他不需要模型，不需要绘图，也不需要实验，就可在心中将自己正构思的东西"看得"一清二楚，甚至还和真的实物一模一样。与普通的实验方法相比，这种罕见的"想象法"显然不但速度快，而且还效率高。特斯拉研制新设备的方法，绝对与众不同，若非他亲口描述，无论如何别人也不敢相信；因为他说"当我有了发明新设备的想法后，并不立即开始实施，而只是在想象中将它构成图像。若需要变更其结构或改良其设计，也都只在头脑中进行，并最终让这套设备在头脑中运转起来。若一切正常，再开始进入实体制造。"他还说："从可行性理论到实际数据，任何东西都能预先在脑海中测试"；而且，更绝的是，他说："凡是我造出的设备，运行起来肯定与我在头脑中构思的东西完全一致，试验结果总和预测丝毫不差。多年来始终如一，没有例外。"

直到19岁时，特斯拉的"狂想曲"才开始靠谱，信马由缰的想象才稍微有所收敛，当然，他的发明创造也才真正落地。这一年，他获得了一笔助学金，考入格拉茨理工大学学习数学、物理和机械学，并轻松通过了9门考试。其实，他在大学里也只待了区区一年而已，因为第二年就因学费问题而被迫辍学。尝到读大学的甜头后，在接下来的数年间，特斯拉在布拉格等地一边打工一边在大学旁听，还一边在图书馆自学，直到24岁。期间，他系统学习了许多学科知识，特别是电气方面的知识；他的理论水平也得到大幅度提高，研究选题也开始变得比较切合实际，再加他那天生的特异本领，当然也少不了超级勤奋（据说他每天只睡2小时，工作起来就着了魔，甚至"舍不得拿出时间吃饭"），所以他很快就取得了重大成果。比如，26岁那年，他以工程师身份进入爱迪生电话公司巴黎分公司，当年就成功设计了首台感应电机模型。两年后，他又被爱迪生亲聘为研究员，并加入美国国籍。不久，他便解决了若干非常困难的问题，并成为爱迪生的直流电机总设计师。

可是，由于与爱迪生的理念相冲突（比如，他看好交流电，而爱迪生只看好直流电），所以在30岁那年，特斯拉愤然离开了爱迪生，并成立了自己的公司。这一年，特斯拉还取得了自己的首项专利——发电机整流器。此后，特斯拉便与爱迪生成了"死对头"，不过，本书对这两巨头之间的"战争"不感兴趣，所以，直接忽略。但随后，特斯拉确实进入了"天高任鸟飞"的创造发明新天地，并取得了至今仍让后人惊叹不已的众多传奇式成果。

特斯拉的成果太多，无法详细介绍，但需提请大家认真考虑的是，同样是那个具有非凡天才的特斯拉，他为啥在19岁前的"狂想"就那么不靠谱呢？这当然与年龄和经验等有关，但可能更重要的是科研选题！过于异想天开，当然会失败；充分吸取前人的成果特别是系统掌握相关知识，肯定有助于选题，这也是为什么特斯拉在进入大学后、在懂得正确选题后，才真正开始腾飞的原因。

其实，科研成功的关键是正确选题。比如，选题过于超前，那一定会成为"先烈"；选题过于落后，那又肯定成不了科学家，甚至相关的所谓"科研"就会变成"垃圾制造"。当然，这里的"超前"程度，对不同的人群来说，只是一个相对概念。比如，对特斯拉来说，由于他拥有"大脑实验室"这种天才能力，所以，对普通人已如科幻般超前的东西，甚至压根儿就无现成理论的东西，在他那里却可变成现实；当然，即使是神一样的特斯拉，其实他的科研也以失败居多，而失败的原因又几乎都无一例外的是"选题过于超前"，包括理论的超前、工程实现能力的超前、社会需求的超前和国际关系的超前等。

特斯拉的伟大确实出人意料，但他的结局之悲惨更出人意料！本来他可轻松成为巨富，比如只需出售交流电动机专利就行了。但事实却是，他晚年一贫如洗、穷困潦倒，孤单单地以面包和咸饼干为食，隐居于纽约某旅馆的3327房间；还在这里，于1928年获得了最后一项专利。更过分的是，他还因举止怪诞，被许多人当成"疯子"。

1943年1月7日晚10点半，伟人特斯拉，因心脏衰竭在睡眠中逝世，享年86岁。据说，他死后留下了一大笔债务；还据说，在弥留之际，为他唱安魂曲的竟然只有他生前精心喂养的数百只鸽子。

唉，面对特斯拉的悲惨结局，咋说呢？也许只能用那位替人类盗火的普罗米修斯的更惨结局来安慰吧，毕竟特斯拉还未被神惩罚，还未被铁链锁在岩石上，其肝脏也未被老鹰日夜啄食。

第一百〇六回

汤姆逊发现电子，创诺奖堪称传奇

伙计，一提起诺贝尔奖，你一定会高山仰止吧。但是，若你是本回主角，那无论你左看右看、上看下看，看到的都将很精彩；因为，不但诺贝尔奖将满眼，而且还会代代相传。但愿你别被成群的诺贝尔奖吓坏，更别假装不理不睬；其实，主角很可爱，全无寂寞男孩之悲哀；有意见，他就说出来；有成就，他更乐开怀；就算电子不简单，他想了又想、猜了又猜，刚开始还很奇怪，突然灵感一现，那电子就被揪了出来。算了，还是说正常话吧，别只套歌词了。你看，本回主角汤姆逊，自己因发现电子是粒子而获1906年的诺贝尔物理学奖；而他儿子兼弟子，又因发现电子是波而获1937年的诺贝尔物理学奖；他的9位弟子也先后获诺贝尔奖；他的博士后仍获诺奖；至于徒孙和徒重孙嘛，获诺贝尔奖的人就更多了。此外，在本来就十分罕见的父子诺奖得主中，竟有3对都出现在他身边，除了他和儿子外，另两对分别是助手小布拉格和导师老布拉格，徒孙小玻尔和徒弟大玻尔。此外，在他长达34年的领导下，作为剑桥大学物理学院的区区一个实验室，卡文迪许实验室愣是被建成了“诺贝尔奖摇篮”，比如，从1904年至1989年间，该实验室竟多达29人获得了诺贝尔奖！该实验室的效率之高、成果之丰，堪称举世无双；在实验室鼎盛时期，在全球重大物理学发现中，它竟占“半壁江山”！

虽不宜以奖论英雄，但能产生如此众多的一流科学家，确属奇迹。而创造该奇迹的功臣，自然少不了汤姆逊；因为，他是卡文迪许实验室的第三任主任，而且该实验室的腾飞正好起源于其任期。实际上，他对实验室进行了大刀阔斧的改革，引进了新的教学和科研方法，吸引了众多海外优秀生源，甚至还创立了极为成功的研究学派——剑桥学派。更重要的是，他是电子的发现者，还被誉为“最先打开基本粒子大门的伟人”和“电子时代的领路人”。更难能可贵的是，早已功成名就的他在科研道路上却从未停步，始终一如既往、兢兢业业，不断攀登高峰。他既是理论物理学家，又是实验物理学家，他所做过的实验多得难以计数。特别是他测定了电子的荷质比、测量了电子的质量后，他又创造了一种新方法，能把质量不同的原子分离开来；这就为后人发现同位素，提供了有效手段，因此，他又是同位素的“开路者”。那么，如此罕见的“专家型领导”和“领导型专家”到底是如何诞生的呢？下面就来唠叨唠叨。

1856年（咸丰六年）12月18日，在英国著名的曼彻斯特大学隔壁的一个小胡同的一间昏暗古董书店的个体户家里，平淡无奇地诞生了一位小胖墩儿。家长哪知这小子今后将改变历史嘛，所以就随意给他取了一个平淡无奇的名字，约瑟夫·约翰·汤姆逊。啥意思呢？嗨，大约相当于村里的“胖墩儿”；君若不信，只需上网一查，保证各种汤姆逊将蜂拥而至，让你完全淹没在“胖墩儿”的汪洋之中。

汤姆逊的妈妈非常慈爱，以至街坊四邻的小孩都很喜欢她，有事没事总到家里来玩，一边品尝汤姆逊妈妈赠送的各种小茶点，一边与汤姆逊妈妈合作表演有趣的儿童剧，当然，更一边发出爽朗的大笑；汤姆逊妈妈还经常给小朋友们很多意外惊喜，这时高兴的尖叫声便会响彻整个胡同。汤姆逊从小就沉浸在这种愉快的气氛中，所以，他不但心智正常，还继承了这种良好的处事态度，并将它带到了后来的剑桥大学卡文迪许实验室。只不过，那时赠送茶点和意外惊喜的人，不再是汤姆逊妈妈，而是汤姆逊的漂亮媳妇；发出尖叫的不再是小朋友，而是著名教授和博士等。

汤姆逊的爸爸虽然人微言轻，但结交了一大批“高大上”的朋友。这倒不是因为老爸善交际，而是因为著名作家和教授等各界名人都愿意主动找上门来套近乎。实际上，他们都想从老爸的古董书堆里淘几本“九阳真经”；特别是每当有“孔乙已”送来祖传典籍换酒时，哇，书店的黑屋马上就成了名人俱乐部，人人两眼放光、个个奋勇当先，生怕遗漏了什么本该属于自己的宝贝似的。所以，伙计，别小看汤姆逊这小娃娃，他可是很早就见过世面的哟，甚至有一次他还亲眼见到了传说中的大科学家焦耳教授，更与焦耳互道了问候；当然这也把小汤姆逊激动得热泪盈眶，并暗暗发誓，一定要努力学习，长大后也要当一名科学家。

果然，14岁时，汤姆逊就进入了曼彻斯特大学，并在司徒华教授的精心指导下，在自身的刻苦钻研下，学业突飞猛进、成绩遥遥领先。但是，16岁时，父亲却突然病逝，家里也迅速陷入“经济危机”，甚至连学费也交不起了。还好，妈妈一直咬牙坚持让汤姆逊继续学业，而此时他刚好又幸运地从欧文斯学院获得了一笔助学金；所以，他便留在了学校继续读书，而没像弟弟那样被迫中止学业。更意外的是，20岁那年，他竟然被保送到了赫赫有名的剑桥大学三一学院深造，专攻数学！这对汤姆逊来说，无异于天上掉馅饼，当然这只是他人生中的第一个“馅饼”，所以他额外珍惜，并更加努力地学习，以至4年后以第二名的优异成绩从剑桥大学毕业，取得学士学位；然后留校任教，并被选为三一学院学员，两年后又晋升为讲师。关于这第一个“馅饼”，汤姆逊终生都存感恩之心，他常说：“无论是学术氛围还是科研环境，剑桥大学都是美妙无比的；若无奖学金，像我这样的穷孩子压根儿就甭想进去。”

其实，对汤姆逊来说，砸中他的最大“馅饼”是另一个更重要的“馅饼”。该“馅饼”的落下时间是1884年，那时汤姆逊还只是一位年仅28岁的、刚毕业四年的、默默无闻的青年教师。“馅饼”的抛出者，当然更是汤姆逊的“伯乐”，是后来1904年“诺贝尔物理学奖”得主斯特拉斯，即第三代瑞利男爵。当时这位“伯乐”正担任卡文迪许实验室的第二任主任，且正欲选取自己的接班人。伙计，选谁接任卡文迪许实验室主任，这可不是小事哟！别嫌该实验室的“行政级别”很低，只是剑桥大学物理学院下属的一个实验室而已，或只相当于“科级机构”；也别嫌该实验室的投资很小，实际上它的建设经费只有卡文迪许捐赠的区区8 000英镑；更别嫌它很幼稚，实际上它只是在10年前（1874年）建成的；但是，该实验室的前几任主任可个个都是“神级”的科学家哟！比如，它的第一任主任竟是“电磁学之父”麦克斯韦。

既然被接班者是瑞利男爵“大神”，那接班者当然最好也是另一“大神”，至少得是一个“神”吧；实在不行，无论如何也该选一“小神”吧。但却出乎意料的是，这位瑞利却“乱点鸳鸯谱”；只见他手搭凉棚，睁开“火眼金睛”往全球物理学界一扫，结果却只选中了一个“人”，而且还是布衣白丁的“普通人”；对，他就是汤姆逊。当时，所有人都傻眼了：对该宝座垂涎欲滴者，表示愤怒和惊讶；对实验室的发展寄予厚望者，表示担心和疑虑；不过，普通的年轻学者倒非常高兴，因为，汤姆逊为人友善，很好相处。而对汤姆逊自己来说，其实这个“馅饼”给他的刺激最大，以至若干年后，他还说：“妈呀，那时简直就像小河边的披蓑钓翁，本来只想钓条小鱼玩玩，可哪知上钩的竟是一头巨鲸！”做瑞利的接班人谈何容易啊！

当然，后来的事实表明，汤姆逊不但稳稳地钓起了“第三任主任”这头“巨鲸”，而且还经过34年的不懈努力终于把那条“小河”扩展成了大海，让成群结队的“巨鲸”在其中悠闲游弋；让任何有足够本事的人都可从中钓起几条“诺贝尔奖”，无论钓者是父子、师徒或同事等。至于瑞利为啥选中名不见经传的汤姆逊作为自己的接班人，这就是一个谜了；不过，也可能是瑞利具有独特慧眼，因为此前瑞利确实与汤姆逊一起在卡文迪许实验室合作了4年，并指导汤姆逊完成过多篇高水平学术论文。还有一点可以肯定，那就是汤姆逊踏实肯干，聪明伶俐，深得瑞利喜欢。当然，剑桥大学对候选主任也相当重视，特别是面对汤姆逊这位毛头小子，更不敢盲目听从或反对瑞利的建议。于是，剑桥大学便破例邀请热力学权威开尔文、流体力学权威斯托克斯和潮汐摩擦论权威达尔文（进化论达尔文的儿子）等3位杰出科学家组成一个评审小组，对汤姆逊进行了严格、客观、公正的考察。哈哈，评审小组竟然一致同意汤姆逊通过此次考察！

“坐镇”卡文迪许实验室后，汤姆逊很快就将大家团结成了充满活力的集体，他自然也成了其中的灵魂人物；特别是他的杰出组织才干和人格魅力，不断激励大家在物理领域的最前沿进行着广泛而深入的探索。实验室的学术气氛空前浓郁，以至于大家都只关心一件事，那就是物理学的最新发展。大家也都对他由衷地爱戴和敬仰。其实，汤姆逊对实验室人员，特别是对自己的学生要求非常严格。比如，他要求大家在做研究前，必须掌握所需的实验技术；而且，实验所用的仪器都不能盲目购买，更不能只会使用现成仪器，要尽量自己动手制作仪器，为此他被大家善意地取了一个外号，叫“抠门精”；据说，自上任后，经他亲手批准的设备购置费总共不超过20 000英镑，平均每年只有区区600英镑。其实他并非舍不得花钱，而是认为应该培养大家的独立思考和科研能力，不该用“现成的机器”去制造“死的成品”。他还要求大家不能只当实验的观察者，而要成为实验的创造者。这也是该实验室成功的重要原因之一。

实验室成功的另一重要原因还与某位小姑娘有关；她名叫诺丝，是剑桥大学医学院乔治教授家的千金。从汤姆逊出任主任3年后的1887年起，她就常到实验室旁听博士们的学术讨论。1889年的某天，实验中的诺丝急得满头大汗，可怎么也出不了结果，正欲放声大哭时，突然从天边闪出一匹白马，上骑潇洒的英俊王子，但听他大吼一声，“妹妹别哭，汤某来也！”说时迟，那时快，只见他额上的“天眼”一睁就轻松搞定了仪器故障。若干年后，汤姆逊的儿子（也是诺奖得主）对这段英雄救美故事表示“呵呵”，他揭老底说“醉翁”老爸其实不喝酒，他的实验动手能力压根儿就不咋的！管他儿子咋说，反正被救的美人从此就对“白马王子”佩服得五体投地。再看那“英雄”时，哪敢有半点怠慢，赶紧单膝跪地向“白雪公主”求了婚；于是，1890年1月2日，34岁的“钻石王老五”娶回了自己心仪的媳妇，建立了幸福美满的小家庭。

年轻美丽的汤姆逊夫人，特别贤惠，她总能为来访的朋友们准备新奇可口的茶点。于是，一传十，十传百，汤姆逊家很快就成了实验室的“俱乐部”。大家有事没事都喜欢去他家讨论科研工作、交流实验室的疑难问题等，当然也“顺便”品尝女主人的精湛厨艺。特别是周末或节假日，他家更少不了各种聚会，而女主人也始终乐此不疲，让实验室的小伙子们赞不绝口；至于个别贫困生，那更是几乎每天都被汤姆逊请回家，一边辅导学业一边蹭几顿便饭。后来被学术界公认为“继法拉第之后最伟大的实验物理学家”和“20世纪最伟大的原子物理学家”卢瑟福，便是这种蹭饭队伍的“主力”。总之，整个实验室的氛围特别温馨，大家都相亲相爱，宛若原本就是一家人；而且，这种优良传统，后来又经实验室的第四任主任卢瑟福传承下去并进一步发扬光大。

当然，“科研不是请客吃饭，也不是只做文章，更不是绘画绣花，不能那样雅致，那样从容不迫，文质彬彬，那样温良恭让；科研是发现自然新规律，是新观念对旧观念的无情淘汰。”所以，汤姆逊要想真正成功，卡文迪许实验室要想真正成功，就必须拿出货真价实的重大成果。当然，由于成果太多，有些内容又太过专业，所以下面只选一个最具代表性的成果来介绍，看看汤姆逊是如何发现电子的，准确地说是如何证实电子是粒子的。

其实，人们早就看见了电子，只是不知它是啥而已。实际上，早在1858年，盖斯勒就制成了一种低压气体放电管；一年后，普吕克尔就发现该放电管能产生美妙的绿色辉光。嗨，其实只要不是盲人，任何人都能看到辉光；用今天的例子来说，它本质上就是日光灯发出的荧光。但是，这种辉光到底是什么东西呢？一时间，全球物理界哗然了！各种观点此起彼伏，公说公有理，婆说婆有理，谁也说服不了对方，谁都能找出自己的证据，同时也能找出对方证据中的明显瑕疵；直到近20年后的1876年，大家才取得了初级共识，同意戈尔兹坦的意见，认为这种辉光是由阴极产生的某种射线，故称之为阴极射线。

但问题还远未解决，接下来的争论更激烈，因为大家都想知道：这阴极射线，到底是由啥组成的？当时的主流观点有两种。正方认为阴极射线是一种波，准确地说是一种电磁波或光波。正方主辩手包括著名物理学家赫兹、勒纳、普吕克尔和瓦特森等。正方的主要证据包括阴极射线与紫外光很类似，既然紫外光是一种波，当然有理由认为阴极射线也是波；在黑暗中，阴极射线能占满整个房间，它还能穿透金属箔，而粒子却没这种本领。与此相对立，反方则认为阴极射线是一束粒子，反方主辩手包括著名物理学家瓦利、克鲁克斯和舒斯特等，反方的主要证据包括阴极射线带有电荷，还能在磁场中被偏转，这与带电粒子的行为类似；阴极射线甚至能让密闭玻璃管中的小轮旋转，任何波都显然没这本领。书中暗表，看来当时的科学家们还不够“圆滑”，既然有那么多证据表明阴极射线是波和阴极射线是粒子，那为啥没人出面和稀泥地证明“阴极射线既是波又是粒子”呢！果然，后来汤姆逊在50岁时，因证明“阴极射线是粒子”而获得了诺贝尔奖；而31年后，汤姆逊的儿子又因证明了“阴极射线是波”再获得了诺贝尔奖。唉，如果当初有人和稀泥，那这位“泥瓦匠”会不会同时获得两份诺贝尔奖呢？闲话少说，还是书归正传吧。

就在正反双方争得面红耳赤、难解难分之际，汤姆逊出场了。其实，他早在刚接任卡文迪许实验室主任时就出场了，只不过那时他仅是一名微不足道的“群众演员”，根本插不上嘴，完全没发言权。他心里虽属反方，可手上却拿不出任何证据。咋办呢？当然不能“凉拌（办）”！他想呀想，算呀算；理论研究累了就做实验，实验败了就回头重新修正理论；一年过去了，没结果；二年过去了，又没结果；十年过去了，仍没结果。终于，在“苦恋”阴极射线13年后的1897年，41岁的汤姆逊总算巧妙地录下了阴极射线的“足印”。“足印”在平常是直行的，但若遇电场或磁场，它就会偏转；而且，还可根据其偏转方向，判定“足印主人”所带电荷的正或负。哈哈，有图有真相，因为波是“踏雪无痕”的，所以“群众演员”汤姆逊断言：阴极射线是带负电的物质粒子，如今称为“电子”。正方刚想反驳时，汤姆逊又补上了一记致命的“如来掌”；因为，他不但测出了在指定电场和磁场中电子束的速度，甚至还测出了它的质量大约只有氢原子的1/2000！妈呀，这个发现可不得了啦，它不但一锤定音，终结了正反双方有关阴极射线的、长达近40年的纷争；而且还彻底颠覆了物理学家们的世界观。因为，当时大家都坚信“原子不能再被分割了”，而现在汤姆逊却将原子分割后的“残片”清清楚楚地摆在了大家眼前。

汤姆逊不但自己很成功，还帮许多人取得了成功，所以他一直深受敬仰。比如，1926年，弟子和朋友们为他隆重庆祝了七十大寿。哇，好家伙，那真是“锣鼓喧天，贺声嘹亮，鞭炮齐鸣，彩旗招展，人山人海”，从他身边走向世界的顶级科学家们欢聚一堂，在回忆汤姆逊夫人做的美味佳肴时个个都忍不住狂咽口水，只是不好意思再让师母亮亮厨艺。不过，汤姆逊的各种新鲜段子还是层出不穷，足够大家捧腹大笑，尽情享受一顿精神饕餮盛宴。不知是谁带头，大家一起唱起了专门为他创作的生日之歌《欢乐电子颂》：“电子好欢乐，偶尔受束缚；平常很自由，总是笑呵呵；天天转呀转，边转边唱歌；哈哈哈哈，我们像电子一样活泼，围绕亲爱的汤姆逊，尽情地唱歌，唱歌！”

晚年的汤姆逊，身体仍然很棒。77岁时，他还在全球旅游带讲学；84岁时，他记忆力还特好。可惜，1940年8月30日，伟大的汤姆逊逝世于剑桥，享年84岁。他的骨灰被安葬在西敏寺中央，与牛顿、达尔文、开尔文等一起接受后人永远的敬仰。

第一百〇七回

赫兹发现电磁波，天才早逝莫奈何

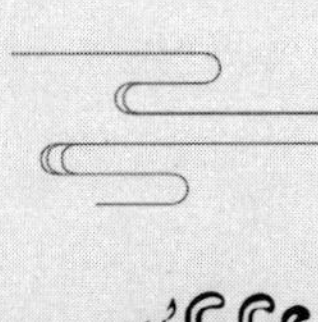

伙计，只要你听过收音机，那就一定知道赫兹（简称“赫”），其符号为“Hz”，它还是频率的国际单位，即单位时间内的振动次数；但是，许多人可能并不清楚，这个国际单位是为了纪念本回主角，德国物理学家赫兹，全名海因里希·鲁道夫·赫兹。

赫兹的主要成果是他首次用实验证实了电磁波的存在。当然，“电磁波”这个名词，对普通读者来说也不陌生，至少在各种新闻和书籍中都会经常看到它。但是，很多人可能并不知道，电磁波对人类非常重要，种类也很多，与你我的生活更密切相关。比如，若按辐射频率从低到高把电磁波排列出来，那么，电磁波的种类及应用就至少包括无线电波，主要用于广播、电视、手机和通信等；微波，主要用于微波炉、电磁炉、卫星通信、导航和定位等；红外线，主要用于遥控、热成像、导弹红外制导等；可见光，它是人眼可接收到的一种电磁波，是所有生物用来观察事物的基础；紫外线，可用于消毒、验证假钞、测量距离、工程探伤等；X射线，可用于CT照相；γ射线，可用于医疗等。除了上述“高大上”的应用外，其实电磁波还有一些很平常的应用，比如，波长2至25微米且强度适中的电磁波会与体内细胞产生谐振，从而增强微循环，促进新陈代谢，治疗或防治诸如湿疹、痛经、痔疮、冻疮、胃炎、偏头痛、颈椎病、腰饥劳损、外伤感染、横隔膜痉挛、风湿关节炎、面神经麻痹、腰椎间盘突出、神经性皮炎、坐骨神经痛、术后伤口愈合等。不过，还必须指出，有些电磁波也会对人体造成伤害。比如，若长期接受过强的电磁辐射，就可能流产、畸胎、提前衰老、心律失常、视力下降、听力下降、血压异常、月经紊乱、免疫力下降、记忆力减退、生殖力下降、新陈代谢紊乱，甚至引发癌症等。

当然，除了电磁波外，赫兹还有多项其他重大发现。比如，他发现电磁波与光波同速，且性质也相同；发现“当电子冲击原子并激发出发射谱线时，其能量是分立的”等。此外，他的成果还促使后人发现了波动方程和光电效应等。但非常可惜的是，如此罕见的天才巨星却过早陨落人间，只活了37年！唉，一言难尽，还是慢慢从头道来吧。

话说，咸丰七年，即著名数学家柯西去世那年，准确地说是1857年2月22日，赫兹以长子身份出生于德国汉堡的一个条件优越的律师之家。妈妈是一位医生的女儿。爸爸的进取心很强，先是作为律师界的代表被选为市议员，后来更成为司法局长官；所以，爸爸对儿子寄予厚望，很重视儿子的早期教育。赫兹也很争气，上中学时一直就是班里的优秀生，不但天资聪颖、悟性出众，还有很强的记忆力和逻辑思维能力，更有强烈的求知欲；他几乎每门功课都名列前茅，尤其是数学更出色。此外，除了听讲外，他还喜欢动手做实验；他这种手脑并用的良好习惯，对后来的成功起到了关键作用。

赫兹的课外兴趣也很广泛。比如，他喜欢绘画，其素描才华和功底更不一般，甚至还在美术学校接受过正规训练；他对语言文字也颇有研究，能熟练背诵许多古代和现代文学名著，甚至终生都喜好《荷马史诗》《柏拉图对话录》和《但丁诗集》等；他的外语能力更令人叹服，除了英语、法语和意大利语等常见外语之外，他在诸如阿拉伯语等小语种方面也出类拔萃，以至于相关老师很严肃地去他家找他爸爸，强烈建议赫兹今后攻读东方学；他还很擅长木匠活，不但自购了一架木工车床，还正式拜了一位“鲁班”为师，按木匠的职业标准勤学苦练，其技艺进步之快，以至于这位“鲁班”也来家访，希望赫兹今后成为一名“小鲁班”。

当然，赫兹也并非全才。比如，他唱歌就总是跑调，老师虽已竭尽全力，但他仍是朽木难雕，所以他从未加入过学校合唱队；即使是音乐课的练习，为了不让其他同学被他带入跑调“陷阱”，老师只好单独忍受他的“杀猪式嚎叫”。18岁时，赫兹以优异成绩从中学毕业，学校给他的总体评语是，逻辑敏锐，记忆力强，叙事灵巧，数学出色。

中学毕业后咋办呢？经与爸爸协商，父子俩达成一致意见：进军建筑业，成为工程师。为此，作为择业预备，赫兹进入了法兰克福设计局从事相关工程工作，既学习必要的实践知识，又提前接受锻炼。一年后，19岁的赫兹考入了慕尼黑高等技术学校，学习工程专业。但他很快就发现，自己其实并不喜欢工程；特别是该专业的测量、绘图、结构等必修课，更让他觉得枯燥无味。显然，赫兹选错了专业。于是，他当机立断，来了个“金蝉脱壳”，借当年征兵之际，摇身一变就成了一名铁道兵。可哪知，刚出“虎穴”又陷“狼窝”；原来，部队里机械且重复的“操练、行军、再操练、再行军”等无尽循环，更让他倍感压抑和沉闷。做逃兵当然不可能，于是，他马上调整心态，把兵营生活当成对自己的一次挑战；果然，他很快就尝到了甜头，某些既有坏毛病竟被根除了，以至兵役期满后，他竟用“塞翁失马”来评价自己的军旅生涯。

20岁那年，服完兵役归来的赫兹，征得父母同意后将专业换成了数理专业，并立志成为科学家。这时，他幸运地遇到了人生第一位“贵人”，物理老师约里。

约里老师不但在课堂上认真教学，还在课外给他开了不少“小灶”。比如，老师推荐他潜心研究拉格朗日、拉普拉斯等数学家的名著，提醒他关注自然科学史以便理解若干科学前沿的来龙去脉；后来的事实表明，约里的建议对赫兹的成功非常有用。实际上，赫兹对约里的建议不但言听计从，还主动“加码”。比如，他深入钻研了许多领域的经典原著，对以往的重大科学发现有了全面系统的了解，不但更加佩服前人的聪明才智，还为自己找到了人生榜样。随着学业的迅速进步，赫兹和约里都意识到，当前这所名不见经传的大学已容不下赫兹这条“潜龙”了；于是，21岁那年，赫兹就来到了德国最高学府柏林大学，并拜师于当时的顶级物理学家赫姆霍兹，即赫兹的第二位也是最重要的一位“贵人”。

果然是名校出才子。赫兹怀着激动和崇敬的心情进入柏林大学后，宛若一位虔诚的信徒，深深被这里浓厚的学术氛围所折服。在给父母的信中，他感叹道：“这里的学生确实与众不同，教室里常常座无虚席，还有许多人站着听课，甚至连走廊都拥挤不堪。”在如此良好的环境中，赫兹的学习热情更加高涨，如饥似渴地汲取着各方面知识。特别是这里的实验环境相当好，各种先进的仪器应有尽有，任何设备都可随时使用，实验的配套服务也很到位。

果然是名师出高徒。赫兹的非凡天赋和杰出才华，很快就引起了赫姆霍兹的关注；于是，这位导师经常刻意帮助他、培养他，热心回答他的任何疑问，但又从不将自己的观点强加于他。其时，导师刚好为全校出了一道公开竞赛题：用实验验证，沿导线运动的电荷，作为电流来说是否真的具有惯性。伙计，你若不懂该竞赛题目也没关系，反正其大意就是，若这里的“惯性”被否定，即运动电荷不像运动物体那样具有惯性，那么，当时的电动力学主流观点将被实验否定。而导师其实是怀疑“电荷有惯性”的，只是苦于一时拿不出实验证据而已。经过一番巧妙的实验后，赫兹果然没找到“本该出现的电荷惯性”，从而赢得了这次竞赛，于22岁那年获得了柏林大学校长亲自颁发的金质奖章，这也是赫兹获得的首个科学奖。后来的事实表明，正是这次竞赛，从自信心和科研内容两方面同时将赫兹引向了“发现电磁波”的大门。

不久以后，导师又以柏林科学院之名面向全球提出了另一个竞赛题目：用实验建立电磁力和绝缘体介质极化的关系。伙计，与前面的竞赛题目类似，你若不懂该题也没关系；形象地说，若该实验成功，那就约等于“用实验发现了电磁波”。其实，电磁波的存在性，早已在理论上被麦克斯韦预测到了，只是仍苦于没实验证据而已。赫兹没参加这次竞赛，因为他正忙于准备博士论文，但是竞赛题目所提出的问题却深深“印”进了他的脑海，以至于使他在8年后、在已成为教授后，还会再次回过头来解决此问题，从而取得自己最辉煌的成就。这再一次说明：“提出问题”的重要性，确实不亚于“解决问题”。

花开两朵，各表一枝。赫兹获博士学位的过程也极富传奇：他只用了短短3个月，就完成了论文所需的全部实验并撰写了相关实验报告，而且该报告还竟然获得了导师和另一位大师基尔霍夫教授的一致好评，他们齐刷刷亮出了高分，一致同意赫兹参加博士答辩。在答辩会上，赫兹也应答自如：对基础理论问题，他描述得清楚而准确；对经典哲学问题，他更是侃侃而谈，还暗嫌问题不够刁钻；对相关专业问题，他也给出了满意的答复。总之，两小时后，答辩委员会给出了少有的好成绩；于是，在1880年3月15日，赫兹“魔术般”地获得了柏林大学博士学位，这时他刚刚23岁。

博士毕业后，赫兹留校任教，成了导师赫姆霍兹的科研助手，并从此开始向“发现电磁波”的重大成就步步逼近。首先，他在导师的指导下，更加全面深入地研究了麦克斯韦电磁学理论。其次，他经常应邀前往导师家，一边品茶一边与导师进行面对面的学术讨论；导师那严谨缜密的科学态度、从容不迫的科研风格和慢条斯理的生活情调，都对赫兹后来的攻坚克难起到了重要作用，毕竟做大事是急不得的。再其次，导师经常带赫兹参加各种高端会议，不但结识了众多顶级科学家，还及时掌握了科研前沿新动向，也更激励他勇往直前。总之，这时的赫兹已进入成果“高产期”，其研究领域横跨热力学、弹性理论、固体力学等；更重要的是作为一名未来的顶级实验物理学家，赫兹也越来越成熟：一方面，他对实验结果总能给出客观冷静的分析，用实验去验证相关理论的能力也越来越强；另一方面，他的实操技巧也越来越高，甚至还能亲自动手制造若干特需实验仪器。比如，他吹玻璃的水平竟不亚于专业工匠，故能设计和吹制各种试管和器皿；他亲自制作的电功率仪，在随后“发现电磁波”的重大课题中更发挥了关键作用等。

26岁那年，赫兹跳槽到了名不见经传的基尔大学，担任数学和物理教授。虽然该大学的教学、科研和实验环境等都完全不能与柏林大学媲美，学术氛围更是差得出奇；但基尔大学却给了他一样最重要的东西，那就是时间！的确，赫兹在这里的近3年时间里，可以心无旁骛地做自己想做的任何事情。于是，他系统思考了电动力学和电磁辐射问题，特别是对麦克斯韦的电磁学理论再次进行了

"地毯式"的梳理，冥冥之中好像就已瞄准了那头"巨兽"，即用实验证实电磁波的存在，或曰"发现电磁波"。

做实验的基本功练就了，电磁学理论也烂熟于胸了，"巨兽"猎物也锁定了。终于，赫兹要发起"总攻"了。为此，他首先以实验物理学教授的身份跳槽到了另一所条件更好的卡尔斯鲁厄高等工业学校，并亲自动手对所有实验设备和仪器进行了全面修缮，让实验室焕然一新，时年他刚好28岁。

可是，当赫兹刚要"吹响冲锋号"时，才突然发现"妈呀，万事俱备，只欠东风！""东风"在哪儿呢？原来，这东风就在该校数学教授多尔家里。这位多尔教授越看赫兹越顺眼，于是，一不做二不休，就把自己的宝贝闺女介绍给了赫兹。哇，这对鸳鸯一见面，那"秋波"和"电磁波"就立马产生了"量子纠缠"。"秋波"当然还是那个秋波，反正他俩是你送秋波来、他送秋波去，忙得不亦乐乎。而"电磁波"就已不再是那个物理电磁波了；但是，他俩彼此都很来"电"，相互之间更是"磁"性十足。于是，经过短短4个月的雷鸣电闪，当多尔教授还没来得及准备嫁妆时，就于1886年7月乐哈哈地当上了岳父；时年，赫兹29岁。赫兹在谈恋爱时，并没影响科研。比如，据夫人回忆，恋爱期间，他俩在月下观星星时，她看到的是如意郎君的眼睛在闪闪发光，而他却将"星星的闪跃"量化成了不同的频率。

爱情的力量就是巨大，虽然"爱情电磁波"不是物理电磁波，找到了"爱情电磁波"并不等于找到了物理电磁波；但是，在"爱情电磁波"的激励下，赫兹很快就找到了物理电磁波。原来，娶回"东风"后刚刚3个月，1886年10月的一天，赫兹就在一次实验中发现了电磁波这头"巨兽"的"脚印"；用行话来说，就是发现了电磁感应过程中的电磁共振现象。又过了2个月，1886年12月2日，赫兹成功地将这个"巨兽"引入了"包围圈"；用行话来说，他在两个电振荡器之间成功实现了共振，引发了传统物理中不曾有过的远距作用。在"收网"前，为确保万无一失，赫兹决定再给那头"巨兽"致命一击。于是，1887年，他又对实验进行了改进。比如，他在直线振荡器上增加了一个感应平衡器，使得一方面，直线振荡器产生的电磁波能激发出感应电流；另一方面，感应电流又能发射出一种附加电磁波并产生电火花。终于，在1887年10月，30岁的赫兹总算逮住了这头"巨兽"，圆满解决了导师在8年前提出的竞赛题目。同年11月5日，赫兹将其成果写成论文，并通过导师转交给了柏林科学院。至此，麦克斯韦的预言被证实了，电磁波终于被发现了！

成功发现电磁波后，赫兹并不打算就此罢休，他还要做更深入的研究。首先，他要测量电磁波的速度。伙计，这可不简单哟，别忘了，为了测量清晰可见的光速，人类可是前赴后继花费了好多年的时间哟。而电磁波则是看不见、摸不着，对其测速当然更难。幸好，经过一番斗智斗勇后，赫兹在1888年1月成功测得了电磁波的速度，它竟然与光速相同！这再次让大家震惊不已，原来麦克斯韦的预测又对了！接下来，赫兹穷追猛打，既然电磁波与光跑得一样快，那它们会不会就是同类呢？又经过一年多的巧妙验证，赫兹终于用实验证实了：光波所具有的所有物理特性，电磁波也都有。原来电磁波与光波还真具有同一性呀！于是，1889年，赫兹出版了自己最重要的专著《论电力射线》，用事实证明了，从本质上说光也是一种电磁波。从此以后，光学与电学便合二为一了。书中暗表，此处为啥只描述了赫兹所提出的问题，而并未介绍他是如何解决这些问题的呢？这主要是因为，一方面，解决这些问题太过专业，不易说清；另一方面，更主要的是，对于一个想成为科学家的人来说，"提出问题"经常比"解决问题"更重要。

32岁时，已成为世界著名科学家的赫兹改任波恩大学教授。这时，他转向了理论物理研究，与列纳德教授一起又发现了一个重要科学事实，即原子是可渗透的，原子的质量集中在原子所占空间的微粒中。该重大发现，为随后卢瑟福的原子模型奠定了坚实基础。后来，合作者列纳德教授因此而获得了1905年的诺贝尔物理学奖；可惜，那时赫兹已去世，从而与诺贝尔奖无缘。不过，赫兹的伟大，已不是任何奖项所能匹配的了。在波恩大学期间，赫兹还取得了许多其他重大成就，限于篇幅，不再详述了。

但必须指出，赫兹还是一位极富批判精神的科学家，他从不将已有的科学成果看成"金科玉律"。他有一句名言，很值得重视，那就是"来源于实验的东西，也可用实验去修正。"特别是35岁那年，他出版了生前的最后著作《关于电力传播的研究》；这是古今中外少有的一部奇书，因为它不但介绍了作者的成功，还介绍了作者所经历的挫折、失败，甚至错误等。赫兹的这种坦荡无私，更加令人敬佩。其实，有时在科研中失败也是一种成功，甚至可能是更大的成功，因为失败更能深刻启迪后人。

赫兹的去世，也令人唏嘘：一来，是因为他还非常年轻，正处于最好的青春年华；二来，是因为他其实没啥大病，只是牙龈脓肿而已，但当时的医生却无能为力，以致最终演变为败血症。1894年1月1日，赫兹与世长辞，年仅37岁！

第一百〇八回

浪子回头金不换，大器晚成猛点赞

都说“江山易改，本性难移”，但本回主角是罕见的例外。

他曾是文盲加无赖，后来却“化蝶”成了著名科学家，准确地说是神经生理学家、神经组织学家、细菌学家和病理学家等；他还因“发现神经元的相关功能”，而获得了1932年的“诺贝尔生理学或医学奖”，时年他已75岁；此外，他在中枢神经系统生理学研究方面的贡献之大、成果之巨、影响之广，使他在神经生理学中的崇高地位堪比物理学中的牛顿。

他曾是流氓加无赖，后来却当选英国皇家学会主席，还在1893年当选为伦敦皇家学会会员，1905年被授予“皇家勋章”，1922年被授予“大英帝国骑士大十字勋章”，1924年被授予“功绩勋章”，更于1927年被封为“考泊莱勋爵”等。他还被授予了医学博士、法学博士、文学硕士等学位；甚至在以79岁高龄退休后，又来了一个华丽转身，开始从事哲学研究和诗歌创作，更出版了《人的本性》和《简·菲纳尔的努力》等跨界作品。他终生科研不辍，勤奋耕耘，直到以95岁的高龄安然去世。

他曾经年少轻狂、作恶多端，后来却被牛津大学、伦敦大学、谢菲尔德大学、伯明翰大学、曼彻斯特大学、利物浦大学、威尔士大学、爱丁堡大学、格拉斯哥大学、巴黎大学、斯特拉斯堡大学、鲁汶大学、乌普萨拉大学、里昂大学、布达佩斯大学、雅典大学、布鲁塞尔大学、伯尔尼大学、多伦多大学、蒙特利尔大学和哈佛大学等全球20余所顶级大学，争相授予名誉博士学位。

总之，很难想象，一个魔鬼真能蜕变成天使；但这的确又是事实，这个天使就是查尔斯·斯科特·谢灵顿爵士。

谢灵顿的传奇，还得从1857年11月27日说起，这一天他生于伦敦北部的一个“特殊”家庭。为啥说是“特殊”家庭呢？因为有关他的身世，说法很多。其中的主流版本有两个。版本一闪烁其词地说，他父亲是一位早逝的乡村医生，然后，就没然后了。版本二信誓旦旦地说，谢灵顿及其两个弟弟的真正生父是另一位当地有名的外科医生罗斯；谢灵顿的生母的前夫（即版本一中谢灵顿的父亲）其实是一个小商贩，且早在谢灵顿出生9年前就在雅茅斯去世了。罗斯在其首任妻子于1880年10月在苏格兰爱丁堡去世后，才在法律上与谢灵顿的母亲结婚，从而正式成为了谢灵顿的继父（其时谢灵顿已23岁），但在此前，罗斯却经常前往谢灵顿家，经常来看望他们兄弟3人。版本二的证据，主要包括孩子们的出生登记、教堂洗礼记录和租房历史信息等。虽不知到底哪个版本才是准确的，但是，这种乱象本身就说明，谢灵顿的身世肯定有“猫腻”。当然，此处之所以详述他的身世，绝非为了八卦，而是想说明谢灵顿为啥会成为浪子。

由于其特殊的身世，谢灵顿从小就长在贫民窟，不但从未考虑过读书写字之类的“酸活”，还沾染了一身坏习气，成了伦敦远近闻名的街头恶少，甚至被人私下称为“不是好种的恶童”。不知何故，也不知从何时开始，这位顽劣的少年竟荷尔蒙冲动，爱上了附近农场的一位挤奶女工，并粗鲁而激动地向她求婚。从不知羞耻的他，本以为能获得“奶妹”的热情拥抱，可哪知却被当头一“呸”地臭骂了回来：“呸！滚开，臭流氓！你也配向我求婚？我宁愿淹死在泰晤士河也不会嫁给你！滚滚滚，快滚，有多远就给老娘滚多远！”

“轰”的一声，谢灵顿惨遭雷劈，顿时就傻了眼。良久，浑浑噩噩的他才羞愤无比地回过神来，惊讶地发现：天，原来自己也是有自尊心的人呀！从此以后，他下定决心悬崖勒马、改邪归正、重新做人；从此以后，他变了，真变了，彻底变了；从此以后，那个曾经游戏人生、浪迹街头的少年不见了，代之却出现了一个努力、自强、上进、追求成功的谢灵顿！这真是“一语惊醒梦中人”！看来，知耻与自尊还真是人之本性，还真有无穷潜力呀。

谢灵顿的成长，在很大程度上得益于罗斯医生这位兴趣广泛的艺术爱好者、考古爱好者、古典文学爱好者和科学爱好者。从14岁起，大约是被“奶妹”骂醒后，谢灵顿就住进了罗斯在伊普斯威奇的家里，并进入附近的诺维奇中学读书。虽然他是班上少有的大龄学生，但从接触生理学知识的角度来看，谢灵顿却一点也不晚，因为此时罗斯送他一本缪勒的名著《生理学基础》，已引发了他对生理学的初步兴趣；从接触科学的角度来看，谢灵顿仍不算晚，在罗斯家里经常聚集众多学者，这让谢灵顿有很多机会参加学者们的头脑风暴式讨论，所以他很早就对学术和学者产生了浓厚的好奇感，冥冥之中也偶尔想当一名科学家。此外，中学期间，谢灵顿还爱上了文学和艺术，甚至有些多愁善感；当然，这也是罗斯影响的结果。后来在以79岁高龄退休后，谢灵顿竟又返回了文艺界，圆了自己的这个青春梦。至于在中学阶段，谢灵顿的各门功课成绩如何，咱不得而知；但是作为班上的大龄学生，人高马大的他体育却非常好。他不但是校级橄榄球队的主力，也是所住城市的足球俱乐部市级队员，还是后来工作单位的体育骨干，更是多年后牛津大学赛艇队的队员（那时他已是60多岁的老头，而他的队友却只是20多岁的帅哥）。

他终生都爱好溜冰、滑雪、划船、跳伞等运动。

大约是谢灵顿18岁那年，罗斯先生出现了“经济危机”，主要是因为其存款的银行破产了，相应的存款也跟着“泡汤”了。因此，为确保俩弟弟能继续读书，富有同情心的谢灵顿不得不自己想办法多渠道解决学费问题。

首先，他于1875年6月顺利通过了皇家学院的普通教育初级考试，从而为获取奖学金打通了第一关。

接着，他又于1876年9月注册为圣托马斯医院的实习生。于是，他便可既不交学费，又有机会学习医学知识，因为该医院与剑桥大学冈维尔与凯斯学院保持着长期的研究交流关系，即医院可派遣个别有奖学金资格的实习生前往剑桥大学进修。此时，谢灵顿开始博览群书，尤其是重读了那本《生理学基础》(对，就是在中学时罗斯先生送给他的那本名著)，并从中获得了许多重要启示，对生理学留下了更深刻的印象。

最后，谢灵顿于1878年4月通过了皇家外科学院的考试，获得了12个月的奖学金资格。于是，他于1879年被医院派送到剑桥大学旁听了一年的生理学，并在这里得到了“英国生理学之父”福斯特爵士的亲自指导。

直到1880年，即罗斯先生正式从法律上成为他继父的那年，已经23岁的谢灵顿才终于以优异成绩考入了剑桥大学，总算成为一名正式的大学生。掐指一算，哇，他又比同班同学们晚了至少5年！不过，在剑桥大学期间，谢灵顿的成绩已经很好了。比如，大一时，他就来了个“开门红”，生理学考试第一名，植物学、人体解剖学也都获得了最高分，动物学获得第二名，所有课程的平均分全班最高！书中暗表，如此好成绩，其实也在情理中，毕竟与同班同学相比，谢灵顿在剑桥多旁听了一年嘛。但是，值得肯定的是，谢灵顿将如此优秀成绩长期保持了下来。比如，大三时，他的成绩仍然是全班的并列第一；大四时，他获得了皇家外科学院的成员资格，成了剑桥大学的解剖学讲师，还在圣托马斯医院讲授了一门组织学课程；大五时，他获得了剑桥大学内外全科医学学士学位，时年他已28岁，显然属于“晚成”之士。不过，仅仅一年后，29岁的他就成了伦敦皇家内科医学院院士；看来，这位大龄学生要准备后来居上了，而且他还文理兼修，对文学创作也很在行。大学期间，老师对他的总体评价是，兴趣爱好广泛，知识结构丰富；思维活跃，思路开阔，思想丰富等。

在课堂学习的同时，谢灵顿也并行开始了相关科研工作，这当然得益于他曾在医院的实习经历。比如，大二那年，谢灵顿就在伦敦参加了第七届国际医学大会；而正是这次会议将谢灵顿引入了神经学研究领域，因为在这次会议中，神经学的权威们竟然争吵起来并形成了界线分明的两派。其中，正方认为，大脑中不同部位存在着特定的区域性功能；其最有力的证据是，偏瘫的猴子，在大脑受损后却只有身体的一侧发生瘫痪。反方则认为，大脑皮层不存在局部功能，而且也有充足的解剖学案例依据。到底谁对谁错呢？好像双方都各有理由，又好像双方的理由都不够充分。于是，谢灵顿开始投入这方面的研究，并对双方的证据进行了充分验证，在3年后发表了自己的首篇科学论文。虽然此论文的学术水平一般，但它让谢灵顿下定决心，终生献身于神经系统奥秘的探索。果然，后来谢灵顿用令人信服的证据首次证明了正方的观点。具体说来，他首先划出了大脑皮层运动区，进而确定了控制身体各部分的感觉区及运动区等。书中暗表，在谢灵顿的启发下，人类经过百余年的不懈努力，如今已基本摸清大脑功能的分区情况；妈呀，竟然有多达52个分区，而且还在继续细分！这些分区组成了一个分工明确、协同一致的庞大“集团军”：有的分区负责感觉，有的负责运动，还有的负责联络。比如，仅仅是语言中枢就包括说、听、写和读四个区，且可再细分出理解、表达、韵律等更细的功能区；若“说区”受损后，则说话就不灵便了，甚至可能压根儿就不能再说话了。不同的感觉皮质区，分别负责视觉、听觉、嗅觉、味觉、触觉、温度觉、振动觉、平衡觉等功能。视觉区又可细分出感光觉/图像、颜色辨别、视觉融合和视觉运动加工等功能区；若其中任何区域受损，那相应的感觉能力也将在不同程度上受损。

大学毕业后，谢灵顿回到了圣托马斯医院任讲师；同年，再被派往欧洲大陆深造，并在众多著名专家的指导下，在生理学、形态学、组织学和病理学等方面获得了扎实而系统的训练，并在这里养成了“做任何事情都要力求完美无缺”的良好科研习惯。

谢灵顿具有很强的求知欲，在解决疑难问题时，从不怕苦，更不惧险；只要有科研需要，他啥都敢干。比如，1885年，西班牙爆发了严重霍乱，而一位西班牙医生却声称已找到有效疫苗，可治愈当时肆虐欧洲的霍乱。于是，他毅然与罗伊教授等一起冒险前往西班牙考察，希望确认那传说中的疫苗是否为真；若为真，那就该赶紧尽早全面推广，以拯救更多生命。考察期间，他们受尽了西班牙军队

的非难，在打点了不少买路费后才被允许进入疫区。在疫区又受到了暴民围攻，被打得鼻青脸肿，直到英国领事出面干预才总算脱离险境。不过，值得欣慰的是，此行他们总算得到了相应标本，更以有力的事实否定了那位西班牙医生的夸张说法。看来，霍乱之乱还得再想良策控制。

为了尽快攻克霍乱难题，1886年谢灵顿等又前往意大利疫区，并将所获标本等材料带到柏林，然后在那里向著名的病理学家魏尔啸请教，并对病毒样本进行了为期6周的病理学研究，接着再进行了一年的细菌学研究。在欧洲深造期间，谢灵顿虽历经磨难且也未取得啥重大突破，但却在理论和实践方面学到了许多课堂里学不到的知识，也为日后的科研奠定了基础。

为期2年左右的欧洲访问结束后，30岁的谢灵顿重新回到了圣托马斯医院，继续担任生理学讲师，同时也兼任剑桥大学冈维尔与凯斯学院的研究人员。从此以后，他就开始了长达40余年的、长期稳定的教学和研究生涯，期间除了变换过多家工作单位之外，基本上都待在英国境内。

34岁那年，是谢灵顿成家立业之年。在立业方面，他被任命为伦敦大学兽医院布朗研究所的教授和所长，并开始从事当时的热门研究课题，即脊髓反射问题和前根的叶段分布，并取得重要进展；在成家方面，他在1891年8月27日娶回了自己心仪的媳妇，当然不是那位“奶妹”，而是英格兰萨福克普雷斯顿庄园主的闺女，一位既忠诚、又活泼、还善良的贤妻良母。谢夫人特别好客，为人热情，经常在周末邀请各方朋友来家中聚会，让大家品尝她精湛的厨艺，所以谢氏夫妇的人缘很好，大家都乐意与他们相处。婚后，他们夫妇育有一个宝贝儿子，当然不再是“浪子”了。

38岁时，谢灵顿跳槽到利物浦大学，并在这里担任了18年的生理学教授。其间，他取得了人生中最高水平的科研成果，那就是在1906年，已近知天命之年的他将自己20余年科研成果进行了系统总结，并出版了他本人的经典代表作，神经生理学领域的划时代巨著《神经系统的整合作用》。此书的影响之深远，甚至在相当长的一段时期内被视为神经生理学的“圣经”；还对脑外科学和神经失调的临床治疗等产生了奠基性的指导作用。此书的价值在于它结束了过去几百年来神经系统研究方面的混乱局面，理清了相关结构，明确了相关功能，建立了相关理论。比如，它搞清了神经生理学中的一个最基本问题，即一个神经元与另一神经元是如何实现信息沟通的？原来，秘密就隐藏在“突触”中，而且这个“突触”在显

微镜下还真的是可见的。它搞清了小脑的功能，原来，小脑是本体感受系统的中枢。它发现了交互神经支配的所谓“谢灵顿定律”，即若某刺激能引起脊髓内的某些运动神经元兴奋，则它也会引起另一些运动神经元的抑制。它发现了肌肉运动的一个重大秘密，即支配肌肉的神经含有“感觉神经纤维”与“运动神经纤维”，而“感觉神经纤维”将兴奋信息传至大脑，以决定肌肉的紧张程度。

已经57岁的谢灵顿，既没想过要退休，更没想要安度晚年，反而却进入了人生最繁忙的阶段，也是收获最多的阶段。首先，他在这年被聘为了牛津大学生理学教授，然后在这里待了整整22年，直到1936年以79岁的高龄退休。其次，这期间，他在教学方面达到了顶峰：一方面，他于1919年撰写了经典教材《哺乳动物生理学：实习教程》，并被牛津大学等多所大学广泛长期使用；另一方面，他总结出了自己独特的科研式教学理念，认为“过去数百年来，大学都在讲授已知的东西，但在迅猛发展的科学浪潮中，这种教学法显然需要改进了，必须设法向学生讲授人类还未知的东西。虽然这种改进并不容易，可能需要数百年的探索，但却必须迎难而上。”正是在这种超前教育理念的指导下，谢灵顿在牛津大学培养出了许多天才学生，其中后来的诺贝尔奖得主就有3位，他们分别是：埃克尔斯、格拉尼特和弗洛里。当然，在牛津大学期间，谢灵顿仍在继续自己的科研工作。比如，68岁时，他还搞清了神经系统的“运动单位”，即运动神经元和它所支配的一群肌纤维；搞清了神经系统的输出路径，即脊髓前角的运动神经元等。75岁时，谢灵顿在牛津大学，众望所归地收获了1932年的“诺贝尔生理学或医学奖”。

虽然早已功成名就，但谢灵顿却始终勤勉如初；即使到了晚年，他仍然醉心于工作，哪怕遇到再大困难也从不会放弃。比如，他在牛津大学期间，有一段时间由于第一次世界大战突然爆发，教学和科研受到了严重影响，甚至一度全班只剩9名学生，但他仍然认真备课和教学。他数十年如一日，几乎每天都从早7点工作到晚8点，从不觉累，更不觉苦。对此，很多人认为，这主要得益于他有一个特棒的身体。其实，这种说法也许只对了一半。因为，一方面，谢灵顿的身体确实很好，即使到了晚年，其思想也仍很敏锐，甚至他的唯一老年病好像也只是区区的类风湿关节炎；另一方面，也许正是因为谢灵顿终生勤劳，所以他才练就了一副好身体。

1936年，79岁的谢灵顿终于从牛津大学退休了。此后，他搬到了童年的故乡（即继父家所在的那个伊普斯威奇），并在那里一直与外界保持密切联系，特别是经常与学生及全球同行进行各种学术讨论。不过，此时他又开始了一次大幅度的“跨界”，竟然开始研究起诗歌、历史和哲学等文科内容。87岁时，谢灵顿竟奇迹般地担任了伊普斯威奇博物馆主席之职，直到去世前一年因关节炎被送进养老院后，才辞去主席之职。1952年3月4日晚，谢灵顿在伊斯特本因心力衰竭而突然去世，享年95岁。

第一百〇九回

能量子语惊四座，普朗克莫非有错

伙计，就算你不知道普朗克，那肯定也听说过“量子”吧。其实普朗克就是提出“量子”，准确地说是“能量子”的第一人，所以他也被称为“量子论之父”；他发现的普朗克常数，是量子世界波粒二象性的“指路明灯”；他最终推导出的玻尔兹曼常数，宛若统计物理学中的“定海神针”。此外，他还是爱因斯坦的“伯乐”，正是在他的量子思想启发下，爱因斯坦才提出了“光子”概念；他是“全球十大物理学家”之一，他与爱因斯坦并称为“20世纪最重要的两大物理学家”。针对他的“能量子”科学发现，爱因斯坦的评价是“这一发现，是20世纪物理学的基础，它几乎完全决定了物理的发展方向。若无这一发现，就不可能从理论上建立起分子、原子及支配它们变化的能量过程”。他的“量子”概念，还启发玻尔提出了原子结构学说。对了，还差点忘了，他也是1918年“诺贝尔物理学奖”得主。

普朗克的主要贡献可归纳为一句话，那就是“发现了能量的量子化”。但各位请注意，千万别小看了这句话，它其实相当了不得，因为它竟然是将经典物理学这个“灰姑娘”吻醒成现代物理学这位“白雪公主”的“白马王子”！其实，在这位“白马王子”出现前，当时全球的物理学家们几乎都认为“革命已经成功，同志无须努力”了；因为，那时的物理学已发展成自然科学中最完善的学科了，即以牛顿力学、热力学、统计物理学、麦克斯韦电磁方程等为基础的知识体系；已能圆满解释几乎所有的常见物理现象了。甚至连当时德高望重的物理学家开尔文也非常自豪地宣布：一幢宏伟而完美的物理大厦已经建成；物理学家们剩下的工作，最多只是扫扫殿堂而已，因为，在物理世界的万里晴空中，只不过还飘浮着几朵“小小的乌云”而已。可哪知，待到那朵远看只是“小小乌云”的东西逼近时，大家才惊讶地发现：它原来是即将撞向地球的“大行星的阴影”！一时间，物理世界哀号遍野，“完了，完了，人类辛辛苦苦几千年才建起的精美物理体系彻底完了！牛顿完了！麦克斯韦完了！经典物理的摩天大厦要垮了！”

谁挽倾厦之将覆？谁解物理于倒悬？正当全球物理学家们一筹莫展时，突然，只听“哇”的一声婴儿啼哭，马克斯·普朗克在德国基尔呱呱坠地了，其时刚好是1858年4月23日。

吃饱首顿初乳后，普朗克才顾得上观察刚刚落户的这个人家。哦，妈妈是爸爸的第二任妻子，自己则是家中老六，上有三个姐姐、两个哥哥，今后还将有一个弟弟。再往祖上一看，哇，好不自豪：曾祖父是哥廷根大学的神学教授，也是

莱布尼兹的再传弟子；祖父又是教授，深得家学渊源；父亲更是基尔大学和慕尼黑大学的法学教授，叔叔是《德国民法典》的重要创立者。生在如此"教授之家"，压力好大哟；今后若不成功，都不好意思面对子孙后代。

普朗克从小就受到了良好教育。早在5岁时，其音乐才华就已表露无遗，尤其擅长钢琴和风琴，甚至具有专业音乐家的演奏技巧。上小学时，他曾为音乐晚会谱曲，还在校级合唱团担任过指挥，在教堂演奏管风琴、指挥过管弦乐队等。不过，他从不承认自己是音乐天才，因为他非常努力，而且也知道"努力比啥都重要"。甚至在晚年时，他还声称自己"在物理方面也没天赋"，只是"比别人更刻苦而已"，还说自己性情平和，不愿冒险，不能一心多用，对新事物反应慢，不到万不得已时不愿打破传统"框框"等。但普朗克却是把经典物理学的"框框"打得最惨的人，虽然他反复辩解：自己提出量子假说，只是孤注一掷的无奈，是被实验事实逼上了梁山，他压根儿就不想"革经典物理学之命"等。

9岁时，普朗克随父迁往慕尼黑，并在那里度过了少年期。此时，他已长成一位文静、腼腆而坚强的小帅哥。16岁时，他中学毕业。在中学期间，他的成绩总是名列前茅；更重要的是，他遇到了对其人生走向产生重大影响的"贵人"，那就是著名数学家、德意志博物馆创始人米勒。一方面，若未遇米勒，则普朗克可能就是另一个"舒伯特"或"泰戈尔"，他当时正在创作一部诗歌剧，而米勒先生却发现了他的数学才能，并启发他学习自然科学、激励他探索世界的本源；从此，他才首次接触物理学，才学会了能量守恒定律。另一方面，若普朗克对米勒先生只是言听计从的话，那可能也不会有后面的"量子论"；因为，在考大学选专业时，米勒曾极力劝阻普朗克，希望他放弃物理学，其理由是"这门学科的大事已做完，没啥可研究的了"。幸好，这时的普朗克已深深爱上了物理，已经"情人眼里出西施"，果然他固执地争辩道："我并不期望发现新大陆，只想理解已存在的物理世界并对其改进，万一梦想成真呢！"

1874年10月21日，全无功利之心的普朗克考入了慕尼黑大学，并聚焦于理论物理研究；当然，他也始终未曾放弃过对音乐和文学的爱好。可仅仅一年后，普朗克就不得不休学了，因为他患上了严重肺病；于是，他只好在家自学，广泛阅读了众多书籍。哪知，此举竟使自己眼界大开，康复后的普朗克，便在19岁时转入了柏林大学，并有幸在心中偶像赫姆霍兹、基尔霍夫、克劳修斯、玻尔兹曼等顶级理论物理权威等的指导下，攻读物理专业。为此，普朗克兴奋异常，好像瞬间成了世界的宠儿，好像觉得自己的时代已提前到来。

待到真正与偶像零距离接触时，普朗克才惊讶地发现，原来他们的“毛病”也不少呀。比如，赫姆霍兹“课前从不准备，讲课结结巴巴，错误连篇；他好像也与学生一样，很讨厌上课；因此，他的课越来越无聊，听众也越来越少，最后只剩3人”，当然，普朗克肯定是这三者之一。基尔霍夫却又属另一极端，“他讲课认真，字斟句酌，板书漂亮；但却照本宣科，好像一名熟练的背诵者。他的课单调乏味，枯燥不已。同学们只是赞扬讲者，而非他所讲的内容”。尽管这样，普朗克还是很快就与赫姆霍兹成了挚友，并通过自学克劳修斯的讲义而受到了这位热力学奠基人的重要影响；以至后来普朗克也成了热学领域的国际权威，他最主要的成就也在该领域，即提出了著名的普朗克辐射公式、创立了能量子概念等。当然，他在热力学方面的起步，是他在21岁那年从柏林大学获得博士学位的博士论文。

在博士论文中，他首次给出了表达熵定律的通用公式，远远超越了克劳修斯所提出的概念和范畴；但是，如此重大的科研成果，在当时学术界却并未引起半点反响：在博士论文答辩会上，普朗克虽获高度评价，但那只是走走样子而已，主考官、诺贝尔化学奖得主拜耳甚至都没把整个理论物理界放在眼里，认为那只是“空洞的科学”；至于导师赫姆霍兹嘛，可能压根儿就没看过弟子的博士论文；基尔霍夫教授虽仔细阅读过论文，但却并不赞同其中的想法；甚至连热力学权威克劳修斯也未对普朗克的重大突破给出任何回应，也许他正忙得没时间阅读该论文吧。

面对如此“冷暴力”，刚开始时普朗克虽有“被浇了一瓢冷水”的感觉，但很快就恢复了心理平衡，因为他坚信“好酒不怕巷子深”；毕竟，他认定自己的方向是完全正确的。于是，他再接再厉，并于第二年（1880年）6月14日提交了热力学方面的另一篇论文，并以此获得了任教资格，成了慕尼黑大学讲师。就业问题虽已解决，但普朗克的成果仍待在“冷宫”中，他自己也在这里待了整整5年；不过，此时他却“神交”了另一位美国科学家吉布斯，因为他重复发现了吉布斯的热力学公式，这就更增强了他的自信心。

27岁时，普朗克受聘为基尔大学理论物理学教授，薪金得到大幅度提高；于是，“成家立业”问题便自然列入了议事日程。

“成家”方面倒没问题。小伙子本来就“帅呆了”，一头浓发、温文尔雅、气质不凡，而且诗词歌赋样样懂、文史理哲门门精；最关键的是，早在少年时代他就“储备”了一个心仪的女友，慕尼黑一位银行家的“千金”。于是，何需“众里寻她千百度”，根本不用回头，她就在“那灯火阑珊处”。很快，在1887年3月，29岁的普朗克就组成了幸福美满的小家庭。婚后，夫妇俩育有4个孩子。由于普朗克那爆表的艺术才华，再加夫人热情又大方；所以，夫唱妇随，他们家很快就成了邻里间的社交和音乐中心，许多著名科学家（如爱因斯坦和迈特纳等）都是他家常客；学校里的同事和学生，更被经常邀请参加这种家庭“音乐演奏会”。据说，该传统来自导师赫姆霍兹的家庭，看来，导师对弟子的影响还真的很全面呢。

在“立业”方面，虽与“成家”几乎同步进行，但难度大多了，进展也缓慢多了。在其科研的征途上，普朗克不但继续研究热力学第二定律，还对“能”的概念提出了新的理论解释，并试图将它应用于稀释溶液和热电学领域。后来，他更进一步，试图将熵增原理扩展到所有自然力，即包括热过程、电过程、化学过程等。虽然相关挑战越来越严峻，但其教学和科研环境却得到了逐步改进。特别是由于基尔霍夫的去世，在其导师赫姆霍兹的推荐下，普朗克于1889年4月接替了基尔霍夫的教职，兼任柏林大学物理研究所所长；1892年，更被提为正教授。从此，普朗克便在柏林大学一直待到1926年，以68岁高龄退休，并由薛定谔继任。1894年，36岁的普朗克当选为普鲁士科学院院士。

由于普朗克的“立业”同时横跨教学和科研两方面，而且都做得很棒；所以，下面只好“花开两朵，各表一枝”。

先说普朗克的教学。他的课程设计非常精心；讲课风格，独树一帜，条理清晰；被学生们评为“冷静理智，但有些一本正经”。他虽没讲稿，但从不犯错；当然，判题时也“从不手软”。他刚登上柏林讲台时，听众只有区区18人，但很快就听讲人数骤增，翻了10倍。他讲课不但“磁性”十足，效果还很好，所以他的学生个个都很杰出，其中有2位诺贝尔奖得主（劳厄、波特），还有一位著名哲学家（石里克）。他指导研究生的策略是“无为而治”，这也许又是从他导师赫姆霍兹那里学来的；所以，他的弟子选题分散，以至没形成自己的学派。他非常热心科普，甚至退休后还经常到全国各地巡回演讲；晚年即使在战时和战后的困难而混乱的日子里，他仍演讲不止；就在去世当年，89岁的他还在刺骨的寒风中奔波于演讲旅途。

普朗克还是一位独具慧眼的"伯乐"。比如，1905年，当名不见经传的爱因斯坦连续发表了3篇开创性论文后，普朗克几乎在第一时间就意识到了狭义相对论的重要性。而正是因为普朗克的支持，才使相对论很快在德国得到认可，而且普朗克自己也对狭义相对论的完善做出了重要贡献。当然，普朗克为比自己年轻21岁的爱因斯坦"鼓掌"，绝非因为他们是朋友，更非因为他们此时情同父子；实际上，他后来对爱因斯坦于1910年的成果就提出了严重质疑，直到一年后才终被爱因斯坦说服。在担任柏林大学校长期间，普朗克于1914年以十分优厚的条件将爱因斯坦从瑞士苏黎世特聘到德国，并专门为他设立了一个教授职位，其条件竟然是"不用讲课"。

再说说普朗克的科研。这就得先科普一下"黑体"。所谓"黑体"，其实就是这样一种根本不存在的理想物体：它在任何温度下都能将入射的任何波长的电磁波全部吸收，而没半点反射和透射。比如，太阳就是这样一种近似的黑体。但是关于"黑体辐射"，根据经典物理学原理，当时人们却得出了两个完全不同的公式：一个公式只有在短波、低温时，才与实验结果相符，但在长波区域就完全失效；而另一个公式却刚好相反，它只在长波、高温时才与实验结果相吻合，而在短波区却又失效。面对如此诡异的结论，人们束手无策，只能将它称为"紫外灾难"。因为从经典力学角度看，这绝对是不可思议的悖论；换句话说，这将引发经典物理学的"灾难"！

这时，普朗克出手了！其实，他早在1894年就已开始研究"黑体辐射"问题，并已惨遭数次失败。比如，他曾用热力学的观点，试图以熵和能量为突破口，但却无功而返。后来，他隐约意识到，传统物理学的基础可能太狭窄，必须从根本上对它进行改造和扩充。出于无奈，普朗克注意到，若假设"原子不是连续地，而是断断续续地、一份一份地释放和吸收能量"，并假设"这些离散的能量值，只能取某个最小数值（能量子）的整数倍"的话，那就可将前人的那两个矛盾公式统一起来，使得统一后的新公式吻合于实验结果。就这样，"普朗克辐射定律"就被提出了，还顺便推出了普朗克常数；后来该常数更成为微观物理学中最基本的概念和最重要的普适常量之一。1900年12月14日，普朗克在德国物理学会上，以仅仅3页纸的篇幅激动地报告了这一结果。一时间，世界哗然了，人们目瞪口呆！从此"量子论"诞生了，历史上人们把这一天当作量子诞生日；从此经典物理学的"革命"开始了，现代物理学也"粉墨登场"了；也正是由于这一惊人发现，

普朗克获得了诺奖。

但非常有趣的是，与其博士论文的遭遇相反，这次普朗克的论文受到了广泛热捧，可他自己却反而自信不足了。原来，由于“量子假设”是他的无奈之举，所以他的心中总也不踏实，一直害怕有错，甚至从此以后他就长期致力于推翻自己的“量子论”。毕竟在宏观领域中，一切物理量的变化都被看作是连续的，甚至普朗克的曾祖父的师爷莱布尼兹都说“自然界无跳跃”；虽然大约在1877年时，玻尔兹曼也曾将“物理系统的能量级可以是离散的”作为其理论研究的前提条件。反正，大约从1901年开始，普朗克就一直试图将自己的理论纳入经典物理学的框架中，并希望找到“能量子”的依据，但始终毫无结果；后来，他甚至在1901年和1914年分别试图修改量子理论，以尽量减少对经典物理学的“伤害”。但非常奇怪的是，普朗克越努力否定自己，结果却越趋明显，那就是，大自然的运转确实不是连续的，而是跳跃的，它就像秒针那样是一跳一跳的；换句话说，普朗克“事与愿违”地推进了现代物理学的发展。总之，他就像一个虔诚的宗教信徒，却找到了“没上帝的证据”；其心理冲击之大，可想而知。经过多年的纠结，直到晚年，普朗克终于彻底清醒，肯定了自己的“量子假设”，并自豪地宣称：“量子假说将永远也不会从世上消失。”

“量子假设”虽没错，但非常遗憾的是，这位能区分细微量子的普朗克，却无法区分皇帝和祖国的差别；他不止一次地以对皇帝的愚忠，给自己的朋友、民族、祖国，甚至给自己造成了伤害，以致他的人生竟以悲剧收场。

1909年10月17日，普朗克的发妻因结核病去世。1911年3月，他与第二任妻子结婚，再添一子，至此其子女总数多达5人，可算是人丁兴旺吧，但最终却几乎“全军覆灭”：

原来，当德皇刚发动第一次世界大战时，普朗克等93位著名科学家马上打着“爱国”旗号，在各大报上公开声援德国军国主义，然后迫不及待地鼓励子女们上前线。结果，他的长子“骄傲地”死于凡尔登战役，次子被法军俘虏，两个女儿皆死于难产。

第一次世界大战结束后，普朗克虽为其战时的“爱国呼吁”道过歉，但当纳粹席卷而来时，当爱因斯坦挺身反击时，普朗克又开始“爱国”了：他先是放任纳粹公开谴责爱因斯坦，然后带头高呼“希特勒万岁！”，并行纳粹军礼。1937年他79岁生日时，希特勒还专门发来贺信。但即使如此，他最终也未能幸免纳粹的魔爪：先是被劝退重要学术职务，后来，他次子（即第一次世界大战中被俘的那位）竟被希特勒下令几乎当着普朗克的面吊死，其罪名是"刺杀元首未遂"。

第二次世界大战后期，87岁的他早被自己曾经无限忠于的"元首"抛弃了；当战火烧到家乡时，他只能躲到树林里、睡在草堆上，幸好被敌国物理学家发现，才总算捡回一条命。1947年1月，普朗克冒着严寒做了最后一次讲演；同年10月4日，因突发脑溢血逝世，享年89岁。

第一百一十回

搞科研妇唱夫随，获诺奖先舒后镭

居里夫人之名，如雷贯耳；但是，本回主角却不是居里夫人，而是居里夫人的丈夫——皮埃尔·居里。许多人可能并不清楚，其实居里也是一位伟大的科学家，只因他意外去世得太早，只因居里夫人名气太大，所以他便隐身在了夫人的耀眼光芒中。实际上，哪怕你输入“居里”上网一搜，哇，迎面扑将而来的信息也仍然是居里夫人，却少有居里自己的独立信息；更多的条目只是强调他与夫人等共同获得了1903年诺贝尔物理学奖等。本回为啥要单独为居里立传，而非像其他书籍那样让他们夫妻同唱“二人传”，让丈夫再跑“龙套”呢？这主要是因为，一方面居里夫人的故事太精彩，若只限一回的话，难免意犹未尽，所以后面还将再为居里夫人单写一回。另一方面，居里的早期教育很“奇葩”，也许值得所在的家长反思。第三方面，居里夫妇这对“模范鸳鸯”的许多科研成就其实很难区分彼此，至少“军功章”有居里夫人的一半，也该有居里的一半。即使是居里去世后，夫人所获的“诺贝尔化学奖”，其实也有居里的一小半功劳；当然，清官难断家务事，到底居里的这一小半是多少，咱就别再细究了。

不过，作为比夫人年长8岁的居里，作为婚前已是博士、教授的居里，他反而有若干独立于夫人的科研成就。比如，他发现了如今在无线电和超声波中广泛使用的压电效应，并制成了压电水晶秤，从而大大促进了“镭”的发现。又比如，他总结出了如今已是现代科学基本原则之一的“居里对称原则”：“若某原因会产生某结果，那么原因中的对称因素必在所产生的结果中重新出现”，同时，“若某结果显示某种不对称性，那么这种不对称性必定先已存在于产生这些结果的原因中”。这两个命题的逆命题不成立，换句话说，“结果”可比“原因”具有更多的对称因素。伙计，别嫌这“居里对称原则”很绕口，没准今后对你成为科学家会很有用呢！再比如，他还发现了著名的“居里定律”，即顺磁质的磁化系数与绝对温度成反比。总之，作为一名实验物理学家，居里的独特天才就在于，他每从事一项新研究就能开辟一个新领域，并为此创造出若干新工具或新仪器；他的这种出奇本领，在后来的“妇唱夫随”中表现得更突出。

好了，下面言归正传。

话说，咸丰九年故事多。这一年，地球遭遇超级“太阳风暴”；英法联军遭遇鸦片战争以来的首次败绩，不得不在大沽竖起白旗狼狈撤退。这一年，袁世凯降生，洪堡去世，达尔文出版《物种起源》，陈玉成受封太平天国英王，大本钟落成，渣打银行成立等。当然，这一年也是居里的故事起源之年，因为这一年，准确地说是1859年5月15日，居里以家中老二的身份诞生于巴黎的一个“小康之家”。

父亲为人正直，既是医生之子，也是医生，且医德和医术都很高，既善良又聪颖，还无私，也乐于助人，更有求必应，故深受患者敬佩。据说，当年父亲还很帅，身材魁梧，金发碧眼，即使到了垂暮之年也仍目光炯炯，透着一种优雅的气质。父亲幼时居于伦敦，后来才到巴黎读书。其实，颇有学者风度的父亲本打算致力于自然科学，只是后来迫于生活压力才不得不弃学从医。即使是这样，他也仍然一边行医一边从事科学研究。比如，他做了不少接种实验，试图找出结核病的病原体。父亲终生都崇尚科学，虽未能如愿献身自然科学，但心中的那个“科学梦”却始终挥之不去；这无疑在潜意识中对居里产生了重要影响。父亲对全家妻儿老小充满了温馨的爱，还特别热爱大自然，经常带全家到野外采集动植物标本，从而养成了居里喜欢乡村生活的习惯。正是在爸爸的指导下，居里很早就学会了如何观察外部事物、如何准确表达内心想法、如何辨识动植物、如何轻易抓住野外小家伙等。父亲的这种言传身教，虽杂乱无章，但却有个好处，那就是能使居里的天才智慧不受教条约束、不被偏见折磨，从而可以自由自在地蓬勃发展。

妈妈个子不高、性格开朗，是一位醉心于发明创造的大企业家之女。妈妈本是富家“千金”，虽后来遭受了巨大的人生变故，但却以平静而勇敢的心态接受了家道中落的现实，并竭尽全力相夫教子，坚强努力渡过难关。尽管她身体虚弱，但总是快快活活、无忧无虑，把简朴的家收拾得干干净净、整整齐齐，让亲朋好友都喜欢登门做客。尽管家里钱不多，但爱很多；虽困难重重，但情义浓浓，家里总是洋溢着温馨和睦与相亲相爱的气氛。爸爸和妈妈相敬如宾，恩恩爱爱。节假日或星期天，爸爸看书，妈妈整理菜园；若有邻居或亲友来访，大家就或弈棋，或玩地滚球等；反正，高兴了，就哈哈大笑；玩饿了，就粗茶淡饭。

关于童年生活，居里只记得巴黎公社革命特别是家门口的街垒战，更记得父亲冒死救治双方伤员的情况。居里的早期教育很“奇葩”，他从未上过任何小学或中学，直到大学前都完全是在家里度过的。他的首任启蒙老师是妈妈，后来才是父亲和哥哥，而哥哥自己也只是一个“半罐水”，甚至连高中都未毕业。居里经历的这种启蒙教育，显然既不正规也不完整，缺点和问题数不胜数；但是，对居里这种“奇葩”儿童来说，它也不愧为一种不是办法的办法。而非常意外的是，这种看似很不科学的办法却为人类培养了一个伟大的科学家。原来，这种办法让居里享受了诸多好处。比如，没有学习和考试等外在压力，更不会因交白卷而受打

击；没有条条框框来限制学习内容，想学啥就学啥，想怎么学就怎么学；没有成见或偏见来损伤智力，什么都敢想，什么也能想。后来，居里还因这种极端自由的教育方式而经常感激父母，更钦佩父母的胆识。当然，居里所接受的这种“无为而治”的早期教育并不适于所有儿童。比如，居里对自己的子女就没敢再用。

伙计，你一定会很好奇，居里为啥不上学呢？莫非他交不起学费？非也！莫非他身体太差？非也！莫非他太笨？一半非也，另一半然也！因为，猛然一看，幼时的居里好像还真很笨；甚至，他本人也经常自认为很笨。幸好，只有父母清楚儿子其实不笨，不但不笨还特聪明，只不过其聪明劲儿不在考试和听课上，而是在“学渣级”的事情上而已；儿子其实天资出众，既喜欢独立思考，又富于想象。实际上，居里表面上沉默寡言，反应迟钝；但心里却在快速沉思，在飞速幻想。原来，他从小就有一个特殊习惯，那就是做事很专注，一旦决定要做某事，便会将全部注意力集中在这件事上，直到获得满意答案为止；否则，就会茶不思饭不想，甚至陷入迷梦境界。谁想让他半途而废，或改变其思路，那几乎是痴人说梦；无论外界环境如何变化，他都始终我行我素，就算你动用8头蛮牛也甭想将他从深思中拉将出来。关于这种“怪癖”，居里自己也说：“当我动脑筋时，必须忘掉周围的一切，必须使自己像陀螺一样急速旋转，才能抵抗外界干扰。否则，任何小事，一句话、一张纸、一次问候都可能打断我的思维，甚至让我前功尽弃。”

你看看，你看看，像他这种怪才，咋能上学！谁敢保证他不会在语文课上陷入数学的“泥潭”中；或在考试时陷入游戏的“海洋”里呢！后来的事实表明，居里的这种“怪癖”，虽在科研中具有强大的正面力量，毕竟那可促使他全力以赴攻克锁定的难题；但是，这种坏习惯也成为他惨遭车祸的主观原因，因为那时他正在一边思考问题一边过马路。

14岁时，一直被“散养”的居里遇到了他人生中的第一个“贵人”，一位经验丰富的数理老师罗贝尔巴齐尔。这位对居里产生了巨大影响的罗老师很善于启发学生，他很快就让居里对学习产生了浓厚兴趣，并让居里的智力获得了大幅增长，使居里在学业上取得了长足进步。罗老师也十分关心和爱护居里的“怪癖”，面对居里“从不满足于遵循某种单一的学习计划，而总是偏离计划陷入独立思考”的情况，罗老师就制定一些“无形计划”，任由居里去“偏离”，任由居里去“独立思考”，反正最终是“孙悟空跳不出如来佛的手掌心”，这让居里学到了不少有用的东西。就这样，罗老师极大丰富了居里的知识结构，不但增强了他的数理背景，还让他自觉自愿地钻入父亲书房，乖乖阅读了大量文史类书籍。更重要的是，罗老师还发现了居里的数理天分，特别是独到的几何概念和很强的立体思维能力；更让居里意识到了自己在科学方面的无限潜力。于是，罗老师因材施教，充分发挥居里的优势，巧妙督促他努力克服缺点，积极训练他的自学能力等。

正是因为罗老师在关键时刻的关键教育，才使居里这位从未上过学的“野孩子”，在16岁那年竟然通过考试顺利获得巴黎大学的理学学士学位。从此居里的人生就发生了翻天覆地的变化，从此居里就可以一门心思地从事自己感兴趣的科研，从此居里的事业就进入了高速发展的“快车道”，甚至一鼓作气冲上了“顶峰”。比如，他再接再厉，在18岁那年就获得了巴黎大学物理学硕士学位，然后留校任教，并被任命为巴黎大学理学院物理实验室助教。4年后又被任命为巴黎市理化学校的实验室主任，并在该校工作了长达22年之久；期间，他取得了自己的代表性成就。1900年，居里被任命为巴黎大学理学院教授，3年后与夫人一起获诺贝尔奖。后来，居里对这位罗老师一直心怀感激，多次表示自己的成功，在很大程度上应归功于这位默默无闻的罗老师。

居里的早期科研工作，可分为两阶段。第一阶段，从21岁到24岁，他的主要合作伙伴就是他那兼任过启蒙老师的哥哥。他们合作发现了压电效应，并制成了一种名叫“居里计”的仪器，该仪器已成为当代石英控制计时仪与无线电发报机的先驱。第二阶段，从24岁到36岁，此时他主要独立从事晶体和磁性方面的研究，不但发现了“居里定律”，还制成了“居里秤”；后人为了纪念他在磁性方面的成就，便将铁磁性转变为顺磁性的温度称为“居里温度”或“居里点”。

36岁的那个“本命年”，是居里的人生转折点。这一年，他可谓喜事连连：首先，他获得了巴黎大学博士学位；其次，他被任命为物理学教授；再次，他又改变了科研方向，进入了第三个也是最重要的科研阶段。再其次，也是最关键的，他遇到了人生中的第二个也是最重要的一个“贵人”，并将该“贵人”娶回了家；对，这位“贵人”就是居里夫人。既然喜事这么多，而你我又只有一双眼，只能一个一个地说、一个一个地看；当然，最令人津津乐道的还是居里夫妇的浪漫故事。

其实，故事还得从4年前说起，那时居里已是一个小有名气的物理学家了。有一天，他在实验室里见到了一位比自己小8岁的大学生玛丽；不过，已32岁的大龄“剩男”居里此时却心如止水，甚至压根儿就没娶媳妇的想法。因为，他一直以为“女人都太看重物质生活”，而自己又只是一个“穷酸”教书匠，工资刚够“一人吃饱，全家不饿”。就这样，玛丽在居里的眼皮下竟毫无故事地呆了3年，直到1894年4月的某天“剧情”才发生了突变。

原来，这一天，西装革履的他和如花似玉的她都应邀参加了同一个朋友的家庭聚会。也许是姻缘到了，他俩竟开始随意交谈了起来。刚开始，他们谈严肃的科学问题，当然是她向他请教；然后，话题转到共同感兴趣的社会问题和人类问题，哇，他俩国籍虽不同、年龄也差很大，但彼此观点惊人的相似；接着，又谈了些你我都猜不到的话题。反正，此后仅仅一个月，天性腼腆羞涩的他竟大胆地向她求婚了；因为，他确信已遇见了那位梦寐以求的灵魂伴侣。可哪知，她却婉拒了；因为，她对未来还很茫然，她本计划学成后回波兰，报效祖国、陪伴家人。于是，心乱如麻的她借暑假之机回家探亲去了，也许还想顺便咨询家人意见吧。

哇，梦中情人一走，可怜的居里先生就寝食难安了！他不断鸿雁传书，倾诉着对“女神”的热切思念；他不断幻想，不断做着一桩桩美梦：一会儿梦着与她相依相偎度过终生，一会儿又似乎正帮她实现“报效祖国梦”，一会儿又梦想他俩正为人类谋幸福。反正，他是科学梦，人生梦，梦里套梦；白天想，夜里想，时时都想。当然，最现实的梦还是他多次在信中企望的：“我心急难耐地建议您，十月前赶紧返回巴黎吧；否则，我会非常痛苦的！”

暑假结束后，他俩日渐亲密，双方都明白：除了对方，谁也找不到一个更好的终身伴侣了。于是，1895年7月，居里和玛丽这对有情人在仅有两把椅子的新房里终成眷属。从此以后，在未来的11年里，这两个情投意合的“鸳鸯”度过了一段令世人羡慕的幸福时光。他们朝夕相处、同进同出，既是生活情侣，又是事业搭档。为帮助爱妻完成博士论文，居里竟罕见地中断了自己的晶体研究，转而与夫人一起开始天然放射性研究，从而成就了人类科学史上的一段佳话。此后，他们夫妇俩的成就就很难再分彼此了。居里39岁那年，他们夫妇俩用沉淀法从数吨沥青矿中找到了一种新元素，其化学性质与铅相似，但放射性却比铀强400倍。他们把这种新元素命名为“钋”，以表达对居里夫人的祖国波兰的怀念。发现钋后，居里夫妇继续对放射性比纯铀强900倍的含钡部分进行分析，经过浓缩、分部结晶，终于在同年12月得到了少量不很纯净的白色粉末；它在黑暗中能闪烁白光，据此居里夫妇把它命名为“镭”，其拉丁语原意是“放射”。终于，居里夫妇奠定了“原子物理学和化学”研究的基础。居里44岁那年，居里夫妇又是喜事不断：先是夫人获得了博士学位；然后，他们与贝克勒尔一起共享了1903年的诺贝尔物理学奖；

此外，他们还获得了英国皇家学会的“戴维奖章”。居里45岁时，他们又一起成为法国科学院院士。

可是，天有不测风云，人有旦夕祸福。1906年4月19日，当47岁的居里参加完一次科学家聚会，步行回家穿越大街时，一辆飞驰的马车从他那颗聪慧的头颅上无情压过！一切戛然而止，一对人间伉俪就这样突然“阴阳两隔”了。面对年幼的女儿，面对年迈的公公，夫人独坐空房，默默陪伴着无尽的悲伤；她把思念和痛楚化作了一篇篇日记，字字泣血、句句盈泪。唉，一曲离殇，写不尽寸断肝肠；一炷梵香，却只见柔烟飞扬；一段幽梦，能有几度思量；一行词赋，哪述几回沧桑！

居里英年早逝，绝对是物理学界的巨大损失。不过，值得居里欣慰的是，夫人化悲痛为力量，继承了丈夫遗志：不但接下了丈夫生前讲授的放射学课程，成了法国第一位女教授；还于1908年整理出版了丈夫遗著；又于1910年出版了专著《放射性专论》；更于1911年，因发现钋和镭再获诺贝尔化学奖，从而成为仅有的既获诺贝尔物理学奖又获诺贝尔化学奖的科学家。

更值得居里欣慰的是，子女们都很争气，甚至创造了一个至今已延续4代的“科学王朝”：长女和长女婿，子承父业，继续从事放射性研究，并因在人工放射性方面的成就而获1935年诺贝尔化学奖；次女是音乐家兼传记作家，其丈夫也获1956年诺贝尔和平奖；外孙成了著名生物物理学家，外孙女则是著名核物理学家；即使到了第4代，也还出现了杰出的生命科学专家。居里家族的前三代都是法国科学界举足轻重的人物，都曾当选过法国科学院院士。当然，这在很大程度上得益于居里家族对子女教育的重视，他们绝不照抄照搬任何现成的“成功”教育方法，始终注意因材施教。比如，面对自己的两个宝贝女儿，“把握智力发展的年龄优势”就是居里夫妇开发孩子智力的重要诀窍。据说，早在女儿不足周岁时，就让她们学习游泳、玩一些智力游戏、广泛接触陌生人、去动物园玩耍、欣赏大自然美景等。稍大一些，就教她们唱儿歌、讲童话、做种种艺术性的智力体操。再大一些，就教她们识字、骑车、弹琴、骑马、做手工等。

第一百一十一回

希尔伯特无冕王，数学世界指方向

若哪位数学家说他不知道希尔伯特的话，那他很可能就是冒牌货。因为，以希尔伯特命名的数学概念多如牛毛，比如希尔伯特不等式、希尔伯特变换、希尔伯特不变积分、希尔伯特不可约定理、希尔伯特定理、希尔伯特公理、希尔伯特子群、希尔伯特类域等；甚至有段子说，连希尔伯特本人也不得不向其他数学家请教“啥叫希尔伯特空间”。反正，希尔伯特在数学方面，研究领域之广、内容之全、深度之极，恐怕少有人能相比。据不完全统计，20世纪后人们所从事的重要数学研究，几乎都可溯源到希尔伯特的工作，准确地说是溯源到希尔伯特所提出的、被认为是“数学至高点”的23个著名数学难题（称为“希尔伯特问题”）。因此，希尔伯特也被称为“近代数学灯塔”“人类的最后数学全才”和“数学世界的亚历山大”；因为，在整个数学帝国中几乎无处不留下他作为“征服者”的辉煌。实际上，希尔伯特当时所领导的数学学派，既是数学领域的“旗帜”，也是数学世界的“中心”。在过去百余年中，数学家们对“希尔伯特问题”的研究有力推动了全球数学的发展，并产生了深远影响；甚至，即使到现在，“能解决（或部分解决）某个希尔伯特问题”也是当代数学家们的无上光荣。但是，完全出乎意料的是，希尔伯特这个“天才中的天才”，其实是“脑子反应很慢的人”；君若不信，请读他的如下科学家传记。

咸丰十一年，世界忒不太平啦：林肯就任总统，许多州宣布脱离美国，美国南北战争爆发；俄罗斯开始实施农奴制改革；中国更热闹，詹天佑生，咸丰死，同治即位，慈禧太后垂帘听政，“洋务运动”开始；普鲁士国王威廉四世死，威廉一世继位等。此外，在科研方面，人类也取得了不少进步，比如发现了天狼星的伴星、发现了新元素铊、发现了第一具始祖鸟化石等。当然，本回主角大卫·希尔伯特压根儿就顾不过来关注这些全球热点，因为，按照生死簿的要求，他必须在1861年1月23日下午1点整前往东普鲁士首府的一个平民家里，并以长子身份完成“投胎任务”。

呱呱坠地后，他本想只是象征性地哭几声，然后就开始享受妈妈的初乳；可哪知，掐指一算，“糟糕，新国王威廉一世将推行‘国家主义’，而且若干年后国王和希特勒还将因此而发动两次世界大战，给人类造成巨大灾难。”他想了想，“唉，没办法！天要下雨，娘要嫁人，由他们去吧；反正，自己不为虎作伥就行了，管他们到时喊出啥口号，管他们如何软硬兼施。”眨巴眨巴眼睛后，希尔伯特开始关注自己的家了。哦，妈妈是商家“千金”，是少有的才貌双全的女中豪杰，属贤

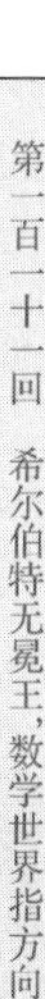

妻良母型，不但对哲学和天文学颇有研究，还醉心于素数因为她认为自己的爱就像素数，只能分享给那作为“1”的唯一丈夫和作为“自己化身”的子女们，而这也刚好是素数的特性，即只能被1和自身除尽。妈妈读书的目的显然不是求职，而纯粹是出于兴趣；长期对知识的追求，使她学识渊博、视野开阔。妈妈的这种罕见数学基因，后来也遗传给了儿子。爸爸是乡村法官，家里一直保持着严谨求实的传统；爸爸给儿子的早期教诲是，准时、俭朴、勤奋、守法和讲信义。这些教诲，后来也成了希尔伯特的做人准则。

希尔伯特是家中唯一的男孩，所以父母对他寄予厚望；但遗憾的是，这儿子好像天资愚钝，不但语言能力极差，思维等方面也远不及同龄孩子。因此，父母没敢送他进学校，而是在家中主要由妈妈进行启蒙教育；直到8岁时，才勉强送他上学。即使是比同班同学大两岁，希尔伯特学习仍然很吃力，除了数学还能及格外，凡是需要记忆的课程他基本上都会稳拿倒数第一；他对新概念的理解也慢得出奇。每次考试的情况几乎都大同小异：他不认识语文试卷，而历史试卷又不认识他；至于其他试卷嘛，嘿嘿，双方大概互相都不认识。反正，他在学校肯定不是“学霸”，甚至都当不上“学渣”，准确地说应该是“学渣中的学渣”。不过，希尔伯特很勤奋，每当遇到难于理解的问题时，他总是不惜花费大量时间和精力，直到彻底搞懂为止。

既然只有数学还算凑合，于是，为了找回那难得的、仅有的一点面子，希尔伯特便只好充分发挥数学“特长”。一来二去，他对数学的兴趣就越来越浓厚了；况且，数学不用死记硬背，必要时还可临时重新推导，所以他就觉得数学易学易懂。更幸运的是，当时的数学老师也“够狠”，动不动就突袭考试；即使不考试，也常布置一些数学难题让同学们比赛，看谁解决的难题更多。每当遇到这种情况时，希尔伯特就激动得偷着乐，因为他又可以借机露一次脸了，甚至许多“学霸”都来主动示好，要向他请教数学问题。哇，那种感觉之爽，让希尔伯特的自信心越来越强、荣誉感也“噌噌”飙升。于是，他对数学问题的捕捉能力就越来越敏锐了、观察能力也越来越细微了，他的数学综合水平也越来越高了。

可是，四年级时希尔伯特的好日子就到头了；因为这时班上转来了一位超级“学霸”闵可夫斯基。这家伙可不得了啦，简直聪明绝顶，对老师所讲的内容几乎过耳不忘；任何人若有不懂之处，只要找到他便可瞬间搞定；他宛如班里的小老师，甚至有时连老师都未讲明白的东西，经他一补充，哇，大家就立马豁然开朗了。于是，昔日门庭若市的希尔伯特很快就门可罗雀了，因为大家都成了“新学霸”身边的“卫星”。可怜的希尔伯特又开始沮丧了，甚至都感到在学校抬不起头来，即使在家里也闷闷不乐。幸好，父母及时发现了这一异常情况。经过父母一番苦口婆心的劝说后，希尔伯特又开始恢复自信了：毕竟强中更有强中手；毕竟自己比上不足比下有余；毕竟自己不是为比赛而学习，而是要掌握更多知识；既然自己每天都有进步、每天都有满意的收获，那又何必在意到底比别人聪明或愚笨呢？从此以后，希尔伯特放下包袱，努力学习，不再进行无谓的“攀比”。他还与闵可夫斯基成了终生挚友，并一起考入哥尼斯堡大学；即使在后来的科研生涯中，两人也始终相互帮助、紧密合作、共同进步，谱写了数学界的一段佳话。书中暗表，你也许想问这闵可夫斯基到底是谁，为啥反复提及；嘿嘿，告诉你吧：他后来也成为著名数学家，而且还培养了一个著名学生——爱因斯坦。

中学毕业那年，希尔伯特还真成了“学霸”；因为那些本该让他头痛的德语、拉丁语、希腊语、神学和物理等课程考试，他竟然都得了“优”；数学成绩更好，得了最高分“特优”；甚至在毕业考试中，他还因笔试成绩极佳而被免于口试。为啥会有如此巨变呢？嘿嘿，其原因就写在毕业证书上；因为在“品行评语”一栏中，赫然写着“勤奋，堪称楷模；对科学特别是数学拥有浓厚兴趣，且理解深刻；能用极好的方法掌握讲课内容，并能加以正确而灵活的运用。”

18岁时，他考入哥尼斯堡大学，并不顾父亲反对，毫不犹豫地选择了数学。当时的大学相当自由，教授想讲啥就讲啥，学生想学啥就学啥，既无必修课程限定，也不点名，平常还不考试，只在毕业前才进行一次学位课程考试。大家都可随意安排时间，于是许多同学就热心于饮酒和斗剑，而希尔伯特则一门心思钻研数学。他不但在自己学校里广泛学习了积分学和矩阵论等课程，还主动到另一所当时最受欢迎和最浪漫的大学海德堡大学听取了微分方程权威教授富克斯的课程。这位权威果然与众不同，他事前不备课，遇到公式时便在课堂上现场推演，因此常把自己很尴尬地“挂在黑板上”下不了台：这样推一推，不行；那样改一改，也不行；重新再换种思路，嘿嘿，它照样不行！如此“不负责任”的教学法，对普通学生来说当然是一头雾水；但对希尔伯特来说，它变成了难得的“观摩高超数学思维”的实际过程，而且这种“四处碰壁”的探索过程，在任何教科书上都没有，在绝大部分课堂上也看不到。这种“四处碰壁”、把思考问题的实际过程展现给学生的方式，让大家不仅学会了解题法，更重要的是还知道了相关解法的艰苦寻找过程。反正，富克斯教授的这种“奇葩”教学法使希尔伯特深受启发，让他从中领悟到了“一个顶级数学家是如何思考问题的。”当然，从该案例也可看出，希尔伯特善于抓住一切机会把任何看似不利的东西轻松变得有利的东西；这也是他能成功的一个重要原因。

希尔伯特能成功的另一重要原因，就是他喜欢与别人讨论，喜欢参加各种“头脑风暴”。比如，从大三开始的8年半时间里，他每天下午5点都会前往学校的苹果园，与自己的数学老师赫维茨和好朋友闵可夫斯基等一起“散步”；当然，实际上是讨论数学前沿问题，交流新体会和新进展，畅谈彼此的想法和研究计划等。据后来希尔伯特回忆，这种“散步学习法”的效果远远超过单独的冥思苦想；甚至若干年后，其效果之巨竟让希尔伯特自己都感到意外，“从没料到，我们竟会把自己带到那么远！”实际上，他们3人以这种悠然而有趣的方式探索了数学的各个角落。书中暗表，良师益友间的互相切磋，对科学研究特别是数学研究其实非常重要；假若希尔伯特不曾有过如此长时间的、广泛的“头脑风暴”，那他的才干和学识等也许就不会如此迅速增长；甚至，在后来的1900年，可能也无法在如此众多的数学分支中一次性地提出那么多著名的数学难题。而且，在散步中交流数学，还有其他好处。比如，既没书本，也无纸笔，更无烦琐的推导，只能交流那些“能用文字说出来”的东西，这就迫使讨论者将问题理解得更深刻，将思想和方法凝练得更紧凑，将推导过程挖掘得更彻底；而这些东西对学好数学都是非常重要的。

1885年夏，24岁的希尔伯特从哥尼斯堡大学取得博士学位；然后，他接受了赫维茨老师的建议，前往莱比锡参加了另一位数学传奇人物克莱因的数学研讨班，并充分展示了自己的杰出才华，很快就成了莱比锡数学界的活跃分子，以至后来克莱因回忆说：“希尔伯特给人印象深刻，我早就料定他会是数学界的后起之秀。”果然，年底时，希尔伯特就在克莱因的指导下完成了自己的首篇论文；接着，便被克莱因推荐到巴黎，先后拜访了庞加莱、约当、埃米特等数学名家，并被埃米特引进了著名的、悬而未决的“果丹尔问题”研究之中。

伙计，本书当然不会详细介绍“果丹尔问题”，毕竟它是连数学家们都头痛的难题；也不会介绍希尔伯特如何经过5年多的艰苦努力终于在该问题上取得重大突破，然后又突然急流勇退转入了更深奥的其他数学问题。但是，“果丹尔问题”确实唤醒了希尔伯特，让他那不可思议的完美想象力在努力解决“果丹尔问题”的过程中达到了一种全新的数学“境界”，特别是懂得了如何提出极具魔力的数学

问题，为他后来提出那23个著名的“希尔伯特问题”奠定了坚实基础。确实，“提出问题”经常比“解决问题”更重要，换句话说，正确地“提出问题”几乎等于解决了问题的一半。什么数学问题才算好问题呢？后来，希尔伯特总结说，一个好的数学问题必须同时满足如下3个条件。

其一，问题本身要清晰易懂。因为，这样的问题才能吸引注意力，而过于繁复的问题往往让人望而却步。

其二，适度的困难性。一方面，太容易就没挑战性，就不能激发数学家的斗志；另一方面，若太难，以致无处下手，那又会使人劳而无功，照样不会引起数学家的兴趣。

其三，好的数学问题还必须具有重大意义，最好能拥有“指路明灯”的价值，能有助于揭示众多隐蔽真理；换句话说，解决这个问题的意义要远远超过该问题本身。

1892年，是希尔伯特的双喜之年。31岁的他，在这年8月被哥尼斯堡大学聘为副教授，从而解决了“经济问题”这个重要的非数学问题；10月12日，他又娶回了自己的远房亲戚当媳妇，从而解决了“大龄剩男”这另一重要的非数学问题。婚后，他们生活很幸福，并生育了无先天缺陷的健康宝宝；据说，他太太为人正直、坚强、贤惠，既会体贴人，又心直口快，还颇具独创性见解。

成家立业后的希尔伯特，果然开始“春风得意马蹄疾”：仅一年后，就被晋升为正教授；接着，成功筹建了“德国数学年会”，为数学家搭建了重要的交流平台，也为自己的事业腾飞做好了准备；34岁那年，更被聘请前往著名的“数学之乡”哥廷根大学当教授。那里的数学“支柱”克莱因教授来信说：“这里需要你，需要你的研究方向，需要你强有力的思想，需要你那极富创造力的年龄。”克莱因教授还风趣地说：“你还能使我返老还童。”从此，希尔伯特就待在哥廷根大学再也没跳过槽，直到1930年退休。

虽不知克莱因是否真的已返老还童，但是，自从来到哥廷根后，希尔伯特还真的在干一件让数学“返老还童”，至少是让数学充满生机的事情；而且，这件事情的早期，任何人哪怕是希尔伯特自己都全然看不出半点端倪，直到在1900年的“巴黎国际数学家大会”上，39岁的希尔伯特水到渠成地发表了著名演讲《数学问题》。该演讲在提出了23个重要的数学问题后，人类才惊讶地发现“哇，数学世界的指路明灯被点亮了！”从此，许多数学家的青春活力被激发出来了，那就是努力攻克“希尔伯特问题”中的任何一个问题；从此，哥廷根大学的数学地位不断提高，直至成了“世界数学中心”。虽然“希尔伯特问题”至今仍未被完全解决，比如著名的“哥德巴赫猜想”就只是其中第8个问题的一部分；但在过去100多年的时间里，数学家们已被“打了鸡血”，前赴后继，一代又一代地努力、努力、再努力！而且，针对这些难题的最终答案，大家都坚信“我们必须知道，我们必将知道。”

若按“事后诸葛亮”的思路去回溯“希尔伯特问题”的提出过程，那么，相关脉络其实还是非常清晰的。

首先，希尔伯特将教学与科研融为一体。比如，他的任何课程都绝不讲第二次，这就逼迫自己要对数学领域进行“地毯式”的扫荡；于是，他就不得不熟悉数学基础问题（那“23个问题”中的1~6）、数论问题（7~12）、代数和几何问题（13~18）、数学分析问题（19~23）等。

其次，经过两年多的努力，在闵可夫斯基等的帮助下，希尔伯特于1897年4月10日，完成了著名的《数论现状报告》，将数论中的全部困难问题简捷地融合成了一个优美而完整的理论，它其实就是3年后“希尔伯特问题”的一次小规模彩排。特别是该报告获得的如潮好评，让他知道了数学家们的真实需求，那就是盼望着有一张“数学全境导航图”，希望别在数学世界中“迷路”。

最后，也是催生“希尔伯特问题”的直接导火索，那就是“巴黎国际数学家大会”的约稿和闵可夫斯基的关键建议：“最有意义的题材，莫过于展望数学的未来，提出数学家应该努力解决的问题；这样，你的演讲就会在未来数十年中，成为人们议论的中心话题。”看来，还真是不得不佩服闵可夫斯基的远见卓识呀！

提出“希尔伯特问题”后，希尔伯特就登上了自己的事业顶峰；虽然他此后又取得了许多重要成就，并收获了数学家能得到的几乎所有荣誉。

德皇在发动了第一次世界大战后，为掩盖其军国主义路线，便起草了一份“告世界文明”的宣言，然后以“爱国”之名要求本国最著名的科学家和艺术家签名，表示拥护。当时，在整个德国，只有两位科学家顶住了这种“爱国”压力：一位是希尔伯特，另一位便是爱因斯坦。

后来，希特勒又以“爱国”之名发动了第二次世界大战，并迫使爱因斯坦逃出了德国，只留下可怜巴巴的希尔伯特一人孤单地承受着来自各种“爱国”势力的鄙视。结果，德国遭灾了，世界也遭灾了，希尔伯特本人更遭灾了：本是世界“数学中心”的哥廷根却因数学家们纷纷前往美国而变得惨淡不堪，以致希尔伯特不得不孤独地于1943年2月14日去世，享年82岁。

第一百一十二回

天生极智难自弃，可惜英年却早逝

伙计，考你2道难题，请听好了！

第1题，在科学界，谁敢当面骂爱因斯坦是“懒驴”，而且被骂者还不敢还嘴！你以为如此胆大之人还没出生吧。错，他不但出生了，而且早在1864年6月22日就以家中老幺的身份出生在了立陶宛的一个犹太富商家里，并且他还有两位天才哥哥。实际上，此人便是爱因斯坦的大学老师，名叫赫尔曼·闵可夫斯基。当年，闵老师在苏黎世科技大学任教时，爱因斯坦刚好是他的学生。可是，这位学生只痴迷于物理，而置数学于不顾，甚至还经常逃课；以致期末考试前，不得不靠别人的课堂笔记来突击复习。于是，闵老师很生气，后果很严重！

若你埋怨上面第1题涉嫌“脑筋急转弯”的话，那就请再听下面的第2题，它属于“脑筋不转弯”。请问，在相对论方面，谁的论文连爱因斯坦都看不懂，而且还得恭恭敬敬向他请教？你又以为如此厉害的人物压根儿就不存在吧。又错了，他不但存在，还早于爱因斯坦就存在了，他仍然是前面那位闵老师。实际上，在爱因斯坦刚提出狭义相对论那年，闵老师便对这位昔日的“逃课大王”既惊讶，又自豪，更着急。因为，他凭数学直觉，在冥冥之中意识到狭义相对论还存在许多有待深化之处，但爱因斯坦的数学功力又不够；于是，他撸起袖子就赤膊上阵了：3年后发表了一篇有关狭义相对论的重要论文，敏锐地将非欧几何引入了相对论研究；紧接着，又在次年发表了一系列论文，把爱因斯坦的学说用几何语言重新解释了一遍。从此，闵可夫斯基之名便与相对论密不可分了。比如，广义相对论的理论架构基础，至今也仍然是“闵可夫斯基四维时空”。更重要的是，这种“数学表示法”的成功，影响了包括爱因斯坦在内的很多物理学家，使他们相信“数学能引导物理，甚至理论物理可看成是数学的分支”，换句话说，世界的秩序可由数学来描述。比如，爱因斯坦就被深深打动了，并开始相信“数学也是科学创造力的源泉”，在接下来创立广义相对论时，爱因斯坦便从非欧几何出发，在多位数学家的帮助下，最终把引力理论描述成了一种几何理论。即使到后来，爱因斯坦为描述宇宙的加速膨胀而需要修改引力理论时，也仍是从数学角度出发，比如引入了黎曼几何等理论。甚至，若干年后，量子力学的创始人之一、诺贝尔物理奖得主、闵可夫斯基的另一位弟子玻恩都还在说，他在老师的数学成果中“找到了相对论的整个武器库”。时至今日，由闵可夫斯基开创的几何语言，仍是了解相对论的最直观、最易懂的方法。实际上，狭义相对论虽很难，但它的“难”并不在于数学的高深，而在于难理解。比如，参考系的变换，时空观的转变等都容易误解；又比如，车库悖论、双生子悖论、潜水艇悖论、自行车悖论等悖论，更容易让人“丈二金刚摸不着头脑”。若无闵可夫斯基的几何思路，这些问题将更难处理。

当然，闵可夫斯基的科学成就绝不仅限于相对论方面，他其实是一位多产的数学家，或者说是“学贯数理”，其主要成就横跨数论、代数和数学物理等方面。比如，在数论方面，他深入研究了n元二次型并建立了完整的理论体系，又完成了实系数正定二次型的约化理论，即“闵可夫斯基约化理论”；在数学物理方面，他曾协助著名物理学家赫兹研究了电磁波理论，并在电动力学方面取得了不少重大成就。

闵可夫斯基的故事，其实真正开始于他诞生8年之后；因为，此前有关他的历史记录，几乎一片空白：他妈妈的情况是啥，不知道；8岁前，他是如何度过的，不知道。虽能猜测他拥有一个“不差钱”的童年，毕竟老爸曾是大老板嘛；但8岁那年，他家却遭了灭顶之灾，直接从穿金戴银的“天堂”跌入了饥寒交迫的“地狱”。原来，沙俄迫害犹太人，老爸连夜连晚，拖家带口，东躲西藏，最后才历经艰险逃到了德国哥尼斯堡，在一条小河边安了家，与对岸的希尔伯特隔河相望。从此，他便开始演绎一出仅靠绝顶聪明的头脑就披荆斩棘成为一代数学豪杰的“古今传奇”。当然，与他一起出演的“配角”，还有他那两位哥哥：大哥遭受的种族歧视最惨，甚至没能进入校门，后来也未受正规教育，但继承了父亲的商业天才基因，后来又成了一位成功商人；二哥则成了著名医学家，发现了胰岛素和糖尿病的关联，甚至被称为“胰岛素之父”。二哥的小孩，后来也成了著名的天文学家、美国科学院院士，还根据光谱特征成功地将超新星分类为“I型”和“II型”。哈哈，看来还真是天生极智难自弃呀：无论起点如何、无论在哪、无论干啥，只要正确运用那颗聪明的大脑，原来任何人都能成功呀！

闵可夫斯基登上历史舞台的第一幕就相当精彩！原来，他老爸刚放下逃难的包袱，就急匆匆将8岁的幺儿送入了当地小学，而且不是一年级，不是二年级，直奔三年级。于是，哇，一时间班上就“炸锅”啦；昔日的“学霸”们哭爹喊娘，瞬间就被打得俯首称臣，心甘情愿地紧密围绕在闵同学的周围：学习上有任何问题，尽管向他请教，保证有问必答、有难题必解，因为他的思维太敏捷了；课堂上有啥没听明白之处，尽管向他请教，保证会得到“现场直播式”的录音重放，因为他的记忆力太强了，既过目不忘，也过耳不忘；老师有啥没讲清楚的地方，尽管向他请教，保证会得到更加“接地气”的讲解，让听者顿时醍醐灌顶，因为他有特异的天生直觉，这一点在他后来的科研生涯中也经常表露无遗。甚至老师因备课不周而被“挂在黑板上”时，同学们也齐刷刷看向他；那目光分明是在说“闵可夫斯基，赶紧上台解围吧！”反正，在大家心目中，闵同学宛若“小老师”式的英雄，走路都显得格外威风；确实，自强不息的他，不仅智商高，情商也很高，特别喜欢与人为善。比如，许多被他“征服”了的昔日“学霸”包括后来的著名数学家希尔伯特等，都成了他的好友，甚至是终生好友。此外，勤奋的他不仅具有出众的数学天才，还全面发展。比如，他熟读了莎士比亚、席勒和歌德等的经典作品，甚至对《浮士德》几乎能倒背如流。本来需要读8年的预科学校，他却只用了5年半就毕业了。然后，胸怀大志的他与希尔伯特一起进入了哥尼斯堡大学；不久，他又转入柏林大学；3学期后，再回到哥尼斯堡大学。大学期间，他先后受教于一大批顶级科学家（比如亥姆霍兹、克罗内克、魏尔斯特拉斯、胡尔维茨、韦伯等），并获得了大师们的一致好评。比如，韦伯在写给另一著名数学家的信中，就曾特意提到了闵可夫斯基的过人天赋；又比如，闵可夫斯基与胡尔维茨也成了终生挚友。

闵可夫斯基人生的第二场戏，发生在读大学期间。这次若再用“精彩”来形容，那就不够准确了！哪怕选取低调一点的形容词，也至少该是“震撼”吧。因为，他不再是只把其他“学霸”“甩出几条街”，而是直接上演了一出惊心动魄的、洋人版的“武松打虎”。原来，1881年，在数学“顶峰”出现了一头“吊睛白额大虫”；此“虎”虽未伤人，但却挡住了去路，让数学家们寸步难行。于是，法国科学院面向全球公开发榜，声称谁若灭掉此“虎”便将获得一大笔奖金。此“虎”生得啥样呢？根据“施耐庵”先生的描述，它就是这样一道数学难题：试证，任何一个正整数都可表示成5个平方数之和。

重赏之下必有勇夫。榜单一出，哗啦啦，一大帮数学家就蜂拥揭榜，纷纷带着各自的法宝急匆匆“上山”去了。但是，去者多，回来的少；轻者受伤丢面子，重者劳累丢了命。17岁的闵可夫斯基，少不更事，也糊里糊涂凑热闹揭了榜；可是，一年过去了，却全无半点进展，本想“悔棋”放弃“攻擂”，但又怕同学耻笑，只好硬着头皮往前冲。眼见结榜日期步步逼近，可那“大虫”仍在林中虎虎生威。于是，闵同学一不做二不休，找来一桶“三碗不过冈”，“咕噜噜”一口气就喝了它18大碗。

片刻，酒力发作，他便找了一块大青石仰身躺下。刚要入睡，忽听一阵狂风呼啸，一只斑斓猛虎就扑了过来，他急忙一闪身，躲到老虎背后。那虎再一纵身，他又躲了过去。老虎急了，大吼一声，用尾巴扫将过来，他又急忙跳开，并趁猛虎转身的瞬间，举起鹅毛笔，运足力气朝虎头猛打下去。只听“咔嚓”一声，毛笔打在草稿上折成了两半。老虎兽性大发，又扑过来；他扔掉那半截毛笔，顺势骑在虎背上，左手揪住虎头，右手猛击；没多久就把老虎打得眼、嘴、鼻、耳到处流血，趴在地上不能动弹了。闵同学怕那老虎装死，举起半截毛笔又打了一阵；严肃说来，那就是赶紧写了一个附录，解释为啥来不及将论文翻译成法文的原因；因为，按榜单要求，最终成果必须用法文撰写。实际上，闵同学最终提交的长达140页的论文结果，远远超出了榜单要求，使得原要求仅仅变成了自己的推论而已。他后来又在此基础上再接再厉，得到了如今著名的“闵可夫斯基约化理论”和“闵可夫斯基原理”，开创了“数的几何”和“凸体几何”等新领域。

1883年春，“衙门”终于结榜了！法国科学院郑重宣布：两名“打虎英雄”最终获胜，其中一位是年仅18岁的“少年英雄”闵可夫斯基；另一位，则是年近花甲的英国著名数学家史密斯。但非常遗憾的是，也许真的是被“虎”所伤，这第二位“打虎英雄”，此时已气若游丝，竟在领奖前就驾鹤西归了！

打完“老虎”后，闵同学威名大震；但他一直虚怀若谷，尊重每一位师生，总喜欢帮助别人。比如，希尔伯特的文字功底较差，他便经常帮助修改其论文。两年后，1885年夏，他从哥尼斯堡大学取得了博士学位；然后，按“规定动作”服了短暂的兵役，并于1886年被聘为波恩大学讲师；1891年，升为副教授；1894年，又回到哥尼斯堡大学任教；1895年，接替希尔伯特的教职，担任了哥尼斯堡大学教授；转年，又“跳槽”到苏黎世联邦工业大学。他在这里上演了几出“喜剧小品”。

第一个小品的配角是17岁的爱因斯坦，此时他刚好是闵可夫斯基的学生；并且，这位学生相当调皮，宛若取经途中的孙悟空；他的综合成绩之差，在全班总是稳拿第4名，因为那时全班只有4位学生；所以，他便被闵老师骂为“懒驴”。实际上，当时的爱因斯坦严重偏科，他对待物理和数学的态度简直就是“冰火两重天”，因为他当时误以为“初等数学原理对表达物理学的基本内容已足够了”，甚至觉得“高等数学枯燥无味”；再加他那桀骜不驯的性格和经常逃课的“行为艺术”，自然就会收获来自闵老师恨铁不成钢的猛烈训斥。

其实，闵老师还是非常喜欢爱因斯坦的，毕竟“打是亲，骂是爱，不打不骂不自在嘛”。比如，有一次，爱因斯坦向闵老师请教，“如何才能在科研和人生道路上，留下闪光的足迹，做出杰出的贡献呢？”只见这闵老师笑而不语，就像当年菩提老祖点化悟空那样，带他走进了一个建筑工地，并让他踏上了刚铺好的水泥地面。啥意思呢？在民工的呵斥声中，爱因斯坦一头雾水。这时闵老师很认真地说：“懂了吗？只有这样才能留下足迹。只有在新领域，在尚未凝固的地方才能留下深深的脚印。那些凝固已久的地面，那些早被无数人涉足的领域，你就甭想再踩出任何脚印了。”那“懒驴”沉思良久，突然茅塞顿开，后来真的在自己的人生道路上留下了闪光的足迹，创立了相对论，成为现代物理学奠基人。所以，对于自己的成就，爱因斯坦曾多次提到闵可夫斯基，经常称颂老师“是出类拔萃的”，并意味深长地说：“若只模仿前人，那就不会有科学，也不会有技术，进步与发展就更无从谈起。”

第二个小品，其实本该大书而特书的，可惜却因缺乏历史素材而不得不草草带过。那就是在1897年，33岁的闵可夫斯基与哥尼斯堡附近一位皮革厂老板的女儿喜结良缘，婚后育有一双女儿；然后，就没然后了。

第三个小品的喜剧效果却是因为“戏演砸了”。其实，闵老师很善于讲课，不但效果好，还十分风趣幽默；所以，同学们在私下都称他为“数学诗人”或“数学界的莫扎特”。反正，听他的讲课，既像品诗，又像赏乐。有一次在拓扑课上，当有学生问起“四色猜想”为啥还未被证明或证伪时，闵老师头脑一热，便向学生夸下海口：“原因很简单，那就是一流数学家不曾关注它而已。各位若不信，下面我就来轻松证明它。”于是，闵老师拿起粉笔，开始在黑板上龙飞凤舞地“狂草”了起来。刚开始时，还好像秋风扫落叶；片刻后，风停了、叶不落了，闵老师推演的速度明显慢下来了；又过了一会儿，可怜的闵老师干脆被罕见地“挂在黑板上了”。下课前，闵老师放出狠话：“今天临时卡壳，下节课定出结果！”可是，下节课后，仍不见“结果”的踪影；再下节课后，也没起色。如此循环往复，直到数周后的一个阴雨天，当闵老师刚跨入教室时，突然一道闪电划过长空，紧接着便是一声霹雳。这时，闵老师的灵感终于爆发了，只见他很严肃地脱口抛出了那个最终结果：“上天被我的骄傲激怒了，我的证明失败了！”

“轰”，同学们善意地哄堂大笑了起来，闵老师也终于结束了这堂持续良久的毕生最尴尬的数学课；不过，大家还是非常佩服他的坦诚，而且他的数周推演，也让同学们亲眼看见了一次数学研究的“实弹演习”，虽然最终没能击中“靶心”。书中暗表，所谓的“四色猜想”，其实是近代数学的三大难题之一，它是由一位英

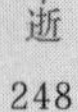

国大学生在1852年提出的。该猜想的内容是，任何一张地图，只需用4种颜色就能使所有邻国间的着色不重复。100多年来，数学家们为证明该猜想，可谓绞尽了脑汁，但却始终进展缓慢；直到1976年6月，才有人利用高速计算机，在耗费了1 200小时后、在进行了百亿次判断后，才最终用“穷举法”证明了该猜想，因此，现在它就称为“四色定理”了。但是，数学家们对计算机的“蛮力”之举并不服气，所以目前仍有许多数学家还在继续研究此问题，并希望找到真正的数学证明。

喜剧小品结束后，闵老师于1902年被著名数学家克莱因“挖”到了哥廷根大学，担任数学教授，直到去世为止。期间，他取得了自己最得意的科学成就，特别是在1908年他提出了“闵可夫斯基四维时空”概念，为广义相对论的理论架构创建了重要基础，为近代物理的发展奠定了关键的一步。也许你会问，啥叫“闵可夫斯基四维时空”呢？嗨，这还不简单呀！你只需完成几步便可轻松了解其细节了：首先读完本书，然后考上大学物理系，接着再读个硕士，最后再做相对论的博士论文；当然，你若再读个相对论的博士后，那就更清楚了。怎么样，不难吧！

正当闵可夫斯基的创造力处于高峰时，在1909年1月12日，他的阑尾炎急性发作，经抢救无效不幸去世，年仅45岁。

闵可夫斯基的突然故去，引发了全球科学界的强烈震撼。

他的挚友、著名数学家希尔伯特在课堂上突然得知噩耗后，竟忍不住悲伤，当场就号啕大哭了起来。之后，他在讣告里深情地悼念道：“他从小就是我最亲密、最可靠的朋友，他以特有的宽容与忠诚，一直支持着我。怀着对科学的挚爱，我们一起来到繁花似锦的科学花园。在追寻科学成就的道路上，我们总喜欢探索潜藏的捷径，从而发现了许多令人陶醉的新东西。他是苍天赐我的珍贵礼物，我一直万分感激。尽管我们已阴阳两隔，但他的精神永远活在我心中；我将带着这份精神，继续前进在科研路上。”后来，希尔伯特为闵可夫斯基整理了遗作《闵可夫斯基全集》，并于1911年正式出版。

爱因斯坦也一生都在怀念闵可夫斯基，怀念这位智慧而谦逊的恩师。数学家劳厄、索莫菲等人也接续了闵可夫斯基在相对论方面的研究，并在相关教科书里详细阐释了闵可夫斯基的思想。

为纪念这位伟大的数学家，人们将第12493号小行星命名为“闵可夫斯基星”。安息吧，闵可夫斯基！

第一百一十三回

基因突变摩尔根，染色遗传奠基人

若说本回主角是传奇，那其家族就是传奇中的传奇！因为，这位生于肯塔基，长于肯塔基，读大学也在肯塔基，甚至还是肯塔基的首位诺贝尔奖得主，在他家族的名人谱中、在肯塔基居民的眼里，竟然只是名气最小的那位，甚至都配不上直呼其名，而只被叫作"南军雷神的侄子"。

既然他家族如此传奇，咱就得先聊几句，毕竟这与本回主角后来能成为顶级科学家密切相关。不过，在描述人物关系上，我们将以主角为核心，而对其家族中的其他奇人仅以血缘辈分来称呼，而不直呼其名；这倒不是想轻视他们，而是他们的名字太乱，甚至多位名人都享用同一名字，压根分不清谁是谁。

他家是典型的贵族，拥有英国骑士血统，"打打杀杀"自然是其最爱，因此，每逢战事，家中必出大英雄。比如，美国独立战争期间，他曾祖辈的男人们几乎全是"好战分子"，出现过两位有名的战斗英雄：一位是外曾祖父，美国国歌《星条旗》的词作者；另一位是外曾祖父的亲家，因为战功赫赫，战后还被选为1788年至1791年间美国马里兰州的州长。又比如，在美国南北战争期间，他父辈的男人们又几乎都是主战派人物。其中，他伯父更是南方猛将兼主将，由于作战凶勇，被己方尊称为"南军雷神"，而被北方贬为"马贼头目"。该"猛张飞"的惊险故事之多，简直数不胜数；他从来不怕死，多次与死神擦肩而过，终于在南北战争结束前两年如愿以偿阵亡了；从此，便成了肯塔基人民心中永远的英雄，并被长期纪念至今。他的一个叔叔，也因太鲁莽而战死沙场；他父亲仍是典型的"亡命徒"，只因运气好，才未被马革裹尸。

他的家族除了能打仗，还特能挣钱。比如，早在1814年左右，他曾祖父就白手起家，靠经营小店铺而很快成了肯塔基州的首位百万富翁。除了能挣钱，他家族还特不看重钱。比如，南北战争以南方失败而结束后，本回主角的父亲成了战俘，其家族的所有财产均被依法没收，从而成了无产者；本回主角的母亲，一位"美得像樱花"的南方姑娘，却毫不犹豫嫁进了"为南方利益付出重大牺牲"的光荣家族，成为当时肯塔基州广为流传的佳话。总之，你若翻开本回主角的家谱才会明白啥叫名人辈出，像什么战斗英雄呀、外交大使呀、政府高官呀、律师呀、议员呀等，简直数不胜数，但却从未出现过哪怕是半个科学家，好像该家族中就压根儿不含科学家基因。

但是，伙计，别急，当遗传到1866年9月25日，即本回主角在肯塔基诞生时，该家族的基因就"突变"了。当然，那时，一贫如洗的父母并不知啥叫"基因突变"。

其实，刚好在主角的妈妈受孕那年，遗传学家孟德尔才提出“三大遗传基本定律”中的前两个，而这第三个基本定律嘛，正是留给本回主角的“家庭作业”。

长子降生后，父母哪顾得上基因突变不突变，只是忙于给儿子取个合适的名字。取啥名呢？第一方案本是借用主角的伯父（即那位“南军雷神”）的名字，但又觉不妥，毕竟那名字太响亮，就像诸葛家族的后代不宜再叫“诸葛亮”一样。于是，父母便退一步，借用了主角的那位英雄叔叔之名，将儿子叫作托马斯·亨特·摩尔根。看来，外国人的名字，好像不全是用来区分彼此，而是在某种程度上用来纪念先辈或亲人的；确实，父母的本意就是希望长子今后成为“像有过这个名字的人那样勇敢而崇高”。因此，摩尔根从小就被打上了深深的家族烙印：父母经常给他讲授祖辈的荣耀，勉励儿子重振家族雄风；当年的南派人物，对这位英雄之后也格外刮目相看，能帮助时就尽量帮助；当年的北派人物，对这位“马贼”之后也另眼相待，能添麻烦就尽量添麻烦。所以，身处各种冰火之中的摩尔根就一直保持着高度中立的性格，对任何事情都拥有自己的独立观点，任由外界或誉或毁，自己只顾天马行空。摩尔根的这一特点，在随后的生活和工作等方面都表现得相当突出。比如，他婉拒了诺贝尔奖的颁奖仪式，婉拒了为他举行的各种隆重庆贺或纪念活动；面对各种攻击时，他或视而不见，或听而不闻；他不修边幅，总是莫名其妙地来回踱步，怎么看都像是书呆子。这种“突变基因”，也许正是促进他成为科学家的原因之一吧；毕竟太没主见之人很难有所成就，更甭想成为一流科学家。

饥寒交迫的摩尔根从小就特有好奇心。他宛若天生的博物学家，对大自然的一切都充满兴趣，尤其喜欢捉虫子、捕蝴蝶、掏鸟窝、采集各种奇形怪状的石头、收藏色彩斑斓的植物等。他经常趴在地上一动不动，仔细观察小虫们的采食和筑巢等细节；有时也把捉到的动物带回家里解剖，观察它们体内的构造等；甚至有一次，差点把家里的肥猫也给解剖了，幸好那猫逃得快。早在童年时代，他就漫游了肯塔基州和马里兰州的大部分山野。他的另一爱好就是看书，特别喜欢有关大自然和生物的书籍。若没人催吃饭，他就能整天泡在书房里；若天不漆黑，他也能通宵读书；对知识的热爱，使他在学习上倾注了极大热情。

10岁时，经他反复要求，父母才勉强同意把家中的两间破房作为他的“科研”场地。于是，他亲自动手刷油漆、糊壁纸，按照自己心中的蓝图把两个房间重新装饰一番；然后，仔细整理了过去采集的众多鸟蛋、蝴蝶、化石和飞禽走兽等标本，分门别类贴上标签；最后，再将它们工工整整地陈列于房间里。从此，这两间房便成了他的专有私密领地，任何人不得随意入内；后来，直到摩尔根逝世后，这两个房间的摆设都还保持着原样。

14岁时，摩尔根考入了肯塔基学院预科，两年后升入本科。当时这所学校很奇葩：200多名学生和17位教职工，像并蒜那样挤在一栋临时租借的宿舍楼里；而所谓的教室和实验室则远在1公里外的另一堆破房里，而且还是一房多用，人歇房不歇；师生们整日都像辛勤的工蚁那样，在教室和宿舍间整整齐齐、忙忙碌碌地来回穿梭。整个学校全是男人的天下，学生全是陆军士官候补生，都穿着统一制服，无论是起床、睡觉、上课或休息，甚至节假日等都实行严格的准军事化管理；据不完全统计，仅书面校规就多达189条，至于那些临时规定的条条框框那就多得不计其数了。比如，“刀枪不准进校园”，好像还有道理；但是，“课外书报不准进校园”，就有点过分了；更奇怪的是，也许因为教室太紧张，学校竟不允许学生们选学太多课程，“只能在古典文学和科学两者间选择其一”。于是，摩尔根便选择了后者，从而学习了数学、物理、天文、化学、农学、德文、英文、园艺学、兽医学、文明史、拉丁文、工程学、博物学、实用机械学等课程。

当然，在这些课程中，摩尔根最感兴趣的还是连续4年、贯穿整个大学期间的博物学课程;最喜欢的老师，也是这门课的主讲老师克兰多尔教授，一位聪明过人、才智渊博的学者，以至摩尔根后来回忆说:“以后就再没遇到过比他更优秀的老师了”。正是在克兰多尔老师的指导下，摩尔根愈发迷上了博物学，这对他产生了重大影响，使他从此坚定了科研信念，甚至连寒暑假都舍不得离开老师，并随老师一起参加了联邦政府的野外地质调查工作。期间，为了找矿，为了所深爱的博物学，他不畏酷热，无怨无悔地在恶劣环境下连续工作着；当然，这也为他的科研生涯奠定了坚实基础，因为他后来所从事的胚胎学、遗传学等其实都是博物学的自然发展与深化。

20岁那年，摩尔根以优异成绩顺利毕业，并成了肯塔基学院当年授予理学学士学位的唯一学生。可是，大学毕业后，又该何去何从呢？摩尔根陷入了迷茫：他既不愿像其他同学那样经商、从教、办农场或去地质队等，又不愿继续待在肯塔基学院，因为确实不想被管得太严。于是，作为缓兵之计，他便去了霍普金斯大学的生物学系攻读研究生以便一边读书一边思考前程。不知是撞上了大运，还是冥冥之中的天命，反正，摩尔根又阴差阳错地进入了一所不奇葩大学的奇葩院系。

一方面，该系对研究生的重视程度远远超过了本科生。另一方面，那时霍普金斯大学刚成立10周年，虽名不见经传，但却非常重视生物学系，不但师资力量异常雄厚，还特别强调基础研究和培养研究生的创新能力和动手能力，以至所有课程几乎都是在实验室里完成的，而纯粹的课堂讲授实际上已被取消，教授们只需提供参考书清单，然后就由学生们去图书馆自学就行了。该系还非常重视培养严谨求实的科学精神和严肃认真的工作态度。比如，当时的系主任就曾告诫大家：实验设备不是自动化的“生理灌肠机”，不是将动物从这头塞进去，然后扳手一拉就从另一头挤出重要科学发现。正是由于该系在教学思想和教学方法上的领先，才使得它在生物学方面取得了重大成就，以至后来培养出了包括摩尔根在内7名“诺贝尔生理学及医学奖”获得者，从而也使霍普金斯大学成为世界著名学府。

第三个奇葩方面是，该系还特别重视培养学术批判精神。哪怕是低年级学生，系里也要求必须独立重复全球生物学界的最新著名实验，以验证它们的正确性或批判其瑕疵等。在这里，任何人都不是绝对权威，哪怕是面对著名教授的成果甚至是达尔文的进化论或孟德尔的遗传学等，系里都鼓励学生们“从鸡蛋里挑骨头”；教授们更是带头，永远都只把今天的成果当成明天的起点。即使是面对优良设备，系里也鼓励学生们大胆怀疑，鼓励从多方面、多角度去验证自己的发现，以避免设备误差引起的错判；系里还鼓励学生们自行研制各种实验设备和仪器，以便实现专用的实验目标等。

系里的这种“奇葩教育法”，使摩尔根受益匪浅，以至他在研究生一年级时就开始了实验研究，并根据自己的成功经验和失败教训等逐渐形成了后来他在名著《实验动物学》中所述的基本观点，即实验手段的根本价值在于，不管是啥想法或假说，在获得其科学地位前都必须经过实验的检验；用实验揭示某种科学现象时，必须找出引发某现象的条件并尽量控制该条件，人为地再现相关结果，否则就不严谨；研究者要养成怀疑一切特别是怀疑自己的精神，一旦发现错误，就必须勇敢承认并及时纠正。

到研究生二年级时，摩尔根已成了实验动物学专家，不但被多个实验室争相聘为实验员，还被邀请参加了巴哈马群岛的科学考察旅行；他的多篇科学论文也被公开发表，充分显示了他在形态学、生理学及科学方法论方面的修养；甚至，他的大学母校肯塔基学院还决定授予摩尔根理学硕士学位，并聘他为该校教授。

面对母校的如此盛情，摩尔根反而为难了。一方面，若从经济角度考虑，母

校提供的职位绝对是雪中送炭；因为那时摩尔根家境困难，父亲处于半就业状态，母亲体弱多病住在医院里，妹妹正读预科，弟弟也还未成年，全家唯一能挣钱的人好像非他莫属了。另一方面，此时的摩尔根已坚定了从事生物学基础研究的决心。于是，22岁的他咬牙留在了霍普金斯大学，继续攻读博士学位。非常幸运的是，这时摩尔根获得了一种高额奖学金，其数额大致相当于年轻老师的工资，因此家里的"经济危机"也就暂时缓解了。摩尔根也于24岁那年，顺利获得了霍普金斯大学的博士学位。

博士毕业后，摩尔根很快就受聘于布林马尔学院，担任生物学副教授，并在这里开始从事实验胚胎学和遗传学研究；由于其科研成就突出，29岁时又被提升为正教授。非常巧合的是，摩尔根任职的这所学校又是一个"奇葩"学校：在其他大学几乎看不见女生的情况下，该校却只招女生。摩尔根等少数几位"绿叶"，便淹没在了"鲜花"丛中。特别是有一朵名叫莉莲的"鲜花"更引起了摩尔根的深切关注。她是当时该校生物学系的最优秀学生之一：在他27岁那年，她本科毕业了；在他28岁那年，她获得了硕士学位。如何才能摘得这朵向往已久的"鲜花"呢？身为博士、教授、经验丰富的博物学家、聪明绝顶的科学家，摩尔根这下子可傻眼了：采集动植物标本容易，而想采得这朵"鲜花"可就难啦！后来，经一位"学渣"哥们儿的指点，他才突然茅塞顿开；哦，原来办法很简单：只需将自己变成"牛粪"就行了，毕竟"鲜花可以插在牛粪上嘛"。于是，在他36岁、她34岁那年，他俩终于修成了正果。婚后的事实证明，摩尔根绝对是"又撞上大运了"，因为他媳妇几乎完美无缺：不但把家里的所有事情处理得妥妥当当，而且她本人也是科学家，婚后主动担任了丈夫的助手，甚至还帮助他于1900年锁定了后来最重要的研究领域——孟德尔遗传学。

1903年，摩尔根总算走进了他人生中第一所不奇葩大学的不奇葩系，在哥伦比亚大学担任实验动物学教授，并在这里待了整整25年。但是，他们夫妇俩却又在这里轰轰烈烈干了一件更奇葩的事情，那就是"数苍蝇"！若听起来不适的话，那就改为"数果蝇"吧；反正，果蝇也是一种苍蝇。他们通过数果蝇取得了自己最重要的科研成就，发现了遗传学的第三大定律——连锁与互换定律，从而获得了1933年的诺贝尔生理学或医学奖。

摩尔根夫妇生养的孩子虽不多，但从1909年开始他们却喂养了成千上万只果蝇，并为它们提供了数千栋由废弃牛奶罐建造的"独栋别墅"。他们夫妇俩日夜呵

护着这些宝贝，不但无微不至地关怀它们，还要对它们进行“扫描式”的仔细观察：若有哪只果蝇病了，那就得赶紧医治；谁有啥变化，那就更得马上记录并立即分析相关原因。果然，一年后的1910年5月，细心的妻子首先发现了一只奇特的雄蝇，其眼睛的颜色与众不同：“别人”为红眼，它却是白眼。这显然是一个突变体，注定会成为科学史上最著名的昆虫。这时摩尔根的第三个孩子正好诞生，当丈夫前往医院慰问时，妻子见面的第一句话却是“那只白眼果蝇咋样了？”此言一出，气得那襁褓中的老三又是哭又是闹，干脆不让爸爸抱，直到妈妈喂够了奶才肯暂时罢休。

摩尔根很偏心，他对那只白眼雄蝇的“照顾”远远超过了家中老三。他甚至将它单独装在瓶里随身携带，睡觉时放在身旁，哪怕半夜三更也要起来“关怀”一下，好像它突然变成了他的枕边人；吃饭时，他一边看一边吃，看一眼吃一口，好像它突然变成了天下最可口的下饭菜；至于白天上班嘛，那更是常常盯住它发呆，好像它又变成了他的初恋。终于，功夫不负苦心人，在摩尔根夫妇的精心照顾下，这只宝贝果蝇在与另一只正常的红眼雌蝇“洞房”后才安然死去，终于留下了突变基因并被繁衍成了一个庞大的家族。

这个家族的子一代，全是红眼；显然，按照孟德尔的理论，“红”为显性，“白”为隐性。他又让子一代交配，结果发现：子二代中的红眼、白眼果蝇的比例正好符合孟德尔的3∶1关系。如果实验到此为止的话，那摩尔根就不会有任何成果，因为他只不过再一次用果蝇验证了孟德尔定律而已。但是，细节决定成败！经仔细观察，摩尔根发现了一个惊天秘密，那就是：子二代的白眼果蝇，竟然全是雄性！这说明性状（白）与性别（雄）的因子是连锁在一起的；而细胞分裂时，染色体先由一变二；可见，能遗传性状和性别的基因就待在染色体上，它通过细胞分裂被一代一代地遗传下去。换句话说，染色体就是基因的载体！随后，摩尔根等对果蝇又进行了更全面的研究，发现了4对染色体，推算并画出了100多种不同基因的位置排列图，测量了染色体上基因间的距离等。

60岁时，摩尔根出版了专著《基因论》，对基因这一遗传学基本概念进行了具体而明确的描述，首次实现了遗传学上的理论综合，在胚胎学和进化论之间架设了遗传学桥梁，推动了细胞学的发展，并促使生物学研究从细胞水平向分子水平过渡以及遗传学向生物学其他学科渗透等。

1945年12月4日，摩尔根因动脉破裂不幸逝世，享年79岁。

第一百一十四回

居里夫人成就大，诺贝尔奖两次拿

给居里夫人写科学家传记非常难，既难于班门弄斧，又难于关公门前耍大刀！那位朋友问啦，这里谁是“班”，谁又是“关公”呢？嗨，这还用问嘛，您呗！想想看，您一手刀、一手斧，还对居里夫人倍儿了解。我该咋办？万一说错半句话，万一您发力，我这百十来斤肉不就报销了嘛！所以呀，我得先请出一位权威“挡箭牌”，他就是爱因斯坦。因为，他曾盛赞说“在世界名人中，她是唯一没被盛名宠坏的人”；在写给居里夫人的悼词中，爱因斯坦又说：“对她的怀念，别仅限于科学贡献；她的历史和现实意义，还体现在她那罕见的高尚道德。她意志坚强而纯洁，严于律己，客观公正，极端谦虚。但因现实的严酷和不公，她的心情总显抑郁，外貌总显严肃。一旦她意识到某件事情的正确性，便会毫不妥协并极其顽强地坚持下去。她之所以能取得如此伟大的成就，不但归功于她大胆的直觉，还有她那难以想象的工作热忱和克服极端困难的毅力。她的优良品德，哪怕只有很少部分被后人继承，那么，人类科研的未来将更加光明。”

好了，下面就对照爱因斯坦的悼词，来凝练居里夫人的列传；既忽略那些无聊的八卦，也尽量回避已出现在她丈夫那回的内容。伙计，以下若有失真，请找爱因斯坦算账哟，若您足够大胆的话。

居里夫人1867年11月7日以家中5个孩子中的幺女身份诞生于华沙。其实，本该说“波兰华沙”，但可惜，那时的波兰已被“三家分晋”了，华沙被撕给了沙俄。这既对她后来的成长产生了严重影响，又激发了她狂热的科研热情，因为她发誓要“科学救国”。居里夫人也许天生就与诺贝尔奖有关，她诞生的这年刚好是诺贝尔发明炸药从而为后来设立诺贝尔奖奠定经济基础的那年。当然，这一年（同治六年）的故事很多，比如，飞机发明家威尔伯·莱特诞生，著名物理学家法拉第逝世，短视的沙俄以“白菜价”将阿拉斯加卖给了美国，分割波兰的另一列强奥匈帝国正式成立等。

居里夫人本名玛丽·斯科洛多斯卡；婚后随夫姓，改名为玛丽·居里，后来被习惯性地称为居里夫人，本回也遵从该习惯。不过，在她结婚前，我们还是称她为玛丽吧，毕竟小女孩儿不宜称为“夫人”。

玛丽的祖辈属典型的小康，都拥有几亩薄田，都是书香门第。其祖父甚至还是省立中学校长，闲暇时也喜欢干点农活。玛丽的父母，是“桃李满天下”的老师，对教育事业很热心，甚至经常不辞辛苦到农村家访；有时，父母也带着小玛丽，所以她从小就爱上了农村、爱上了大自然，只要一到乡野，她便顿觉无拘无束、散淡惬意。特别是每当进入沙俄侵占地之外，比如进入原波兰的奥地利统治区后，她更是心花怒放；因为，在这里可大讲波兰语、高唱波兰歌，而不用担心被捕。

具体说来，玛丽的爸爸曾就读于俄罗斯圣彼得堡大学，学成回国后在一所预科学校讲授物理和数学。他是一位优秀教师，精通教育，特别是幼儿教育；这也使得玛丽和哥哥姐姐们可以“近水楼台先得月”。爸爸还很喜欢文学，能背诵国内外许多诗歌，自己偶尔也写上几首小诗与家人同乐；这让孩子们佩服得五体投地，以至玛丽每晚都围在爸爸膝下，听他朗诵著名的波兰诗歌和散文。在爸爸的影响下，玛丽从少年时期起就一直喜欢文学，而该爱好又促使她很早就学会了法语、德语、俄语和英语，甚至能轻松阅读这些语种的文学名著。

玛丽的妈妈是位才貌双全的“女强人”，也是华沙女子学校校长。她为人高尚，温柔敦厚，心地善良，心胸坦荡，严于律己，知识渊博，从不将自己的观点强加于人。妈妈在家中很有威望，大家既爱她又服她；所以，妈妈对孩子们的影响很大。实际上，对照后来的居里夫人，不难看出，玛丽干脆就是妈妈的“克隆”。当然，这种“克隆”还是稍有失真。比如，妈妈是音乐家，嗓音甜美，而玛丽则不是。

6岁时，玛丽开始上小学。她是班里最小、最矮的“小不点”，当然也只好坐在第一排。于是，每当有人来观摩时，小玛丽总被叫上台去朗读课文；这把生性腼腆的她吓得够呛，恨不能找条地缝钻进去。刚开始时，玛丽读的是私立学校，可后来由于交不起高额学费，只好转入公立学校。而所谓“公立学校”，其实就是由沙俄侵略者掌控的学校。在这里，只能讲俄语；上啥课由侵略者定，用啥教材也由侵略者定，发啥文凭仍由侵略者定；而且到处都是监控波兰师生的特务。表面看去，沙俄的这种“高压政策”好像“牢牢把握了局势”；但事实上，却空前激发了波兰人民的爱国热情，大家更加同心协力，发誓要赶走侵略者。

9岁那年，玛丽遭受了人生第一次，也是最悲惨、最痛苦的打击。那就是她14岁的大姐突然病逝；紧接着，妈妈也因思女心切、过度悲痛而患上了不治之症，在42岁时就撒手人寰了。遭受该连环打击后，玛丽从此就常常突然陷入莫名的忧伤、悲戚、沮丧和消沉之中；幸好，爸爸化悲痛为力量，把对妻子和爱女的思念转化成了强烈的工作热情，转化成了对其他子女的全身心抚育。

中学阶段，玛丽的成绩奇好，数学和物理等一点也不费劲，即使有点小问题，也只需搬出老爸就能轻松搞定，毕竟老爸本来就是数理老师嘛；其实，所有需要动脑筋的课程，对玛丽来说都能得心应手，而且稳拿高分。中学唯一的缺陷，就是没实验室。15岁那年，她以优异成绩从中学毕业；也许由于读书太用功，以至身体虚弱、发育不全，所以就被父亲强迫送去农村休养了一年。回城后，玛丽本想找一份比较清闲的中学教师职位，可那时父亲已年老体衰，工资又低。为了贴补家用，玛丽便主动挑起了养家责任；哪怕是苦点累点，哪怕多打几份工，只要能多为家里挣点钱就行。

17岁时，玛丽独自到外地“闯世界”去了。她找了一份离家虽远但却收入不错的家庭教师工作。雇主是一个农场主，授课对象是一位与自己年龄相仿的女孩；后来，她俩还成了好朋友，每天课后或者一起去野外散步，或者堆雪人、滑雪橇；甚至玛丽在这里还学会了种植技术，熟悉了马匹习性等。此外，玛丽还在这里干了一件“非法”之事：她竟然将村里的失学儿童组织起来，用波兰语教他们读书写字！这事在当时相当危险，一旦被举报，就可能会被捕，甚至被流放西伯利亚。也在此期间，玛丽利用夜晚和假日广泛自学了文学和社会学等内容，养成了独立思考的习惯，并意外发现：自己真正喜欢的东西，其实是数学和物理。于是，她便有意认真准备，暗自下决心要去巴黎留学，并开始有计划地为留学攒钱。但是，当她得知二姐也打算前往巴黎学医时，就主动将自己攒下的学费毫无保留地送给了二姐。姐妹俩还约定，双方相互帮助，先后实现各自的“留学梦”。如此一来，玛丽就在农场主家中待了3年半，直到把他家中的所有小孩都教过一遍后才回到了华沙。

回到华沙后，玛丽一边打工挣钱一边继续自学数理知识。非常幸运的是，她居然平生第一次走进了一个市属实验室；这当然得益于她那位在该实验室当主任的堂哥。此后，她便经常在该实验室按课本所讲方法把各种物理或化学实验都做了个遍，收到了意外效果。成功的实验，使她兴奋不已；失败的实验，又让她非常沮丧。她深切体会到了科研道路的坎坷和曲折，同时也对自己的理化天赋更加自信了。在此期间，玛丽还参加了一些秘密的、带有政治色彩的“救国学术活动”，它们对她的最大影响便是使她更坚定了到巴黎留学的决心；因为，她认为留学是“科学救国”的实际行动。这也许就是她后来首次发现新元素后，便迫不及待地将它取名为“钋”以纪念失陷的祖国的重要原因吧。

终于，在玛丽24岁那年，先期前往巴黎的二姐毕业了，并在那里结了婚；老父亲也挤出了自己不多的积蓄；再加玛丽自己这几年的“底子”；于是，她于1891年11月兴高采烈地前往巴黎留学去了。刚开始时，她住在二姐家，但由于离校太

远，上学途中浪费时间太多，所以她便在学校附近租了一间简陋的、几乎是家徒四壁的、顶层“鸽子笼”，并在这里度过了长达4年的艰苦生活。到底有多艰苦呢？这样说吧，由于冬天太冷，又没钱取暖，晚上为了入睡，她就只好穿上所有能穿的衣服，把椅子等一切能搬动的东西都压在床上。煮饭则只靠一盏酒精灯，甚至有时干脆就只吃一块面包加巧克力，或两个鸡蛋加水果；所有家务事，都得全靠自己；即使再沉的东西，也都得凭双手搬上高高的7楼。

留学生活虽很苦，但玛丽却很快乐，她每天只顾埋头学习；每当学会了啥新知识，就高兴得手舞足蹈。渐渐地，科学的奥秘就越来越清晰地展现在了她面前。起初，她的学习还很困难；毕竟她基础太差，数学更差，与受过良好教育的其他法国同学相比完全不在同一档次。于是，她只好以勤补拙，付出比别人更多的努力：白天，她在教室、实验室和图书馆学习；晚上，则待在“鸽子笼”中刻苦学习，直到深夜。这段经历，让她充分体会到了自由与独立精神的弥足珍贵。刚到巴黎时，她沉默寡言，腼腆羞涩，但很快就发现同学们不但学习认真，还待人亲切；所以，她就开始大大方方地与同学们积极讨论，从而更增强了学习兴趣，成绩也迅速提高。在1893年物理结业考试时，她竟名列前茅；1894年数学结业考试时，成绩也相当不错。由此，玛丽的自信心大增。

1895年，是玛丽的人生关键之年，因为她到达了自己的“珠峰大本营”，于当年7月与如意郎君皮埃尔·居里结成连理，变成了“居里夫人”；从此，这对情投意合的“小鸳鸯”就开始了冲刺“珠穆朗玛峰”的最后准备工作。首先，居里夫人于1896年8月以第一名的成绩取得了教师资格证书，这就为随后的就业和解决“温饱问题”铺平了道路；其次，作为已是知名教授的居里于1897年结束了正在进行的结晶体课题，开始转向了夫人的研究方向，以便随时与她携手登顶；再其次，也是最重要的准备工作，那就是仍在1897年，夫妇俩的爱情结晶——长女诞生了。于是，居里夫人扛着“准备博士学位论文”的大旗，开始与丈夫一起直逼“珠峰”了。

若回放历史的话，当初居里夫妇之所以能“登顶”成功，除了他们玩命的工作激情外，其实主要还得益于他们自己研制的“登山工具”，放电式验电器；此宝贝如今仍陈列在美国费城医学院。该宝贝的神奇之处在于它能对放射线进行精准定量测定。于是，他们很快就连跳了几大台阶：首先发现铀盐的放射性强度仅与铀元素相关，铀越浓，射线就越强；其次又发现钍元素竟然也有放射性；更吃惊的是，他们还发现一种沥青矿，它的放射性强度超过铀的三四倍。这是啥意思呢？

嗨，这意味着该沥青矿中藏有某种尚未发现的新元素呗；否则，谁有这么大的本事，谁能有如此强的放射性呀。于是，居里夫妇连夜连晚分离这种沥青矿。但是，大海捞针，谈何容易呀！这种分离不行，就试那种；今天失败了，就明天再试。一来二去，反反复复，经过近一年的辛勤劳作（此处略去n多字），他们终于分离出了一种“与铋混合在一起的元素”，其放射性比铀强400多倍；而且，他们还测定了这种新元素的化学性质。就这样，他们终于首次登上了“珠峰”，于1898年7月向全世界宣布：一种新元素“钋”被发现了！

“登顶珠峰”后的居里夫妇，还没来得及片刻休息就被眼前的情景惊呆了。天啦，这又是啥宝贝呀？原来，他们在找到钋的同时，在从沥青矿中分离出来的钡盐中又发现了另一种“放射性比铀强百万倍”的新家伙，它肯定是另一种新元素呗！于是，又经过一番马不停蹄的分离工作，终于在1898年12月，他们再次向全世界宣布：另一种新元素“镭”又被发现了！

伙计，发现新元素是一回事，若想把它赤裸裸地提炼出来可又是另一回事；否则，癞蛤蟆就不愁天鹅肉了。所以，居里夫妇的下一个更艰巨的目标，就是从足够多的沥青矿中，提炼出纯元素形式的钋和镭。后来的事实表明，经过近5年的不懈努力，居里夫妇终于在1902年12月提炼出了0.1克极其纯净的氯化镭；几年后，又提炼出了零点几克绝对纯净的镭盐，并更精确地测定了镭的原子量；之后，又提炼出了纯金属镭。关于这项提纯工作的成功，几乎所有传记材料都以巨大篇幅做了详细描述。比如，他们如何千辛万苦才收集到数吨沥青矿呀，实验室如何简陋呀，实验场地如何紧张呀，实验仪器如何落后呀，夫妇俩如何拼命呀，他们如何克服众多难以想象的困难呀等等。客观地说，这些传记材料所描述的都是事实，都是不可或缺的成功因素，都是任何一个未来科学家应该学习的东西；但是，还有一个最关键的成功因素却被大家长期忽略了，它就是“无知”。确实，回望科学发展史，人类的许多成果还真的得益于“无知”。比如，居里夫妇之所以胆敢赤手空拳提纯镭，就是因为他们那时并不知道镭其实相当危险，只身暴露于它的辐射下，压根儿就是“典型的自杀”！事实上，后来居里夫人的去世，在很大程度上也可归咎于长期接触放射线；在此，我们更该向她表示额外的崇高致敬！

1903年，又是居里夫人的双丰收之年：她不但获得了博士学位，还于年底与丈夫等一起因“发现放射性和放射性元素”意外获得了当年的诺贝尔物理学奖。虽然居里夫妇没把获奖当成一回事儿，但外界可就“炒”翻啦：A报采访刚走，B

报记者又敲门；这里刚唱完赞歌，那里又开始庆贺；总之，日夜不停地骚扰，让居里夫妇身心疲惫，其辛苦程度，远远超过了当年“提纯镭”的昼夜加班。幸好第二年，37岁的居里夫人生了第二胎；于是，她打算暂时休息几年，当个好妈妈，全力以赴培养两个丫头。

可哪知天有不测风云，仅仅一年后，丈夫就在一场意外车祸中去世了！特别是丈夫“即使我走了，你也要继续干”的遗言，迫使居里夫人重新勇敢地挑起了生活和事业两副重担：生活上，她既要精心抚养两个闺女（后来确实将她们分别抚养成了诺贝尔奖得主或其太太），又要照顾年迈的公公；事业上，她接替了丈夫在巴黎大学的教席，对实验室进行了大规模改造，更发扬光大了丈夫开创的“镭疗法”或“居里疗法”，利用镭的放射线去杀死癌细胞从而达到治病效果。“镭疗法”的关键是要精准把握放射量：若量太弱，就杀不死癌细胞；若量太强，就会伤及甚至杀死患者。因此，镭的度量就变得至关重要了，为此，必须尽快制定国际性的放射标准；这一重担，又不可推卸地落在了居里夫人肩上。于是，经过多年万分精致的研究，居里夫人终于在1911年制定出了放射标准，即如今的放射性国际单位“居里”。

1911年，内外交困的居里夫人被搞得身心疲惫，终于病倒了。这时，“啪啪啪”，又有人敲门。莫非又是哪位八卦记者找事儿来了，居里夫人躺在床上压根儿就不想理他。“啪啪啪”，敲门者竟然赖着不走。唉声叹气的居里夫人无奈地开了门；天，原来是自己又获诺贝尔奖啦！而且这次还是独自获奖。居里夫人非常高兴，甚至亲自前往斯德哥尔摩领奖；这也算是对她长期卧床不起的“冲喜”吧，让所谓的“朗之万八卦”见鬼去吧。

此后，居里夫人在镭的生产、应用和推广等方面，又做了大量可歌可泣的工作；特别是在第一次世界大战期间，她在枪林弹雨的战场上用放射性设施抢救了无数伤员，其感人事迹更值得载入史册。只可惜，由于篇幅所限，此处无法详述。

居里夫人终生淡泊名利，她至少获得过10项奖金、16种奖章和104个名誉头衔，且其中的每一种奖励都是普通科学家可望而不可即的宝贝；但她却从未将它们当成一回事，比如各种奖章的用途最多只是女儿的玩具而已。

1934年7月4日，居里夫人因恶性贫血而逝世，享年67岁。

谢谢您居里夫人，谢谢您为人类所做出的巨大贡献。

第一百一十五回

问世间血型何物，直叫人生死相许

伙计，听说过兰德斯坦纳，或卡尔·兰德斯坦纳吗？没有吧！不光你没听过，可能大多数读者都很少听过。但是，这老兄的科学发现却是家喻户晓，只要是能记住自己姓名的正常人都会随时牢记他的科研成就在自己身上的体现。君若不信，那就马上来个“现场考试”吧。请问，您是啥血型？你肯定能脱口而出，给出精准答案；因为，当你呱呱坠地时，护士阿姨的第一件事就是检测你的血型，然后将它记录在你的出生证上，从此，血型信息就将伴随你度过终生。万一哪天你需要输血，就可依据该信息为你正确配置待输血液，而不是随便打一针鸡血，更不是任意灌一盆火锅红汤。

兰德斯坦纳最主要的科研成就，就是他发现了如今耳熟能详的“ABO血型系统”。虽然人人都牢记了自己的血型，但许多人对该血型系统其实并不了解，甚至还经常闹出令人捧腹的笑话。比如，无知的丈夫竟责问妻子：“你A型血，我B型血，儿子为啥却是O型血？”同样无知的妻子竟因此而哭天抢地。为避免此类误会，下面就来简述一下ABO血型系统。

ABO血型系统，由兰德斯坦纳于1900年发现；它是人类第一个血型系统，它根据红细胞表面有无特异性抗原（凝集原）A和B，来实现血液的分类；它把血液分为A、B、AB和O型。其中，红细胞上只有凝集原A的血液，称为A型血，其血清中有抗B凝集素；红细胞上只有凝集原B的血液，称为B型血，其血清中有抗A的凝集素；红细胞上同时含有A、B两种凝集原的血液，称为AB型血，其血清中无抗A或抗B凝集素；红细胞上既无凝集原A，也无凝集原B的血液，称为O型血，其血清中同时含有抗A和抗B凝集素。

上面这段“绕口令”是啥意思呢？嗨，没那么复杂，你只需知道“具有凝集原A的红细胞，可被抗A凝集素凝集；抗B凝集素，可使含凝集原B的红细胞发生凝集”就行了。若你还嫌太复杂的话，那就干脆只记住：输血时，若血型不合，就会使输入的红细胞发生凝集，引起血管阻塞或大量溶血，造成严重后果甚至死亡。正常情况下，只有ABO血型相同者才能相互输血；紧急情况下，O型血可输给任何其他人，AB型可接受任何血型；但是，异型大量输血时，也有可能使受血者的红细胞凝集，所以，大量输血时仍应采用同型血。当然，血型匹配不仅对输血重要，也是组织器官移植成败的关键，还是鉴别机体免疫系统的标志，所以，在人种学、遗传学、法医学、移植免疫、疾病抵抗力等方面，血型都有重要应用。比如，在对新生儿进行溶血病等检查时，就少不了血型知识和技术。

另外，还请相关“醋夫妻”注意啦：虽然血型确可作为否定亲子关系的依据，但这绝不意味着子女的血型必须与父或母的血型相同。实际上，你们只需将自己想象成两粒豌豆，然后再利用孟德尔的遗传规律便可轻松了解你家宝贝的可能血型了，即人类血型确实有遗传特性，A、B基因属显性，O（H）基因属隐性。具体地说，只有如下几种情况才能准确判断是否有亲子关系：若父母均为O型，则子女只能是O型；若父母分别为O型、A型，则子女不可能是B型、AB型；若父母分别是O型、B型，则子女不可能是A型、AB型；若父母分别是O型、AB型，则子女不可能是O型、AB型；若父母均为A型，则子女不可能是B型、AB型；若父母分别是A型、B型，则子女可能出现所有四种血型；若父母分别是A型、AB型，则子女不可能是O型；若父母均为型B型，则子女不可能是A型、AB型；若父母分别是B型、AB型，则子女不可能是O型；若父母均为AB型，则子女不可能为O型等。当然，关于准确的亲子关系鉴定，如今已有了更有效的基因方法，它与本回就无关了。

血型不但满足孟德尔的豌豆遗传规律，还具有明显的种族差异。比如，在欧洲中部地区，约有40%以上的人为A型，近40%的人为O型，10%的人为B型，6%的人为AB型；而90%的美洲土著人都为O型。此外，O型血主要分布在欧洲西北部、非洲西南部、澳大利亚及印度南部和中美洲；B型血主要分布于亚洲中部及印度北部地区；A型血在欧洲、亚洲西部及澳大利亚南部的土著人中最常见，AB型则常见于某些美洲印第安人部族。

此外，经大量的案例分析还发现，血型与性格之间虽无确定性的对应关系，但好像也有某种统计关系。比如，A型血人，幼时较任性；青春期果断、刚毅、要强；入职后，开始克制情绪，表现得稳重谦虚，不愿出头露面；老年时，显得很固执。B型血人，幼时大都天真烂漫；随着年龄的增长，逐渐分化成心直口快型和不擅交际型两类；此型人的性格终生变化不大，好像越活越年轻。O型血人，年少时较温顺，但随着年龄的增长，会呈现出强烈的自我主张和自我表现，甚至变得很有魄力；此型人的性格，从小到老变化最大，往往是少年温顺，老来强硬。AB型血人，幼时大多怕生人，很闭塞，长大后却喜欢广交朋友；此型人因过于自信，容易自满，老年时容易给人感觉很傲慢。

血型与癌症等疾病之间也存在某种关联。比如，A型血液者，患胃癌、胰腺癌和白血病等的风险更高，更容易感染天花和疟疾或患心脏病等；O型血人的胃

癌发病率最低,且不易患老年痴呆症，但更容易患溃疡和跟腱断裂，更容易感染幽门螺旋杆菌。当然，这绝不意味着哪种血型好或差，血型更无高低贵贱之分。无论对性格还是疾病而言，血型都不是唯一的影响因素，所以大家别太敏感。

除了上述ABO血型系统之外，兰德斯坦纳及其合作者还发现了其他几种独立的血型系统，如MNS血型系统、Rh血型系统等。血型的发现，不但对临床输血具有重要意义，还开创了免疫血液学、免疫遗传学等新兴学科，为此，兰德斯坦纳于1930年获得了诺贝尔生理学或医学奖，其授奖理由是“发现人类的血型”。到目前为止，经过百余年的努力，人们已发现了至少35种血型系统和超过600种抗原，但其中大部分都很罕见，所以，目前仍以ABO系统最为著名和常用。

不但人有血型，动物也有血型。比如，马有4种血型，牛有3种血型，猪有4种血型，生长在美国缅因海湾的角鲨有4种血型，大马哈鱼至少有8种血型等。在灵长类动物中，黑猩猩的血全是O型或A型，猩猩的血属B型，大猩猩的血型既有B型也有A型，长臂猿的血型有A型、B型及AB型。在低等灵长类动物中，旧大陆猴多为A型血；新大陆猴血型虽也多为A型血，但个别猴子却有类似B型的抗原。

好了，伙计，关于血型的故事还有很多，此处只点到为止；君若想听的话，三天三夜也讲不完。下面还是闲话少说，书归正传吧。有请本回主角登场。

话说，1868年（同治七年）6月14日，在奥地利首都维也纳郊外小镇巴登的一个中上层家庭里诞生了一个大胖小子，名叫卡尔·兰德斯坦纳。爸爸是当时的一位著名记者，可惜在兰德斯坦纳6岁时，爸爸却因心脏遭受重创而大量出血，虽经全力抢救，但仍因出血太多而不治身亡。爸爸那喷涌而出的殷红鲜血，在儿子幼小心灵中打下了深深烙印；也许自那一刻起，小家伙就在潜意识中下定了决心，长大后要成为一名医生，要抢救因流血过多而面临死亡的患者，要想办法给他们补血。

果然，由妈妈养大的兰德斯坦纳，从少年时代起就酷爱医学。他家附近有一所公立医院的附属医学院，那里常有人体解剖实验；于是，他就爬到窗口偷看，完全没有普通人对尸体的恐惧。他甚至想知道，人在临死前的瞬间到底是啥情形，到底在想什么，到底有啥表现等。他缠住妈妈买了许多有插图的医学书籍，常常看得如痴如醉、废寝忘食，他盼望着自己早点长大，有朝一日也能走入神圣的医学殿堂，探索人体奥秘、治病救人。此外，他还拥有过人的精力，除了医学外，他还喜欢音乐、酷爱读书；甚至后来还成了一位高水平的钢琴师，客厅里常摆着一架大钢琴。

17岁时，兰德斯坦纳终于如愿以偿，顺利通过了维也纳大学医学院的入学考试。在大学里，他对化学表现出了极大兴趣；特别是他那广博的医学知识引起了教授们的注意，也因此受到学校格外重视和特殊培养。20岁时，他按当时的政府规定，暂时休学一年，前往军队服兵役；然后，返回维也纳大学继续其学业。23岁那年，他以《食品对血液成分的影响》为毕业论文，而获得了医学博士学位；此时，他对血液的理解还很肤浅，认为血液"只是一种特别的汁液"，完全没意识到其实这种"汁液"间的差别很大，大到可以生死相许。

博士毕业后，他到国外继续深造了5年：一边行医，一边从事病理学和细菌学研究；期间，主要在苏黎世、维尔茨堡和慕尼黑，在著名化学家费歇尔等的指导下，在相关实验室里学习并研究化学。28岁留学归来后，他成了维也纳卫生研究所的研究人员；此时，他对免疫学产生了兴趣，开始研究免疫的原理和抗体的实质，特别是将化学方法引入了血清学研究中，这就为后来血型的发现打下了坚实基础。从30岁开始，他进入了维也纳病理解剖研究所，并在这里待了整整10年。在这里，他对科研要求非常严格，甚至几近吹毛求疵；若有任何新发现，他都一定要反复检查实验后才肯承认；在这里的10年中，他虽在职称上没啥进步，甚至都没能混个正高职称，但他却取得了一生中最重要的科研成果，即发现了ABO血型系统。

血型的发现过程其实是一个相当漫长的过程。早在1680年左右，英国就有一位医生，大胆地将羊血输给了一个因流血过多而生命垂危的年轻人，结果还真奇迹般挽救了患者的生命；于是，其他医生纷纷效仿，但却造成了大量受血者的离奇死亡。对此，大家莫名其妙，既不知为啥那羊血能救命，也不知许多其他受血者又为何死亡。又过了200年，大约在1880年，在北美洲又有一位医生，大胆地给一位因流血过多而濒临死亡的产妇输入了人血，结果产妇又起死回生；于是，医学界再次掀起输血热，同样又再次带来了惊人的离奇死亡。这到底是咋回事儿呢？同样是输血，为啥一会儿救人一会儿又杀人呢？

为减少意外死亡，当时世界上许多国家，甚至都制定法律严禁使用输血疗法；医生们也不敢轻易给病人输血，除非已经束手无策，除非已到了"死马当作活马医”的绝望阶段；至于输血后患者是死是活，那就只能听天由命了。回想起父亲当年的失血丧命遭遇，年轻的兰德斯坦纳暗自下定决心，要努力解开其中的奥秘，要让输血变成救人而非杀人。

他先是翻阅了各种文献，又对人体血液的成分进行了长期实验和分析，但却始终收获不大，更没取得实质性进展。直到1900年的某一天，已经32岁的兰德斯坦纳，在房间里来回踱步、苦苦思索；突然，他灵感一现：“何不将两个人的血液混在一起，看看会咋样呢！”说做就做，他赶紧采集了自己和另外5个人的血液，并将它们分离成淡黄色的血清和鲜红色的红细胞；然后，将自己的血清倒入6个小玻璃盘，再将6种红细胞分别放进去，使血清和红细胞相结合。这时，有趣的现象发生了：有的血清和红细胞很好地融合在了一起，而有的血清和红细胞却凝结成了棉絮状。兰德斯坦纳恍然大悟：哦，若受血者的血液与所输之血能很好地融合，那受血者就会病情好转；如果受者之血与所输之血凝结成了棉絮，那受血者就会死亡。

为搞清不同血液之间何时完美融合，又何时凝结成棉絮，兰德斯坦纳决定扩大试验范围。于是，他采集了22名同事的正常血液，将彼此的红细胞和血清进行交叉混合后，终于确认红细胞和血清之间确实会发生反应；也就是说，某些血清能促使另一些人的红细胞发生凝集现象，但也有不发生凝集现象的情况。他将22人的血液融合实验结果编写在一个表格中，通过仔细观察该表格，终于发现：人类的血液，可按红细胞与血清中的不同抗原和抗体分为不同类型。具体说来，根据红细胞的破坏情况，可将血液分为3种；当时，他分别称之为A型、B型和C型。其中，A型血清，可将B型红细胞凝固；B型血清，可将A型红细胞凝固；C型血清，可将A型和B型红细胞凝固。总之，不同血型的血液混合在一起就会发生凝血或溶血现象，这种现象若发生在体内，就会危及受血者的生命。后来，他又将C型改称为O型；于是，便形成了如今ABO血型系统的初步框架。

第二年，兰德斯坦纳的几位学生仿照老师的做法，再把实验范围扩大到155人，再通过认真分析相关表格，又发现了一种较为稀少的新型血液，称为AB型，它不同于已发现的A、B、O型，其红细胞能与A、B、O型血清发生凝集反应。于是，1902年，兰德斯坦纳宣布了所发现的完整的ABO血型系统，它如今已成为“20世纪医学史上最重要的发现之一”，它不仅为安全输血和治疗新生儿溶血症等提供了科学理论依据，还对免疫学、遗传学、法医学的发展带来了深远影响。至此，现代血型系统正式确立，以往输血失败的主要原因终于找到。其实，当时兰德斯坦纳还大胆猜测，红细胞的凝集反应不仅见于人类，还可见于动物之间；并认为，这种红细胞凝聚现象是血清免疫反应的一种表现。

但非常遗憾的是，如此重大的科学发现，在当时竟未引起医学界的注意，人们尚未看清它的深远意义，发现者兰德斯坦纳更未因此而扬名。实际上，直到ABO血型系统公布25年后的1927年，国际上才正式采纳了兰德斯坦纳的ABO血型系统；又过了3年，他才因该重大发现在1930年获得“诺贝尔生理学或医学奖”。

其实，在获诺贝尔奖之前，兰德斯坦纳就已经赫赫有名了，但其原因却与发现血型全不相关，反而是另一件相对次要的事情。原来，由于在原单位始终得不到重视，兰德斯坦纳便在发现ABO血型系统6年后，于40岁那年跳槽到了威海米娜医院，即幼年时常去偷看尸体解剖的那家医院。刚到任不久，他在医院大厅里偶遇了一位悲痛欲绝的妇人；经寻问后方知，她孩子生病发烧，几天后又出现下肢瘫痪，对此医生们束手无策，断定为不治之症。

出于怜悯之心，兰德斯坦纳仔细检查了患儿的病情，根据多年的研究经验，他认为，这种病从理论上说是可治的，但却尚无成功的实践病例。望着这位年轻妈妈的绝望眼神，他决定与死神搏斗一回，因为他已想到了一种史无前例的治疗办法。在征得患者妈妈同意后，兰德斯坦纳运用血清免疫学原理，把患儿的致病因子注射入猴子体内使其产生抗体，然后再把猴子的血液制成含有抗体的血清，最后把该血清输注回患儿体内。结果，奇迹发生了：这名患儿竟然得救了！他的成功震惊了医学界，同行们终于承认了他的才干。维也纳大学赶紧聘他为病理学教授，他所在的医院也将他提升为院长。作为院长，他在这里待了11年。期间，他发表了许多医学论文，广泛涉及小儿麻痹症及传染等问题。

48岁时，兰德斯坦纳终于在1916年解决了久拖不决的“个人问题”；婚后很快就生了一个宝贝儿子。由于他最关心的血型研究在奥地利得不到应有重视，所以在第一次世界大战结束后，51岁的兰德斯坦纳于1919年移居荷兰，并在那里对血型进行了更深入的分析，得出了血型检验方法。两年多后，54岁的他再辗转到美国洛克菲勒医学院继续研究血液中的抗体和抗原；从此，他再也未变动过工作单位。期间，68岁时，他出版了免疫化学的经典著作《血清学反应的特异性》；69岁时，他在恒河猴血液里发现了Rh因子，这项发现拯救了很多胎儿的生命。哦，对了，非常难得的是，兰德斯坦纳在旅居美国期间还曾来中国，在当时的北平协和医学院工作过一年。

兰德斯坦纳终生都保持着旺盛的科研热情，既没因获大奖而受干扰，也没因年老体弱而受影响；晚年时，他甚至开始研究肿瘤学，因为他夫人这时患上了甲状腺肿瘤。1943年6月26日，兰德斯坦纳在工作时突发心肌梗死，手握玻璃试管逝世了，享年75岁。他夫人也在数月后，紧随丈夫而去。

为纪念兰德斯坦纳的伟大贡献，2001年世界卫生组织等共同决定，从2004年起，将他的生日（即每年6月14日）定为“世界献血者日”。

第一百一十六回

救命无数天使乎，杀人如麻魔鬼也

唉，这是本书最沉重的一篇科学家传记；一个既流芳百世又遗臭万年的科学家传记；一个既救命无数又杀人如麻的“爱国者”传记。

主角名叫哈伯，全名弗里茨·哈伯，1868年12月9日，生于当时属于德国的西里西亚布雷斯劳（即现在波兰弗罗茨瓦夫）的一个犹太人家庭。换句话说，哈伯与居里夫人很相似：年龄仅差1岁，都诞生于被肢解的波兰的土地上，都取得了巨大科学成就，其成果都在残酷的世界大战中扮演了重要角色；更关键的是，他俩还都特别“爱国”。这里为啥要在“爱国”两字上加引号呢？因为，他俩的最大区别也就在这里：爱哪个国，如何爱国？居里夫人爱的是当时已不复存在的波兰；面对战争，她的爱国方式是救人，用本可杀人的放射线来救人。而与之相反，哈伯面对战争，他的“爱国”方式却是杀人，大规模杀人，用本可救人的科研成果来杀人，甚至研制惨无人道的毒气来杀人，且还是主动杀人。居里夫人就毫无疑问地成了“天使”，相反，哈伯在人类科学史上则成了罕见的半边天使、半边恶魔的最具争议人物；其实，即使假设第一次世界大战的结局相反，相信他的那些“杀人业绩”也不会流芳百世。可见，本书并非以成败论英雄，毕竟公道自在人间。

首先，介绍一下“天使”哈伯。他出生那年正是同治七年。当年，在日本，“明治维新”运动正式开始，日本从此走上了工业化、近代化的道路，并逐渐跻身世界强国之列；在中国，扬州爆发“排外暴动”，乌苏里江爆发抗俄起义，山阴县诞生了蔡元培；在美国，康奈尔大学正式落成。

哈伯的母亲在生下他3周后就去世了。他父亲是当时德国最大的天然靛蓝染料商，不但知识丰富，还善于经营。受家庭环境熏陶，哈伯从小就与化学结了缘，对化学工业更感兴趣，还是“德国农业化学之父”李比希的忠实崇拜者，一直就渴望成为伟大的化学家和爱国者。可奇怪的是，同样是耳濡目染，甚至还被父亲多次安排到纸厂、盐厂、化工厂和蒸馏厂等地实习，但哈伯却对经商之道始终不感兴趣，压根儿不想待在父亲的公司里，以至父子关系紧张。

哈伯天资聪颖，勤学好问，凡事都喜欢自己动手。他很小就受到了良好教育，掌握了不少化学知识。高中毕业后，他曾先后到多所大学求学，游历了卡尔斯鲁厄工业大学、柏林大学、海德堡大学、夏洛腾堡工业大学和苏黎世大学等著名学府；期间，他还师从霍夫曼和本生等多位著名化学家，且进步很快。

大学顺利毕业后，哈伯曾在耶拿大学从事有机化学研究；还在霍夫曼的指导下，撰写了一篇轰动当时化学界的著名论文，并因此在19岁那年被德国皇家工业大学破格授予化学博士学位；后来，他又改读化学工程，再于23岁那年又获了第二个博士学位——化学工程博士学位。

从此以后，哈伯便“春风得意马蹄疾”，无论是成家还是立业，几乎都是一路凯歌：28岁时，任卡尔斯鲁厄工业大学讲师，后来又晋升为教授；33岁时，娶回了才貌双全的化学女博士克拉拉·伊梅瓦尔，并于次年生下了一个大胖小子，尝尽了温柔之乡的甜美，享尽了天伦之乐的幸福。期间，他在科研方面也取得了众多成果，比如他解释了纺织品印花工艺的机理和电化学的氧化、区分了干氧化和湿氧化、研究了不可逆和可逆的电化学还原、研究了电流对金属腐蚀的影响、证实了法拉第定律适用于结晶盐电解、出版了著名专著《工业电化学理论基础》等。

但是，真正让哈伯走向“神坛”的科学研究，始于他36岁那年。当时他在两位企业家的大力资助下，开始研究合成氨的工业化生产；并于5年后的1909年（他41岁那年）获得了成功，成为首位用空气造氨的科学家。啥意思呢？换句话说，仅凭该项成果，他就足以成为人类的“天使”和“用空气制造面包的圣人”；因为，他取得了“20世纪最伟大的发明”，天才地化解了人类的粮食危机，为人类带来了丰收和喜悦。

具体说来，哈伯的这项划时代发明，仅以氮和氢为原料就能魔术般地合成氨；简言之，他能从空气中无中生有地合成氨，因为氮是空气的重要组成部分，占比高达78%。从此以后，人类就摆脱了依靠天然氮肥的被动局面；实际上，这种合成氨可制成高效化肥，加速农作物生长。哈伯的氨合成法之神奇，绝对超出普通人的想象。比如，依靠该项发明，德国很快就从一个弱小的欠发达国家壮大成了有底气发动第一次世界大战的强国；而且在第一次世界大战期间，在遭受全面封锁的情况下，德国的肥料之所以能自给自足都归功于这种氨合成法。哈伯的“天使”之名，至今也常出现在化学教科书中；他的氨合成法至今也在广泛使用，甚至据说“它是维系一半人口的食物基础。”因此，哈伯获得了1918年的“诺贝尔化学奖”。此乃后话，暂且按下不表。

如果故事到此结束，那哈伯将毫无疑问成为少有的伟大科学家，更是拯救人类的“天使”。只可惜，历史无法“假设”，历史更不承认“如果”。实际上，由于哈伯的巨大成就，已兼任柏林大学教授的他在43岁那年被德皇亲自任命为“威廉皇帝物理化学－电化学研究所”的首任所长。哈伯平易近人、好交朋友、彬彬有礼、兴趣广泛，在研讨中总能一语中的。他个性虽强，但却容易相处，也擅长行政管理，对政治、经济、历史和工业等也相当熟悉。哈伯的科研计划，本来只是继续完善合成氨并尽量测定氨平衡的热力学数据；同时，他也开始关注普朗克量子论在化学中的应用；他还与波恩合作提出了著名的“波恩－哈伯循环”。如果按此发展下去，没准儿哈伯还能为人类再做出几项新的重大科研成就；但仍然非常遗憾的是，历史没有“如果”。就在他担任所长仅仅3年后，德国就于1914年发动了第一次世界大战。哈伯也被盲目的“爱国”热情卷入了战争旋涡；他所领导的研究所更成了重要军事服务机构，负责战争所需武器的供应和研制；特别在毒气弹方面，哈伯更成了科研带头人。

于是，“恶魔”哈伯就渐渐成形了，他也被骂为“手上沾满了同胞的鲜血，给人类带来了巨大的灾难、痛苦和死亡”。

客观地说，有些诅咒过于偏激。比如，有人骂他是魔鬼的理由竟然是他的氨合成法在战争中被大规模地应用于制造化肥和炸药，一方面坚定了德国发动战争的决心；另一方面，在战争期间也发挥了巨大作用。显然，这种指责过于牵强，属于落井下石；毕竟，任何科学成果都可能用于战争。

但是，有关毒气战的事情，哈伯就不可原谅了；此时的他，绝对是一个活脱脱的“恶魔”。第一次世界大战爆发时，哈伯带头报名参军，并千方百计为军国主义建言献策，甚至积极主动领衔研制氯气、芥子气等毒气弹；他还不顾个别德国将军出于人道主义的反对，不顾个别将军嫌弃“使用毒气不够骑士风度”，不顾个别将军抱怨“像毒死耗子那样让人恶心”，极力怂恿决策者“若想赢得战争，请坚决使用化学武器。”终于，哈伯如愿以偿，促成了德国采用毒气弹。即使遭到了国际社会的一致强烈谴责，他仍厚颜无耻地狡辩道：“我开发毒气的目的，是要尽早结束战争，拯救更多生命。毒气弹并不比普通炸弹更残忍。”结果，仅在第一次世界大战期间，哈伯领导研制的化学武器就让10余万人当场死亡，百余万人受伤；伤者不但本人会在痛苦中度过余生，更会殃及其子孙后代。化学武器造成的伤亡比例在第一次世界大战中竟高达4.6%，从而留下了极不光彩的记录；哈伯也成了制造化学武器的鼻祖，人类共同的罪人。

哈伯的惨无人道，不但让许多德军不满，甚至引发了其妻子的公开谴责。其实，哈伯的妻子深深爱着自己的丈夫；甚至为了成就丈夫的事业，已是化学博士的她甘当了他的助理，帮他于1905年出版了最重要的代表作《工业气体反应热力学》；为此，哈伯曾在该书的扉页深情地写着：“献给我挚爱的妻子克拉拉博士。感谢她的默默奉献。”

哈伯的妻子是其同乡，也是犹太人，更是一位豪门“千金”，还是一位从小受过良好教育的化学家，但最重要的是，她是一位和平主义者；因此，第一次世界大战开始后，他们之间很快就出现了裂痕。

对丈夫的许多毛病，克拉拉都能咬牙忍受。比如，他总是凌驾于家庭之上，这时她忍了；他出名后，有意无意忽视她、疏远她，他的崇拜者也对她不屑，甚至诋毁她的演讲，或污蔑她的讲稿“是由他代写的”，对此她也忍了；甚至，他经常离家旅行，并与其他女人调情，对此她仍然忍了。为了排解这些虽然很难、但却可忍的烦恼，她只是在写给导师的信中忧郁地倾述说：“我一直认为，有价值的人生，应能充分发挥自身能力，并活出满意体验；可惜，婚后我很快就失望了。”

但是，面对丈夫的杀人激情，克拉拉就不愿再忍了！她先是在私下向他抱怨毒气研究“偏离了科学理想”，因为作为化学博士，她非常清楚毒气弹的危害；无效后，她又私下抱怨“杀人是野蛮的象征”；仍无效后，她在私下骂他“败坏了化学家的名声，化学家本该是改善人类生活的人”；再无效后，她才终于出离愤怒了，开始在公开场合呼吁哈伯结束化学战。而哈伯则恶毒咒骂妻子，指责她“叛国”。

1915年，在比利时的毒气战“首战告捷”后，亲自指挥这场战争的哈伯从前线返回时，受到了英雄般的欢迎。但是，在5月1日的“庆功”晚宴上，本来很文雅的克拉拉，终于忍不住在大庭广众下与丈夫歇斯底里地吵了起来。当天夜晚，不愿与“毒气弹丈夫”为伍的克拉拉，毅然选择了以死抗争：她用丈夫的军用手枪射向了自己那金子般的心脏。第二天，这位年仅45岁的美丽天使，死在了长子怀里。在此，我们必须以无比真诚之心，向这位女士致以崇高敬意！她才不愧为科学家的榜样，更是战争期间科学家的榜样！就算你不能阻止邪恶势力对科研成果的滥用，但至少你不能助纣为虐。

妻子的惨死，并没让哈伯从狂热的“爱国”激情中冷静下来；相反，他却像“大义灭亲”的勇士那样，更加坚定了自己的立场，认为自己所做的一切都是“为了人类的和平，为了祖国的战争”。妻子刚死，他就急匆匆奔向东部前线，急匆匆去布置下一场毒气战了；却让年仅12岁的儿子独自处理妈妈的丧事。这位可怜的孩子，受此打击之大、刺激之深，对父亲的爱恨交加之矛盾，使他长期遭受了难以描述的心理折磨，以至他在30年后的1946年，在已经移民美国后，也学妈妈用手枪结束自己的生命；因为，他实在受不了外界对其父亲曾经恶行的鄙视，厌恶父亲给欧洲造成的阴影。唉，多好的孩子呀，多可惜呀！对此我们只能再次长叹一声！

其实，哈伯对妻子之死也并非表面上那么淡漠。比如，一个多月后，他在写给朋友的信中说："在疲惫的幻觉中，我常常听到这个可怜女人说过的话（即，对他使用毒气弹的劝阻），看见她的身影从电报堆里升起，我深感痛苦。"当然，他很快就忘掉了这次痛苦，因为，仅仅在两年后的1917年10月，这位"毒气战之父"就迎娶了第二任妻子——一位社交俱乐部的活跃分子，两人育有一子一女，并于10年后的1927年12月6日离婚。其实，在哈伯内心深处，他还是一直深爱着克拉拉的，以至他在20年后去世时留下遗言，恳求与发妻克拉拉合葬。

哈伯以"爱国"之名的一意孤行，不但逼死了爱妻，实际上也害死了儿子。其实，哈伯因"爱国"而给其家族所造成的伤害，还远不止这些。除了家族灾难外，犹太民族也惨遭祸害，比如，希特勒就是用他发明的毒气更加方便快捷地杀死了他的无数同胞；除了犹太人的灭顶之灾外，德国也最终输掉了两次世界大战，德国人民也没过上梦想中的好日子，更没成为世界领袖。总之，他的科学成就在以"爱国"之名被滥用后，他自己、他的家庭、他的民族、他的国家，甚至整个世界都在不同的程度上遭了灾；难道这就是他"爱国"的初衷吗？

然而，非常具有讽刺意义的是，尽管哈伯不顾一切地爱他的"国"，爱他的"元首"；但仅仅因为他是犹太人，照样也免不了被纳粹羞辱：首先，他的名字，被强迫改为"犹太人·哈伯"，为下一步的精准迫害贴上了"犹太人"的标签；其次，他所领导的化学研究所也被迫改组，所有犹太科学家都被解雇；最后，哈伯本人也于1933年9月左右被希特勒赶出了他为之狂爱了65年之久的祖国；最后他只好背着"恶魔"之名，在他曾经的敌国境内，在曾经的敌人帮助下，孤苦伶仃地流浪，流浪。直到1934年1月29日，66岁时因心脏病突发，在瑞士的巴塞尔结束了自己那最受争议的生命旅途。还好，此前他已幡然悔悟；还好，德国科学界和人民并没忘却他：就在他逝世一周年的那天，德国的许多学会和学者不顾纳粹阻挠，纷纷组织集会，缅怀这位最具争议的科学家。

“没有人可以怀疑哈伯对国家的忠诚”，著名德国科学家、与哈伯同年获得诺贝尔物理学奖的普朗克，在缅怀哈伯时公开强调道。

同样是犹太人，同样是名震世界乃至改变世界的大科学家，同样是本可推出大规模杀伤性武器的人，同样是面对发动两次世界大战国家的人，针对哈伯的“爱国”行为，爱因斯坦曾公开指责他是“科学界的无赖，丧心病狂的走狗”；但在哈伯去世后，爱因斯坦又给出了最为中肯的评价，他唏嘘道：“哈伯的一生，是德国犹太人的悲剧，单恋式的悲剧；他对德国的爱，是无果之爱。”是呀，如果哈伯也像爱因斯坦那样在第一次世界大战中拒绝签署那臭名昭著的“93人爱国宣言”，在第二次世界大战中不陷入杀人武器的研制，甚至讨厌任何人称他为“原子弹之父”，那么本回中的所有争议将不复存在，哈伯也不会被后人贴上“化学战之父”的耻辱标签了。唉，只可惜，历史不能假设。其实，哈伯与爱因斯坦一家人都曾是挚友。他们的关系非常好，以至爱因斯坦两口子闹离婚时，双方首先要找的调解人非哈伯莫属。

由于受第一次世界大战影响，诺贝尔奖的颁发被迫停止数年，直到1919年第一次世界大战结束后才公布了“1918年度诺贝尔奖”，并于1920年实际颁奖。哈伯因“合成氨的杰出贡献”而获得了当年的“诺贝尔化学奖”。一时间，世界舆论哗然，科学界爆发了此起彼伏的强烈抗议，甚至许多人拒绝参加这年的授予仪式。在受奖致辞中，哈伯也承认说：“我是罪人，我无权申辩什么，我只能尽力弥补我的罪行。”受奖后，哈伯将全部奖金捐给了慈善组织，以示内心愧疚。

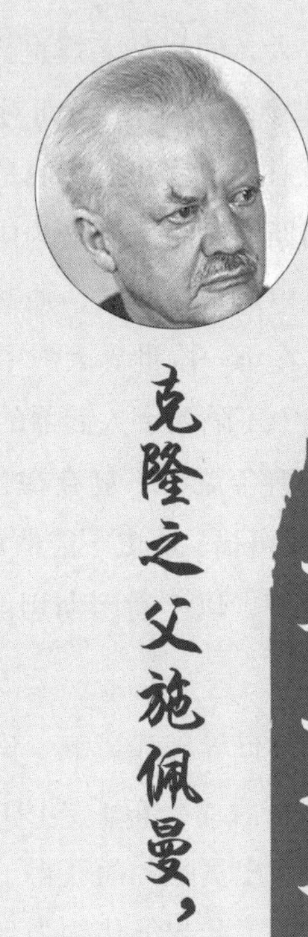

第一百一十七回

克隆之父施佩曼，胚胎实验惊破天

本回主角名叫施佩曼，全名汉斯·施佩曼，他是德国生物学家和胚胎学家、实验胚胎学的先驱，更被称为“克隆之父”；准确地说应该是“克隆之祖”，因为他并未克隆出任何一猫半狗，只是首次给出了“克隆”的概念、机制和方法等。他因发现了蝾螈的“胚胎诱导现象”而获得1935年“诺贝尔生理学或医学奖”。他还是剑桥大学和哈佛大学名誉博士，20多个国家的外籍院士。

本回故事起源于同治八年。这一年，生物学家米舍尔首次分离出了DNA，化学家门捷列夫创立了元素周期表，物理学家丁达尔发现了著名的“丁达尔效应”。也是这一年，苏伊士运河竣工通航，美国首条横贯北美大陆的铁路建成通车。在中国，“航海时代封海百余年”也取得了重大成就，首辆进口自行车惊现上海街头，一时间媒体大呼小叫，“哇，不得了啦，世界领先的自行车亮相上海啦。哥们儿，啥叫自行车？且听本媒慢慢道来：一人坐于车上，一轮在前，一轮在后，用两脚尖点地，引轮而走。据说，还有一种更先进的自行车：人如踏动天平，亦系前后轮，转动如飞，人可省力走路。吾皇万岁，万万岁！”当然，本回关注的重点是这一年的一枚名叫施佩曼的胚胎，它在德国的斯图加特，在他妈妈的子宫里，开始演绎了一出长达10个月且非常复杂的胚胎发育喜剧。

原来，一位专门“克隆”图书的出版商的精子，与家有多位医生的美女的卵子，经2周的甜蜜结合后形成了受精卵。然后，受精卵细胞开始分裂、发育，并在第3至8周形成胚胎。起初，胚胎形如桑葚，故曰“桑葚胚”；后来，它演变成“囊状”，故曰囊胚。囊胚附着在子宫内膜，吸取母体营养，继续发育。囊胚壁为滋养层，囊中有内细胞群。胚胎继续发育，内细胞群的一部分发育成外胚层、内胚层和中胚层等3个胚层，再由这3个胚层分别分化发育成施佩曼的所有组织和器官。当然，伙计，其实你的孕育过程也是这样，只不过比施佩曼晚了100多年而已。

若嫌上段“演播过程”节奏太快的话，那下面就再重放几个“特写分镜头”；它们将帮你了解施佩曼的主要科研成就，也有助于你了解自己的来龙去脉。

特写分镜头一，卵裂及胚泡。受精26至30小时后，受精卵开始分裂发育，又曰“卵裂”。每10至12小时，卵裂一次；当达到16至32个细胞时就形成了桑葚胚，并开始向子宫腔移动。第4至5天时，形成早期胚泡，胚泡开始侵入子宫内膜；第11至12天，胚胎成功植入子宫内膜。胚泡滋养层细胞迅速增殖，由单层变为复层，外层细胞融合为合体滋养层；深部的一层细胞界限明显，称细胞滋养层。胚胎植入后，滋养层向外长出许多手指状的突起（绒毛），逐渐发育、分化形成胎盘。滋

养层直接从母体血液中吸取营养，以供胚胎发育所需。

特写分镜头二，植入。胚泡逐步埋入子宫内膜的过程，称为“植入”，又称“着床”；它是哺乳动物特有的生殖活动。植入开始于受精后第5至6天，并在第11至12天完成。植入时，细胞群内侧的滋养层先与子宫内膜接触，并分泌蛋白酶消化与之接触的子宫内膜组织；胚泡则沿着被消化组织的缺口，逐渐埋入子宫内膜的功能层。经过着床，原来漂流的胚泡牢牢地附着于子宫壁，进而埋入壁中，从而获得了母体的营养和保护，建立起了母子间在结构上的联系，但母子又保持各自的独立性，直至分娩。在植入过程中，滋养层细胞迅速增殖并分化为内外两层，外层细胞的细胞界限消失，称合体滋养层；内层由单层立方细胞组成，称细胞滋养层。内层细胞有分裂能力，可不断产生加入外层的新细胞。胚泡全部植入子宫内膜后，缺口修复，植入完成。此时，外层内出现腔隙，其内含有母体血液。

特写分镜头三，胚盘形成。从第2周起，胚泡内细胞团的细胞开始增殖与重排。靠近胚泡腔的细胞形成一层立方形细胞，为胚胎本身的内胚层；内胚层上方的细胞呈柱状，称为外胚层；两层细胞紧密相贴，形成椭圆形的二胚层胚盘。胚盘下方内胚层延伸，形成卵黄囊内层；胚盘内胚层，构成卵黄囊顶壁；胚盘上方外胚层与滋养层间出现腔隙，逐渐扩大成羊膜腔。胚盘外胚层构成羊膜囊底壁，羊膜囊其余部分来自滋养层。胚盘上“原条”的出现与退缩，标志着中胚层的形成与三胚层胚盘的建立。中轴线的中胚层形成脊索。在脊索头端前方及“原条”尾端后方各有一圆形区没有中胚层进入，内外胚层紧密相贴，分别称口咽膜及泄殖腔膜，为以后形成口腔和肛门的部位。脊索诱导其上方外胚层增厚形成神经板，进而形成神经沟及神经褶，它在背中线愈合形成神经管。

特写分镜头四，体形建立。三胚层所构成的椭圆形扁平胚盘，由于中部细胞生长迅速，周缘向腹侧卷折，分别形成头褶、尾褶及腹褶；这些褶，进一步卷折向中央收缩，在胚体腹侧与尿囊及卵黄囊柄的附着点形成圆柱形脐带区。胚胎由盘状逐渐形成头宽尾细的圆柱形，胚体悬浮于羊膜腔内羊水中。上、下肢芽于第4周先后出现，至第8周末肢芽的各区段明显可辨，手指及足趾形成。外生殖突出现，但尚不能分辨性别。

特写分镜头五，颜面感官形成。颜面造形始于第4至5周，形成5个隆起；第7周面突移动，开始形成颜面；第8周形成具有人脸特征的颜面。眼、耳、鼻等感官形成并定位。

特写分镜头六，早期分化之中胚层。中胚层分为3部分，在脊索两旁的中胚层为轴旁中胚层，其外侧为间介中胚层，最外侧为侧板中胚层。第3周末，两侧轴旁中胚层增厚并分节，形成体节，致使体表形成许多小的隆起；第5周末，44对体节全部形成。每个体节都将分化形成生骨节、生肌节及生皮节。它们分别形成该体节段内的软骨、骨、肌肉及皮肤。间介中胚层形成泌尿生殖系统。侧板中胚层的中间出现腔隙而分为两层，它们将分化为体壁的骨骼、肌肉和结缔组织等；围于内胚层周围的中胚层称为脏壁中胚层，将分化为内脏器官的平滑肌、结缔组织和浆膜等。二层间的腔称为原始胚内体腔，它将分化为心包腔、胸腔及腹腔等。

特写分镜头七，早期分化之内胚层。随着圆柱形胚体的形成，内胚层卷折成原肠，为消化和呼吸系统的原基，将分化为消化管、消化腺、喉、气管和肺的上皮以及甲状腺、甲状旁腺、胸腺、膀胱及尿道等的上皮。注意，此“原肠”阶段是后来施佩曼取得重大发现的关键阶段，此处先点到为止。

特写分镜头八，早期分化之外胚层。神经管头区迅速生长，形成5个脑泡；神经管向腹侧弯曲，使胚胎呈C形。在神经管形成时，两侧神经褶外侧的外胚层细胞与神经褶脱离，形成位于神经管背外侧的细胞索，称神经嵴，以后分化为周围神经系统的神经节及肾上腺髓质等。它们位于体表的外层，将分化为表皮及其衍生物，一些器官的上皮组织。至第8周末，体内主要器官系统的雏形结构均已建立，可区分出头、面、颈、躯干及四肢，胚胎初具人形。

特写分镜头九，性激素影响。在正常的性器官分化过程中，无论男女，在刚开始发育的头几周，其性器官在解剖学上都毫无区别。大约怀孕6周时开始出现原始性腺，具有双向腺趋势既可能发育成睾丸，又可能发育成卵巢，这取决于随后的发展。大约第8周，原始性腺分化成为功能性睾丸，具备了分泌睾酮的能力；反之，则向女性发育，直到大约第12周才出现了卵巢分化。雌激素具有促进骨骼生长和骨骼闭合的双重作用。因此，女孩发育一般比男孩早两年，刚发育时女孩一般比男孩高；但由于女孩骨骼闭合较早，故男孩能后来居上，身高反超女孩。

唉，施佩曼可真不容易，费了九牛二虎之力，又是“快进”、又是“慢镜头”、又是“特写分镜头”，整整折腾了10个月，最后才总算从一枚受精卵变成了一个大胖小子，于1869年6月27日以全家4个孩子中的长子身份诞生了。

既然胚胎发育不易，那就得赶紧成长。于是，他只经过了几次“闪电式跃迁”

就“唰唰唰”长大了：9岁时，进入埃伯哈德-路德维希学校；19岁时，中学毕业，然后随父一起从事图书“克隆”工作，即书籍的印刷和经销；一年后，又到德国陆军骑兵部服役；再一年后，22岁的施佩曼考入德国海德堡大学医学院；24岁时转入慕尼黑大学；26岁时再转入维尔茨堡大学攻读动物学、植物学和物理学专业，以“猪蛔虫的胚胎发育”为题完成了博士学位论文，并获博士学位，就此打下了坚实的形态学基础。毕业后，他到维尔茨堡大学的动物研究所工作；39岁开始去罗斯托克大学执教，讲授动物学和比较解剖学；45岁开始跳槽为柏林凯撒威廉生物研究所副主任；50岁开始再跳槽为德国斯图加特动物学院院长，直到67岁退休。

伙计，你也许嫌施佩曼长得太快了，还没来得及看清楚他就已退休了；其实，还有更快的呢。退休5年后，伟大的科学家施佩曼就于1941年9月12日被希特勒迫害致死了，享年72岁；很巧的是，居里夫人的大女儿，后来的诺贝尔物理学奖得主伊雷娜·约里奥·居里刚好在这一天诞生。

唉，没办法，巧媳难做无米之炊；反正，有关施佩曼的整个人生过程特别是生平事迹等信息，几乎都是一问三不知。

他是如何长大的？不知道。只知道他因家境困难，少年时未能接受系统教育，但他家的房子很大、书很多，父母对文化和社会等活动都很积极；还知道他于23岁那年娶了媳妇，名叫卡拉·宾德，婚后生育了两儿子。

他的成长过程中有啥酸甜苦辣？不知道。只知道他从事胚胎学和临床医学研究的理由很“奇葩”，那就是受到了著名戏剧家和诗人歌德及其作品的影响；莫非他当时以为生物学研究等于唱戏或吟诗？还知道他的几位合作者姓名、导师姓名、读过的几本书名；由于外国人名太复杂，书名的意义也不大，此处就略去了吧，何必为读者增添多余的阅读困难呢。

他是如何被希特勒迫害致死的？不知道。只知道他不屈服于法西斯，只知道他死于德国弗赖堡；还知道他终生都酷爱古典音乐和文学，经常组织朋友们晚上聚会，讨论艺术、文学和哲学等问题。

不过，与生平信息相反的是有关施佩曼的科研成就，甚至包括许多专业细节却是铺天盖地；您需要多少就有多少。当然，您若想读懂这些专业内容，其实也不难，只需先拿个胚胎学博士学位就行了。幸好，施佩曼的最主要科学成就（即“发现组织中心”）还是比较浅显易懂的；所以，下面就以“事后诸葛亮”的角度来给出相关的简介。

从生物学角度看，到目前为止，我们已描述了专门为施佩曼“量身订制”的胚胎学，即：详述了他如何在精卵结合后，开始孕育生命；在胚胎期及胎儿期，又如何在子宫内完成“生前发育”；再如何快速演绎初生儿、婴儿、儿童、青春期、成年期、到衰老死亡的全部“生后发育史”。当然，重点是出生前的胚胎发育过程；其实，这个过程对所有人来说几乎都一样，甚至对所有胎生动物来说也是大同小异。

但是，仅有胚胎学显然还不够，即使你千遍万遍重放胚胎的发育过程，无论分解出多少特写镜头或慢镜头，你最多只能知道“胚胎是如何发育的”，但却难以知道“胚胎为啥要如此发育”。于是，便诞生了一个分支学科，名叫“实验胚胎学”，它试图用实验方法来干扰胚胎、研究胚胎的各部分在发育过程中的相互作用，从而探讨胚胎发育中的因果关系，努力回答“为啥一粒相当简单的卵子会发育成完美无缺的个体”等问题。而施佩曼的毕生工作，就是通过实验胚胎学的方法来研究两栖类胚胎的早期发育过程，并发现了一个惊天秘密：妈呀，原来在胚胎发育过程中，各细胞的分裂并非各自为政呀，而是有一个“总指挥”（称为“施佩曼组织器”），它在向细胞们发号施令，它在安排大家的发育进程呀。施佩曼的证明过程相当简捷明了，也很有说服力。

大约在1902年，施佩曼以蝾螈的胚胎为对象，设计了一套精巧的实验。当蝾螈的受精卵刚刚分裂为二个细胞（专业术语叫“二分裂球”）时，他就用婴儿的细长胎发在两个分裂球之间加以结扎；结果，每个分裂球都发育成了一个完整的胚胎。但是，如果这个结扎手术推迟一段时间，直到进入“原肠期”再结扎，那被结扎分开的两部分将各自发育为半个胚胎。这是啥意思呢？当初为了给出这种怪现象的合理解释，施佩曼可没少费心思；但今天若“回头看”的话，那就很清晰了。原来，最早期的二分球时，“总指挥”还没“上岗”，所以结扎后将长出两个“总指挥”，它们分别独立指挥出了相关的“交响曲”；在稍晚一点后的原肠期，“总指挥”上岗后，若再将它结扎为两部分，那么它就只能各自完成一半的任务，让一边奏出交响曲的“前半段”，另一边则只能奏出“后半段”。用专业术语来说，那就意味着胚胎在早期和晚期之间发生了某种变化，使胚胎各部分的发育过程被确定下来了。他还发现，在原肠形成之前，若使外胚层的任何部分与中胚层接触，那部分外胚层都能发育为神经组织。因此，原肠的形成之日，就是“总指挥”的上岗之时。他又发现，若将原来要发育为神经组织的外胚层移到不与中胚层接触的部位，便不能发育为神经组织。这意味着，胚胎的发育，确实可被精确控制；用专业术语来说就是“诱导”，它奠定了生物克隆的理论基础。

那么，这个“总指挥”到底藏在哪里呢？到了1920年左右，施佩曼又通过异位移植实验，在适当的胚胎期把受精卵结扎为背腹两半，结果只有背部一半能产生正常胚胎，这说明那“总指挥”藏在背部；他再把背唇移植到腹唇，结果又产生第二个正常胚胎，这说明那“总指挥”藏在背唇区。于是，这位“总指挥”就终于被逮住了；施佩曼也因此获得了诺贝尔奖。

最后，再来回答读者们可能关心的问题，即施佩曼为啥称得上“克隆之祖”。其实，熟悉生物克隆历史的人也许很清楚：在克隆的“里程碑事件”中，好像压根儿就没有施佩曼及其事迹。实际上，直到1952年，人类才克隆出蝌蚪；1972年，才有基因复制；1978年，才出现试管婴儿；1996年，才有克隆羊；1998年，才出现大批克隆动物；2000年，才克隆出猴子；2001年，才克隆出牛和猫等。但是，施佩曼在实验胚胎学方面的成果特别是1938年出版的专著《胚胎发育和诱导》，为克隆的最终实现奠定了坚实的理论基础；因为，他的“诱导”理论已清楚地表明：生物体确实可通过体细胞的无性繁殖来发育生成。实际上，他当时就梦想“用核移植方法来克隆整个有机体”，即：从未受精的卵子中取出细胞核，用分化的胚胎细胞核代替它。另一方面，他还通过若干“诱导”实验从局部证实了自己的克隆猜测。比如，他研究了眼球与晶体间的诱导作用，发现：缺乏眼泡便不能形成晶体，所以，眼泡是“诱导者”。又比如，他把青蛙的胚胎组织移植到蝾螈胚胎后，产生出了青蛙的器官；反之，再把蝾螈的胚胎组织，移植到青蛙宿主后，又产生了蝾螈的器官。形象地说，乐队到底奏出啥曲子（长出蝾螈器官，还是青蛙器官），主要取决于音乐指挥。比如，无论青蛙胚胎组织这个“音乐指挥”是待在蝾螈胚胎这个“金色大厅”中，还是待在青蛙胚胎这个“银色大厅”中，它都照样奏出“青蛙器官”这支曲子。反之亦然。

施佩曼对人类的贡献如此巨大，但可惜，此处只能用一篇科普来向他表示敬意，实在抱歉。

科普的误会

对科普，许多大牌教授都不屑一顾，误以为它只是小儿科，杀鸡哪用宰牛刀。

其实，写科普的难度一点也不亚于学术专著。比如，为了撰写《安全简史》，我们几乎对自己进行了脱胎换骨的改造：增长幽默指数、提高文学素养、凝练技术精华、揭示理论实质、挖掘哲学核心等等。前前后后共耗费了近十年光景，才把铁棒磨成了针，写成了“外行不觉深，内行不觉浅”的《安全简史》，完成了“为百姓明心，为专家见性；为安全写简史，为学科开通论”的心愿。不过，所幸的是，功夫不负有心人，《安全简史》一经出版就引起了全社会的广泛关注，不但销量爆棚（半年多就加印了6次；好几个国家的出版社也正筹划出版不同语种的译本），而且还获得了“2017年科技部优秀科普作品”和“2017年CCTV1中国好书”等荣誉。

对科普，许多读者也是不屑一顾，误以为它只是介绍一些与自己无关的科技知识且还枯燥乏味，远不如看武侠小说或追韩剧。其实，真相绝非如此，不少优秀科普作品也是妙不可言：读之，如品清茶；听之，如享评书；思之，其乐无穷；想之，受益匪浅。优秀的科普作品不但让人脑洞大开，甚至可能改变你的世界观。退一万步说，多读几本科普作品，至少能在茶余饭后，使你的神侃显得格外“高大上”，使你在台上的讲话或报告更加“白富美”。家喻户晓的霍金《时间简史》自不必说，就连我们的拙作《安全简史》也能使你在笑声中轻松成为“信息安全专家”；使你在与李白“华山论剑”时，顺便了解黑客的真谛；使你与徐志摩在康桥切磋情诗时，掌握对付计算机病毒的实用技巧；使你一边数钱一边查家谱，也一边知道了啥叫“区块链”；使你告别余光中的《乡愁》后，个人隐私保护能上新台阶。在《安全简史》中，苏东坡将会告诉你如何防欺诈，歌德将教给你怎么破密码；辛弃疾大讲防火墙，仓央嘉措指导你防狼（入侵检测）；香农亮出安全熵，汪国真忒能搞灾备，哪怕数据天各一方。

许多人还误认为，写科普只是三流科学家的爱好，是“江郎”们“才尽”之后的无奈之举。其实，事实刚好相反！“看山只是山，看水只是水”的三流科学家真的很难写出科普精品，最多只能完成本单位的“一项考核指标”而已；“看山不是山，看水不是水”的二流科学家虽可写出知识型的优秀科普作品，但他们最多只能撰出“只是科普的科普”；而只有“看山还是山，看水还是水”的一流科学家才能写出真正的文化型科普作品，才能入木三分，才能写出“不是科普的科普精品”。综观世界历史，“顶级科学家名单”与“顶级科普专家名单”几乎如出一辙！诸如爱因斯坦、牛顿、达尔文、赫胥黎、普里戈金、惠更斯、道尔顿、拉瓦锡、摩尔根、哈维、波义耳、魏格纳、傅里叶、笛卡尔、薛定谔、维纳、居里、希尔伯特、李比希、冯·诺伊曼等等，哪一位不曾写过科普精品？！

还有许多人误认为，科普对社会的贡献很小，可有可无；科普不过只是针对广庭大众扫扫盲而已。其实不然，科普对人类社会的贡献，一点也不输于学术专著。远的不说，只看最近几百年的情况。

在过去100年里，对人类现实生活影响最大的一系列成果，可能要算以网络、计算机、通信、人工智能、自动化、全球定位导航等IT技术；但是，在这些技术的"体内"，都无不流淌着一本科普书的"血液"。是的，这本科普书就是维纳的创世之作《赛博学——关于在动物和机器中控制和通信的科学》(可惜其名称却被误译为《控制论》)，以至于如今的时代被称为"赛博时代"；网络空间被称为"赛博空间"；甚至连电影和科幻小说等都在大讲特讲各种各样的赛博。虽然《控制论》之名在中国如雷贯耳，但是绝大部分国人，哪怕是IT领域的专家，可能都不知道：原来《赛博学》这本书，从立意到策划、从撰写到出版，其实都是正宗的科普！

在过去200年里，对人类思想意识冲击最大的一本书，可能要算达尔文的《物种起源》。它的出版不但立即引起了世界轰动，而且还沉重打击了神权的统治根基：原来人类并不神秘；人不是上帝创造的，而是猴子变来的！虽然没有确切证据表明达尔文是要想写科普，也许那时根本就没科普的概念，但是，从社会影响的实际效果来看，此书与科普无异：刚刚面市就"洛阳纸贵"，而且普通大众都能读懂。可见，《物种起源》确实是想把"生物进化"这一科学观念普及给全体老百姓。

在过去300年里，对人类经济生活影响最大的一本书，可能要算亚当·斯密的《国富论》。它奠定了自由市场经济的基础，展示了个人主义的进步性，保护了财产私有制，肯定了追求利润的正当性，确保了经济自由，挖掘了价格机能的本质；特别是，此书用标准的科普语言宣告：始终有一只"看不见的手(指市场)"能使社会资源分配达到最佳状态。

综上可见，如果《赛博学(控制论)》《物种起源》和《国富论》只是学术专著，只是像爱因斯坦的《相对论》那样"同时代的人几乎都难懂"，那么，整个人类的历史也许将完全重写。没准你与我，现在就正在用手摇计算器玩游戏，或群情激愤地批判哥白尼，或紧跟康熙实施"均平赋役"的经济政策呢。

中国社会对科普的误解很深，扭曲状态不会在短期内得到根本改变。因此，别指望国内能突然冒出一大批科普精品，更不可能马上形成"尊重科普，善待科普专家”的良好科普文化。

发展科普事业，需要两条腿走路。其一，名家热心写科普；其二,百姓盼望读科普。其实，“两条腿”形成良性循环之时，便是中国科普成熟之日。换句话说，如果百姓都爱读科普，那么，市场需求将大增，专家写科普的动力和压力也会更大；反过来，专家写的优秀科普越多，读者的兴趣也就会越浓。

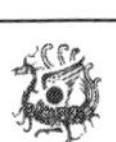

第一百一十八回

卢瑟福创核物理，名教授当小阿姨

提起本回主角卢瑟福，物理学界绝对如雷贯耳；提起核物理，全社会也家喻户晓。但许多人并不知道，其实卢瑟福就是核物理之父；可能更多人不知道，其实作为著名科学家、诺贝尔奖得主、举世公认的继法拉第之后的最伟大实验物理学家和“微观宇宙之王”，卢瑟福竟是一位地地道道的乡巴佬！真的，这不仅指他生在名叫纳尔逊的农村，长在农村；还指他即使功成名就后仍保持农民本色，无论是言谈还是举止，怎么看都怎么更像乡巴佬。甚至，在被英国女王授爵时，朴实无华的他竟也自选了一个土得掉渣的封号——纳尔逊勋爵，大约相当于“夹皮沟勋爵”吧。难怪新西兰总统赞美道：“好，好一个纳尔逊村的卢瑟福！”

故事还得从同治十年说起。在光绪皇帝诞生半个月后，1871年8月30日，欧内斯特·卢瑟福也哭着闹着来到人间。为啥又哭又闹呢？唉，两人几乎同时下凡，可那光绪为啥就投胎到了皇家，而自己却被贬入“穷三代”之家呢，这也太不公平了！确实，你看那卢爷爷，本是英国人，却因生活所迫，不得不带着年仅三岁的卢爸爸背井离乡“闯关东”，漂洋渡海来到新西兰，从而为卢家种下了“穷根儿”。卢爸爸本想摘掉“穷帽子”，并为此竭尽全力，但却始终无果。比如，虽然他练就了一手木匠活，也迎娶了一位既贤惠、又能干、还会弹钢琴的教师媳妇，但却仍然很穷，甚至比卢爷爷更穷；因为那时不讲计划生育，卢爸爸和卢妈妈一“不留神”就生了一大窝“穷土豆”，掰着手指头和脚指头数了又数，最后才总算数清了：哦，原来全家共有12个“穷土豆”，卢瑟福只是其中的老四。

既然穷，那就得“穷人的孩子早当家”。于是，从很小开始，卢瑟福就不得不干家务：要么去农场帮爸爸耕地，要么到牛棚帮妈妈挤奶，要么到野外打柴割草。当然，像所有的山里娃一样，小卢也少不了在劳动之余玩出一些“穷开心”来；一会儿摸鱼，一会儿捉虾，一会儿掏鸟蛋，一会儿又捏泥巴。反正，穷有穷的活法；不过，无论多穷，卢瑟福都很快乐，宛如职业幻想家。他甚至还幻想过要从地里种出一根新的牛尾巴。原来，这小子太调皮，竟突发奇想，拿家里的牛尾当纤绳，拖着一大捆柴火回家，自己则骑在牛背上猛抽；结果，那可怜的牛尾就与屁股“分了家”。望着血肉模糊的半截牛尾，如何才能确保自己的屁股不被老爸打开花呢？小卢再次突发奇想，希望像河滩插柳那样重新为那牛换上一根新尾巴；当然，最后也只是“有意栽花花不发”。

5岁时，卢瑟福进了村里的小学；其成绩当然门门优秀，特别是拉丁文和古典文学更佳，经常受表扬。这小子特机灵，鬼点子也很多，还倍儿能讨妈妈欢心。

比如，本来是唱歌跑调，他却偷偷改了曲谱，让妈妈刮目相看；本来是记不住课文，他却故伎重演，信口就现编现演，让妈妈以为儿子早已倒背如流。特别是10岁那年读五年级时，本来是某位教授的作品，他却一本正经地将自己的名字覆盖在“作者”处，让妈妈激动万分，以为儿子出书了；以至妈妈一直收藏着这本“专著”，直到她晚年时，还常拿出它向左邻右舍夸耀呢。当然，卢瑟福当时也许只想表明某种决心，表明自己今后也能写出这样的专著。

从小开始，卢瑟福就一直深受所有人喜欢；难怪他去世后，亲友们送的墓志铭都是“他从不树立一个敌人，也不错过一位朋友。”比如，小时候，玩伴们都很喜欢他，奉他为“孩子王”，因为他总有办法让大家听指挥，一会儿发明出趣味新玩具，一会儿又让老玩具玩出新花样；街坊邻居也很喜欢他，谁家闹钟啥的要是坏了，首先想到的就是向他求援；他老爸绝对喜欢他，因为他竟用废旧零件拼出了一架相机，还学会了冲洗显影，宛若一名摄影师，惹得七大姑八大姨争相前来留影，让老爸自豪得手舞足蹈，倍感光宗耀祖。中学老师更喜欢他，甚至每天都为他单独“开小灶”教他学到了不少课外知识，再加他很勤奋，故他15岁时以几乎满分的成绩获得了奖学金，还被招入了纳尔逊学院，即进入了大学预科班。

在纳尔逊学院，卢瑟福迷上了自然科学，经常与知音们一边散步一边讨论科学问题；兴奋时，就蹲地上演算数学题，全然不顾身边的垃圾恶臭。他是全校有名的“书呆子”，每当看书或做作业“犯病”时，无论环境多么嘈杂，甚至有人用书本敲脑袋、揪耳朵或扯衣服，他都毫无感觉，一心沉浸在自己的世界里；但是，一旦他突然醒悟后，玩他的同学可就惨了，因为腰圆膀粗的他只需一下就能让对方哭爹喊娘。经过3年苦读后，18岁的他又以优异成绩获得了新的奖学金，并终于考进了新西兰大学，不过只是该大学的一个“三本独立学院”坎特伯雷学院。当妈妈双手捧着“录取通知书”战战兢兢递给儿子时，正在田里挖土豆的卢瑟福先是一愣，接着用力扔掉手中铁锹，吐出一口闷气，仰天长叹道：“神啦，这也许是我卢瑟福所刨的最后一粒土豆了！”说完，头也不回就泪奔回了家。

在坎特伯雷学院，卢瑟福很快又以勤奋和赤贫出了名。为弥补奖学金的不足，他不得不同时兼做几份兼职，经常搞得很晚才回宿舍。可哪知，如此一来二去，总是半夜三更为他开门的房东太太的大闺女玛丽，竟爱上了这个穷书生。从此，一场旷日持久的贫富恋、异地恋、贵贱恋便拉开了序幕。至于其中的相恋细节嘛，各位自己想象就行了。不过，卢瑟福绝没因恋爱而影响学业，反而在爱情力量推

动下，学业进步更快、更大。坎特伯雷学院很一般，师资平平，设备不佳，生源质量也差；更奇怪的是，学院开设的课程虽属理科，但所授的学位是文科。所有这一切都未影响他的既定学习目标，在21岁那年，理科生卢瑟福就获得了文科学士学位；一年后，他又获得了文科硕士学位。难怪卢瑟福的同班同学后来回忆说："他是一个天真、直爽、讨人喜欢的人，他虽无早熟的才华，但只要认定了目标，就会百折不回，不达目的绝不罢休。"

硕士毕业后，卢瑟福开始搞科研了。他很快就砍出了"程咬金的三板斧"：首先，于23岁时发表了首篇学术论文；接着制成了能远距检测无线电波的"检波器"；再接着，在新西兰国内破天荒发出了第一份电报。哇，一时间他就成了全国名人。可是，放下"板斧"后，这位"程咬金"才发现：天，原来自己的"吃饭问题"还没解决。于是，为了糊口，他只好当上了中学代课教师。但客观地说，作为老师，卢瑟福确实不够格：讲课时，他自说自话，让学生听得云里雾里；自习时，课堂纪律一塌糊涂，教室变成了农贸市场；就算要处分学生时，只要那学生略施小计，稍微用其他事情转移一下注意力，便可大事化小、小事化了。

24岁那年，是卢瑟福的人生转折点。这一年，新西兰大学计划重点培养一名优秀青年，入选者不但能出国留学，还能得到全额奖学金。经过数轮"淘汰赛"，最终进入决赛的只剩两位，而卢瑟福暂居第二。于是，选手们的未婚妻便出场了：第一名的未婚妻，首选了留在国内结婚；而玛丽则大义凛然，坚决支持自己的"男神"，哪怕推迟婚期！于是，卢瑟福获胜。怀揣四面八方筹借的羞涩旅费，"乡巴佬"卢瑟福迎来了自己的"三喜"：一喜是，幸运地进入了英国剑桥大学读研究生；二喜是，幸运地进入了当时整个英国的科学研究中心，剑桥大学卡文迪许实验室；三喜，也是最大之喜是，他遇到了自己一生中最重要的"贵人"卡文迪许实验室的时任主任汤姆逊，并成了他的弟子。须知，汤姆逊可是人人仰慕的顶级科学家哟，而且汤老先生还特别乐于助人，他手下的弟子想不成才都难哟。

果然，在剑桥大学的3年里，卢瑟福与其导师合作演绎了一出师生互敬互助的经典，在科学史上传为佳话：导师理论强，弟子实验棒；导师站得高，弟子思路妙；导师看得远，弟子真敢干；导师朋友多，弟子善切磋；导师领进门，修行靠个人；反正，这师徒俩一唱一和，不断在导师的"主打"领域收获着重大成就。若照此发展下去的话，也许要不了几年，另一位伟大的电磁学家将横空出世。卢瑟福之所以能如此突飞猛进，除了导师汤姆逊的精心指导之外，还该归功于另一个隐形导师，那就是他的未婚妻，科盲加半文盲的玛丽。为啥如此说呢？嘿嘿，有诗为证，实际上卢瑟福曾亲口对玛丽说过："好奇怪，每当我遇到难题百思不得其解时，就会想到你；只要把你的信件掏出来仔细复习一遍，就会突然茅塞顿开，啥困难都迎刃而解了。"伙计，别酸掉牙，更别掉出一地"鸡皮疙瘩"；想想看，你若也有这么一封情书的话，也许诺贝尔奖就在向你招手了。看来，每个成功男人的身后，还真有一个默默无闻的女人呀。

卢瑟福的科研工作虽硕果累累，但善良的导师却始终有一个心病，那就是如何"精准扶贫"：让这位穷得叮当响的得意门生尽早摆脱困境，至少得有钱娶媳妇。直到1898年，机会终于来了，但前提是导师得忍痛割爱；原来，导师打听到加拿大麦吉耳大学刚好在高薪聘请物理教授。于是，本来爱才如命的汤姆逊，为了弟子的前程干脆就不要"命"了，毅然咬牙将卢瑟福推了出去。于是，27岁的卢瑟福便只身来到加拿大，并在这里待了整整9年，更取得了自己的首批"诺奖级"成就。当然，最先取得重大突破的是在1900年，当时已经29岁的卢瑟福终于回到新西兰，娶回了自己朝思暮想的玛丽；然后，于次年生下了独生女，幸好没像他爸那样又生一窝"土豆"。不过，在科研方面，卢瑟福却好像又回到了儿时的"刨土豆"年代，众多顶级成果像土豆那样被一串串地"刨"了出来；这显然得益于他那位隐形导师提供的爱情力量。

实际上，刚结婚不久，卢瑟福就将分层的铝片放在铀源上，结果发现：铀放射性辐射的成分互不相同，含有两种可被铝片吸收的辐射；一种易被吸收，即穿透力较弱，称为"α辐射"；另一种难于被吸收，即穿透力较强，称为"β辐射"。后来，他又发现了放射性半衰期；从此，他便开拓了核物理新学科。1900年，他又发现，钍也会发出放射性气体呢！于是，他在1902年发表了划时代的论文，宣布放射性原子是不稳定的，它通过放出α或β粒子而自发变成其他元素的原子。此理论一出，立即轰动了科学界；特别是在1904年，他全面总结了放射性链式蜕变理论，从而奠定了重元素放射的基本原理；甚至还用放射性估算了地球年龄，纠正了前人的错误。紧接着，1905年，他又发现了同位素，并通过测量α粒子的电荷质量比发现原来所谓的α粒子，其实就是氦离子。

望着卢瑟福戏法样刨出的这一大堆"土豆"，瑞典皇家科学院坐不住了，赶紧召开闭门会议，迫不及待地一致决定：将1908年的"诺贝尔化学奖"颁发给这位物理学家。伙计，你没看错，确实将化学奖颁给了物理学家，正如当年理科生卢

瑟福获得文科学位一样。也许元素属于化学，而这堆金光闪闪的物理“土豆”却能将一种元素变为另一种元素；而这种变化是普通理化手段所望尘莫及的，它完全颠覆了“元素不会变化”的传统观念，使人类对物质结构的研究深入到了微观层次，从而开启了崭新的“原子时代”。

诺贝尔奖，对卢瑟福来说肯定不意外；但对麦吉耳大学来说，却是意外，十足的意外；因为该校花费了9年高薪却白白为“他人做了一件嫁衣裳”。原来，就在这批“土豆”获奖前的仅仅一年，卢瑟福“跳槽”到了英国曼彻斯特大学。唉，人算不如天算，早知如此，当初何不把那“乡巴佬”在加拿大多留一年呢。

伙计，别以为获诺贝尔奖后故事就完了；其实，精彩才刚开始呢，更多、更大、更闪闪发光的“土豆”即将出土。果然，就在次年，卢瑟福等就估算出了原子核的半径。1911年，他设计出了“最美物理实验之一”，给出了如今公认的原子太阳系模型，认为原子中含有带正电的核，其周围是高速旋转的电子。该模型还意外刺激了玻尔，让他提出了革命性的量子假设，从而开启了“量子时代”。1919年，卢瑟福等又发现了质子，即电荷量为1，质量也为1的粒子。后来，他用γ射线轰击原子核，实现了人工核反应；这已成为核物理的重要研究手段。1921年至1924年，卢瑟福等又预言了重氢和中子的存在，还证实了许多元素都有这样的核反应，即捕获1个α粒子后就放出1个质子，进而转化为下一个元素。

弟子能取得如此成就，导师当然无比高兴；不过，汤姆逊却始终舍不得卢瑟福，在自己即将退休之际向剑桥大学力荐了这位得意弟子。于是，在1919年，卢瑟福终于接替导师，成为卡文迪许实验室的第四任主任，即“诺奖得主幼儿园”的新阿姨。

前面已说过，作为教师，卢瑟福在课堂上的表现确实不敢恭维；但作为导师，他却相当优秀。真的，这里不是“做广告”，不信咱就来看结果：他造就了大批优秀人才，甚至在其助手和学生中先后竟有12人荣获了诺贝尔奖，创下了个人培养诺奖得主最多的世界纪录。若在诺奖中增设一项“最佳导师奖”的话，估计非他莫属。也许由于从恩师汤姆逊那里受益匪浅，所以卢瑟福对弟子也百般呵护。比如，他的得意弟子、1922年度“诺贝尔物理学奖”得主玻尔就曾深情地称他为“仲父”。

卢瑟福精心培养学生和助手的许多小故事，至今还在广泛传颂。据说，某天深夜，卢瑟福看到某学生还待在实验室，便关切问道："这么晚了，还在干啥？"学生答曰："在工作。"卢瑟福再问："你白天都在干啥？"学生答："也在工作！"哪知，卢老师却冷言问道："只顾工作，何时思考呢？"学生恍然大悟，"哦，不但要苦干，还要巧干；不但要埋头拉车，更要抬头看路"。

又据说，某次卢瑟福与助手合作做实验，并要求助手记下结果。可哪知这助手却忘了带记录本，便随手抄起废纸欲记。卢瑟福一把夺过那纸责问："实验结果必须记在专用本上，你咋忘啦！"助手低声辩解道："现在咋办呢？""记在你衣袖上，这样下次就不会忘带笔记本了"，卢瑟福惩罚道。

卢瑟福之所以能成为伟大的"阿姨"，有人为他总结了如下6条"武林秘籍"。

第一，他认为科学不分国界，故能引来各国青年精英，形成和睦的国际大家庭，大家齐心协力做出一流的科研成果。实际上，无论在哪里，他所领导的实验室都被公认为"高级苗圃""物理学家们的麦加圣地""知识的源创中心"和"活跃的研究中心"等。

第二，他主张有教无类，无论是物理学家、数学家或化学家等，他都来者不拒；只要是"它山有石"，他都拿来"攻玉"。他鼓励跨专业研讨，相互启发，共同进步。无论是何专业，他都同样重视洞察能力和创新能力，鼓励用最简单的方法解决最复杂的问题，用最简单的实验做出最重要的结果。

第三，他主张学术自由，竭力保护青年才俊的积极性，允许大胆猜测，允许出错；鼓励异想天开，但最终要用实验来证实。每当学生陷入迷茫时，他不是将自己的观点告知学生，而是让学生"回到实验室重做实验"，并尽量发挥各种思路的长处。

第四，他始终处于前沿，永远立于科学的"浪尖"。据说，有人曾对此不服，认为卢瑟福只是幸运地"骑在了波峰上"而已；可他却意味深长地反问道："难道这幸运的波峰，不是我自己造出来的吗？"

第五，作为一名实验物理学家，他十分重视实验的观察和研究，放手让学生动手、动脑，鼓励他们自己克服困难。他常告诫学生，只有可靠的实验才是科研的牢固基础，实验是建立理论、发展理论和鉴定理论的唯一标准。

第六，他继承和发扬了卡文迪许实验室的优良传统。比如，每天坚持开放式

茶歇，让任何人都能平等地“头脑风暴”；不妒忌他人的成就等。

1937年10月19日，伟大的科学家卢瑟福病逝于剑桥，享年66岁。为纪念其贡献，后人用他的名字“铲”来命名了第104号元素，并将其名字当作放射性强度的单位。

第一百一十九回

罗素悖论捅破天，数理逻辑开新篇

伙计，谁说数学家就不能获诺贝尔奖？历史上还真有这么一位数学家，更准确地说应该是数学界的“孙悟空”，他就获得了1950年的诺贝尔奖，而且还是“文学奖”。此人就是伯特兰·阿瑟·威廉·罗素。那为啥又说他是“数学悟空”呢？唉，没办法！这“泼猴”仅通过一个“理发师”就引发了全球数学的“第三次特大危机”，在号称“现代数学基石”的集合论中掀起了史无前例的“九级大地震”，吓得当时的数学家们哭爹喊娘、仰天悲叹：“天啦，科学家最倒霉之事咋被我们碰上啦！就在摩天大厦即将封顶之际，却突然发现，妈呀，那大厦的地基咋只是一片沙滩呀！”

这位差点砸了全球数学家饭碗的“理发师”到底是何方神圣，他到底用了啥核武器呢？嗨，伙计，不怕你见笑，也许数学家们太胆小；其实，这位“理发师”的学名叫“罗素悖论”，又称“理发师悖论”；他压根儿就没核武器，罗素只是吹了一把猴毛，弱弱问道：“假设某理发师贴出广告说，我将为所有不给自己理发的人理发，我也只给这种人理发。那么请问，这理发师该不该给他自己理发呢？”

若他不给自己理发，那他就属于“不给自己理发的人”，因此，按其广告的承诺，他就要给自己理发；但是，若他给自己理发，那他又属于“给自己理发的人”，同样，按广告承诺，他就不该给自己理发。反正，这理发师左右为难了。虽然理发事小，但数学家们却崩溃了！一个个脸色苍白，有的汗流如注，有的汗不敢出；幸好有人及时请来“女娲娘娘”，经过长期不懈努力才终于勉强补上了窟窿——创立了公理化集合论，总算渡过了危机。其实，如今想来也还后怕，因为罗素悖论对数学的影响远不止“捅破天”这么简单：它首次将“数学基础问题”以最迫切的方式，摆在了数学家面前，导致全球数学家不得不重新进行全面而深刻的反省。比如，数学家们围绕数学基础之争形成了三大流派，分别大大促进了数学发展。总之一句话，罗素的“大闹天宫”引发了“数学天庭”的全面、长期、深入的改革，甚至差点没让玉皇大帝下岗；这也许就是“悟空下凡”后，罗素遭受众多磨难的报应吧。

伙计，谁说陈世美是喜新厌旧的代名词？其实与罗素相比，陈世美简直就是模范丈夫。因为，被罗素抛弃的有名有姓的“秦香莲”就至少有7人；而结婚又离婚者，至少也有5位；至于“水下冰山”到底有多大，那就只有天知道了。不过，本书是科学家传记，绝不想“八卦”，后面我们将略去罗素的婚姻和家庭等事迹，只点到为止。但是，如下两点必须指出。

其一，1950年，78岁的罗素获诺贝尔文学奖的代表作之一竟然是《婚姻与道德》。它以明快活泼的语言，讨论了家庭、离婚、试婚、人类价值与性等问题，辛辣批判了“旧有的”婚姻道德观念，提出了以“幸福高尚的生活”为目标的婚姻制度改革设想。

其二，罗素的爱情观确实很特别，不知是太超前，还是太原始；此处不加评论，只原样奉上，供读者知悉。在总结了自己一生的爱情经历后，他用诗般语言说道：“首先，我渴望爱情，因为它给我带来了巨大欢愉，这种欢愉是如此之强，以至我愿用一生去换取片刻这样的时光。我渴望爱情，还因为它能减轻孤独。在可怕的孤独感中，发抖的意识会将你推入无底深渊。最后，我追求爱情是因为在彼此相爱的缩影中，我能看到只有圣人和诗人才能想象的天堂。这就是我所寻找和追求的爱情；幸好，最终我找到了！”看来，从爱情的角度，罗素给自己打了个满分。

伙计，谁说人类近代无全才？罗素就是典型的全才！实际上，保守一点说，他是世界一流的哲学家、数学家、逻辑学家、历史学家和文学家；宽泛一点说，他还是“院士级”的教育学家、社会学家和政治学家等。若问他水平到底有多高？这样说吧，如果你不带任何先验知识去读他的全传，那你很可能不会意识到他竟然是数学家；因为，数学在他的众多成果中几乎只是九牛一毛。而仅仅是这“一根毛”就奠定了他在数学世界的“齐天大圣”地位，就把全球数学家们折腾得死去活来。当然，也正是因为“这根毛”，本书才会为他立传。莫非“这根毛”，就是观音菩萨赠悟空的那3根“救命毫毛”之一!

罗素为啥能成为如此全才呢？虽然原因很多，但他在自传中总结的原因可能更具说服力。他仍然用诗般语言写道，“探索知识的激情，无比强烈地左右了我一生”，这种激情“像飓风，无处不在、反复无常地席卷着我，卷过深重的苦海，卷过绝境彼边。”他用追寻爱情的狂热激情去探索知识，他说“我希望理解人类的心灵，探索群星闪烁的奥秘；我也希望领悟毕达哥拉斯式的力量，借助该力量，数学统治了所有事物的变化。”更不可思议的是，与其爱情的满意度相比，面对如此浩瀚的学术成就，罗素竟不太满意，他只是说“可惜，我仅在一定程度上达到了追求知识的目的。”唉，真是人比人比死人呀；罗“悟空”，你难道就不发发慈悲，给普通科学家留条活路吗？

伙计，谁说监狱里都是坏人？罗素就是例外，他不但喜欢研究政治学，还热心政治活动，政治观点还常发生颠覆式的变化；结果，他就成了反复光顾监狱的、不入流的“政治家”。但非常意外的是，他的许多重大成果竟都是在牢房里完成的；他对狱友的评价甚至是“道德水平丝毫不差，只是平均智力稍逊而已。”据不完全统计，44岁后的两年，他是在牢里度过的，不但被罚了100英镑，还被剑桥大学除了名；47岁左右，他又有半年被关在监狱里，并在这里完成了巨著《数理哲学导论》，同时也开始撰写另一部巨著《心的分析》；49岁左右，他又因反战再次被剑桥大学除名；甚至在89岁的耄耋之年，他又被拘禁了7天；至于他终生所陷入的各种官司和诉讼等，那就数不胜数了。

罗素为啥宁愿蹲班房，也要反复陷入自己本不擅长的各种政治活动呢？其核心原因，就是他对人类苦难的无比同情；其实，他非常清楚，“追求爱情和知识，会把我引入天堂；但对人间苦难的同情，会把我困在凡间”。但即使如此，他也在所不惜，实际上，他在自传中用诗般语言坦诚：“苦难的呼号在我心中回响。食不果腹的儿童、被统治者蹂躏的弱者、孤苦伶仃的老人以及一切贫苦和孤独，都使人类本该享受的美好人生惨遭嘲弄。”他渴望减少这个世界的罪恶，但也承认，“呜呼，我做不到，且我自己也深受其苦。”

总之，罗素绝对是一个“奇葩”，还是“奇葩中的奇葩”。比如，在他76岁高龄时，竟从失事飞机中掉进海里，结果还全靠自己的高超泳技捡回一条老命！80岁时，他还热衷于婚外恋，且还最终找到了真爱，“获得了前所未有的心灵安慰”，并与她共同度过了幸福的晚年。反正，只要完整阅读他的传记，估计任何人的“三观”都会被毁；幸好，本书只从科学家角度为他立传，所以，罗素还算不太离谱。

罗素的故事，起源于同治十一年。这一年，“航海时代封海百余年”的大清国门终于露出了一丝丝细缝，首批中国留学生总算出境了；可惜，也是在这一年，中国历史上最有影响的人物之一曾国藩去世了；还是在这一年，准确地说是1872年5月18日，罗素含着“金钥匙”诞生在了英国的一个豪门贵族之家。他家到底有多豪呢？这样说吧，他爷爷曾两次出任英国首相；他老爸也是子爵，他老妈又是贵族“千金”；至于他七大姑八大姨是如何既富又贵，那就更不用说了；甚至连英国女王也都是他家常客。

罗素出生时，还真有“异象”。他大得出奇：体重高达9斤7两，身长超过50厘米。他比正常婴儿大上至少一号。难怪接生婆说“过去30年来，头一次见到如此巨婴”，然后，她补充道：“30年后，也许他将再次成为巨人。”现在看来，这位接生婆还真是能掐会算。但是，千算万算，这接生婆没能算到的是，罗素刚刚2岁时，妈妈竟撒手人寰了；紧接着第二年，爸爸又驾鹤西归了。一个含着“金钥匙”出生的小贵族，就这样突然变成了可怜的孤儿；没准儿那“金钥匙”也变成了卡

在脖子里的鱼刺。罗素的性格也急速地由乐观、开朗、调皮变成了郁郁寡欢，以至终生都笼罩着浓厚的孤独感。后来，罗素改由其爷爷抚养，可仅仅3年后爷爷又去了天堂。唉，可怜的小罗素哟，你的命咋这么惨呀；幸好，罗素的奶奶还健在，她接过了"传家宝"，终于将孙子养大成人。

当然，"奶奶养大的孩子"一定会深深打上奶奶的烙印，不管她跳不跳广场舞。奶奶本是典型的清教徒，一直鄙视舒适和安逸，从不讲究吃喝，更不沾染烟酒；因此，她对孙子的要求也别具一格：非常重视其个人理性，特别强调独立精神。奶奶很早就送给罗素一本《圣经》，还将其中两句经典醒目地抄在扉页上："别随大流作恶""要顽强，要勇敢；别害怕，别惊慌。"正是这两句话影响了罗素整整一生，以至他终生都是自由分子，始终怀疑一切，从不惧怕叛逆，总喜欢特立独行。

爷爷对罗素的直接影响虽然有限，但爷爷遗留下的那个大型书房却对罗素的成长起到了决定性的作用。

他在书房里爱上了历史。因为，他读到了家族曾经的兴衰荣辱。特别是某位祖先虽被皇帝处决，但却深受百姓爱戴，后来还成了民族英雄；于是，他相信了奶奶的教导，"要敢于反抗"。

他在书房里爱上了文学。特别是雪莱的浪漫诗歌，让他飘然欲仙，甚至忘掉了一切。他那迷人的"诺奖级"流畅文笔，也正是在这里打下了清新的基础。

他在书房里爱上了读书。但是，他虽然见书就读，但绝不是见书就信。比如，某书本上说，有几位抗洪英雄如何如何勇敢，结果全部牺牲了。小罗素用逻辑推理一算："既然全部牺牲了，那勇敢事迹显然就是瞎编的嘛！"于是，他连整本书都给扔了。

他在书房里养成了独立思考的习惯。他认为独立思考本该与生俱来，他常常问出一些惊掉下巴的问题，比如海蚌也能独立思考吗？由于他的思考太过深沉，以至从小就没玩伴，性格内向又羞怯；当然，这也不能全怪小罗素，毕竟，他从小就被大人团团围住：不是德国保姆就是瑞士管家，抑或英国教师，身边唯独没有同龄孩子。除了孤独，还是孤独；在孤独中，他尽情思索，疯狂阅读。

他在书房里学会了多门外语，反省了若干宗教，甚至闯进了哲学领域；但是，本书最关心的事实是他在该书房里迷上了数学。甚至有一种说法：若非是数学挑战了罗素的求知欲，也许他少年时就自杀了。11岁时，准确地说是1883年8月9

日，罗素在其哥哥的指导下，首次接触到了欧几里得几何学且进步神速，不到一个月就能求解许多难题了。但是，再次令人惊讶的是，罗素却对欧氏几何的公理体系却提出了严重质疑；因为按常规，所谓“公理”，便是要求读者无条件相信的结论，用大白话来说就是“信则灵，不信则不灵”的逻辑体系。而在罗素头脑里，却没任何东西是“无条件相信的”。也许正是从这时起，小罗素就开始思考公理系统的合理性了。可见，他之所以能在20年后提出著名的“罗素悖论”，发现集合论公理系统的致命漏洞，绝非一蹴而就的拍脑袋之举，而是多年长期思考的结晶；因为对普通人来说，像罗素所思考的这类问题，它压根儿就不是问题，甚至根本就没想过要去思考它。

罗素的整个少年时代几乎都沉浸在数学中。一方面，数学使他发现了自己的天才本领，增强了自信心；另一方面，数学又使他的智商受到了空前挑战，激发了他越战越勇的豪情；第三方面，他认为“数学是可以怀疑的，因为数学没有伦理问题”，故可肆无忌惮地研究它；更重要的是，他越来越相信，自然界和人类社会都遵照某些数学法则而运行。17岁时，为了接触社会并“彩排”随后的大学生活，“不差钱”的罗素决定考一份奖学金试试，看看自己这个“私塾生”相比于其他常规毕业生到底谁优谁劣。于是，他进入了一所预科学校。天啦，不比不知道，一比吓一跳：在情商方面，他那古怪的性格简直成了大家的笑柄；但在智商方面，他却又高出旁人一大截，别人6年的学习内容被他1年半就轻松搞定了，而且还毫无悬念地于1890年10月考入了剑桥大学三一学院，攻读数学专业。

剑桥大学那高度自由的学术氛围，让罗素如鱼得水。从此，他终于可以大展拳脚，广施才华了。更幸运的是，他在剑桥还结交了一大批出类拔萃的朋友、一大批天才和怪才。比如，入学面试刚完，罗素这匹“千里马”便被“伯乐”主考官、数学教授怀特海一眼就相中了；两人很快就成了忘年交。而这位主考官可不简单哟，他也是难得的天才，甚至很年轻时就是剑桥教授了。这位主考官对罗素的偏爱甚至有点过分：罗素要来听其数学课时，他却说“不用了，反正你已会了”；罗素若数学考砸了（因为罗素认为这些试题太简单，压根儿不屑一考），这时主考官就干脆撕掉试卷，然后与罗素一起若无其事地继续讨论其他数学问题。

不久，这对师生就变成了合作伙伴；他们经过近十年的努力，终于完成了划时代的3卷本巨著《数学哲理》，分别于1910年、1912年和1913年出版，终于“把数学大厦建立在了逻辑学这个坚实的基础上”。这套巨著在罗素心中的分量，到底

有多重呢？这样说吧，初稿即将完成时，罗素都快崩溃了：每次外出都担心家里万一失火烧掉10年心血咋办；给出版社送稿时，总担心半路出意外，于是专门雇马车亲自送稿；书稿出版后，甚至还做了一个噩梦，梦见200多年后剑桥大学图书馆长正在清理过时图书，当拿起《数学哲理》欲扔未扔时，竟把罗素给急醒了。其实，这本耗时10年的巨著，不但没让罗素挣到一分钱，反而倒赔了100英镑，相当于那时剑桥大学教授的半年工资。据说，当时通读过此书的人，最多也不过20位；但在今天，《数学哲理》已被公认为现代数理逻辑的“奠基石”、“人类心灵的最高成就之一”，甚至刺激和推动了20世纪逻辑学的发展。罗素也因该书成了数学中的逻辑派领袖和“自亚里士多德以来，最伟大的逻辑学家。”

在剑桥大学的前三年，罗素几乎埋头于数学研究，所以，他还比较“正常”；待到从大四起，他的兴趣开始转向哲学、伦理学等非自然科学领域时，“非正常人类”就活跃起来了。至于罗素在数学之外的学术成就到底有多辉煌、观点又如何出格，本回就不细究了；单看他的合作伙伴就可想象他们将如何“大闹天宫”。首先，他们的研讨范围已无法用任何有限清单来罗列了，只能说囊括了人类的全部理智世界；其次，他们经常从早餐起就开始外出“散步”，一直要讨论到残阳如血；最后，当他们的讨论深入到一定程度后，不少人就进入状态了：张三疯了，李四自杀未遂，王五挥着大棍欲杀死他人，赵六干脆躺进棺材思考问题，钱七则冲着毛毛虫大吼“你们别想难倒我！”至于罗素本人嘛，他也不甘落后，反复自问“彩虹在哪？眼见真为实吗？”

算了，咱们还是回归数学吧，毕竟本书只是“科学家列传”。除了其数学巅峰著作《数学哲理》之外，罗素的数学之路大约是这样的。1893年，他获得数学学位，然后，以一篇《非欧几何学》的论文赢得了剑桥大学研究员职位；1897年，他出版了《论几何学的基础》，以全新角度评述了非欧几何；接着，他的智力状态达到巅峰，各种灵感喷涌而出，于1903年完成了《数学的原理》，至今仍是基础数学的“里程碑”，该书利用逻辑类型论消除了逻辑悖论。在耄耋之年，罗素出版了3卷本权威自传；建议各位读一读罗素的这部自传，以了解一个完整的罗“悟空”。

1950年，英国女王给罗素颁发了最高荣誉——功绩勋章；这也算是肯定了这位桀骜不驯的“齐天大圣”吧。1970年2月2日，98岁的罗素静静躺在沙发上，一边默念雪莱一边渐入梦乡，从此就再也没醒来。遵其遗嘱，他的骨灰被撒在了群山丛中。你不得不服吧，伙计！

第一百二十回

人格分裂噩梦惊，魔幻荣格析心灵

本回主角名叫荣格，全名卡尔·古斯塔夫·荣格。无论你是否听说过他，但作为分析心理学的始创者和现代心理学的鼻祖之一，他的科研成就都在牢牢操控着你，准确地说是操控着你的心灵。它过去操控着你，现在操控着你，今后也会毫无疑问地操控着你。你愿意时，它操控着你；你不愿意时，它照样操控着你。你正常时，它操控着你；你疯掉后，它仍操控着你。当然，这里的“你”不是指读者朋友你，而是指全人类，无论是东方人还是西方人，无论是信神或不信神的人，无论是古代还是未来的人等。真的，你也许会感到不可思议，但事实就是如此，甚至其操控程度还远比上述更全面、更彻底、更深入、更持久。

具体说来，它以整体形式从3个层次操控着你。

当你刚出生甚至还未出生时，它就在意识层面操控着你，使你能适应环境；它决定着你如何区分自我和非我、如何辨别主体和客体、如何肯定和否定、如何衡量好与坏、如何取舍等。一般来说，该层次的操控都能被你的感觉、知觉、记忆、思维和情感等直接感知。实际上，你的成长过程就是这种操控的发展过程，即随着更多未知事物被你发现和掌握，你就会越来越独立和完善。否则，你就不可能实现高度个性化。

只要你还活着，它就会在潜意识层面操控着你，决定着你的人格取向和发展动力。这种操控之隐秘，以至许多人压根儿就感觉不到它的存在，但它确实又是无时不在、无处不在。比如，你的许多本能行为、所有与你意识不一致的心灵活动、被遗忘的记忆、被压抑的经验、令你痛苦的思想、悬而未决的问题、人际冲突和道德焦虑、自卑情结、性的情结、恋父情结、钱的情结等，都是该层次操控的结果。各位，千万别小看该层次的操控，因为它对你的思想和行为等都会产生巨大影响；甚至还会塑造出另一个你，另一个你自己都感到陌生、讨厌或震惊的你，用大白话来说那就是人格分裂了。当然，在特殊情况下，潜意识也可被同化为意识。比如，各种神话故事，便是通过榜样的力量来试图实现这种同化。在另一些情况下，潜意识也可从意识层面显现出来。通过词语联想测试，就能发现潜意识中存在的相关情结，任何触及这些情结的词汇都会引起你的不自觉反应。比如，被蛇惊吓过的人，当听到与“蛇”相关的词语时，其反应就会比普通人更强烈。

就算某人已死，他仍会在“集体潜意识”层面去操控别人。其实，你也一直在该层次上被前人和他人的生活经历、人类的漫长进化等所操控。这种操控处于心灵最深处，它是超越所有文化的共同根基，它是比经验更深层的本能，它的存在几乎与人类生理结构同样古老。在特殊情况下，这种操控也是可感知的，直觉便是例子，它能合目的且无意识地领悟高度复杂的情境；有时，当这种操控不能在意识中表现出来时，就会在梦境、幻想、幻觉和神经症中以原型和象征的形式表现出来。“集体潜意识”不是个体的后天习得，而是先天的遗传；不是被意识遗忘的部分，而是个体始终意识不到的东西。

如何在上述三个层次的操控下，确保你仍然正常呢？答案很清晰，那就是首先要保持人格的连续性和整体性，避免人格的四分五裂，避免人格变成种种独立存在的、相互冲突的子系统。其次，要进一步发展既有的人格整体，使之达到最大限度的整合与协调，实现终极意义上的精神统一；否则，就会出现异常情况。比如，“中年危机”便是一例，此时相关人员因缺少内心整合而产生空虚感。

伙计，别嫌上述内容抽象，下面结合荣格的生平事迹再重新阐述时，你就会豁然开朗。其实，为1875年7月26日生于瑞士的荣格撰写传记，既难又易。难的是，他的所有生平事迹等，几乎都具有浓厚的心理学“味道”；因此，需要进行大量的消化、吸收、再创作等工作。易的是，荣格的科学家传记甚至可用一个字就能写完，那就是“神”字；若再多一个字，那就是“奇”字；反正，他的一生，要么神，要么奇，要么既神又奇。以至这里必须事先申明，以下内容均来自荣格的权威自传，无论它们显得多么神奇，都绝非我们胡编乱造，其实我们还故意删除了更多、更神的玄幻内容呢。比如，荣格的血统很“神”。据说，他爷爷是歌德的私生子，对此，荣格本人不但不回避，还深信不疑；而且，他取得重大成就的灵感，竟也来自歌德的代表作《浮士德》，因为他从浮士德身上发现了典型的人格分裂现象，然后再顺藤摸瓜，结合自身体验，终于建立起了人格的层次结构理论。你看，一个影响人类科学进程的重大发现竟出自文学作品，这也算是古今中外少有的神奇吧。

荣格的信仰很“神”。作为一名科学家，荣格却笃信神灵，始终相信命运，甚至认为自己一生的所有重大事件都是命中注定，这也够神了吧。不过，更“神”的是，荣格一家几乎都在为神服务，他老爸、外祖母、8个叔叔等都是神职人员；但那神却不买账，对荣格家没半点照顾，更谈不上回报；甚至还实施了惩罚，以致他两个哥哥都不幸夭折。

荣格的梦很“神”。实际上，他终生都纠缠于千丝万缕的梦境中，是典型的“人生如梦”：从小到大常做梦，科研成果基于梦，重大决策依靠梦，甚至连自传也是梦，名叫《回忆·梦·思考》。有关童年的生活，他记忆模糊，但却能清楚记得童年的梦，特别是那些神奇莫测的梦。比如，一天深夜，小荣格偶然听到妈妈房内的某种怪响，吓得整夜心神不宁，便做了如下可怕的梦：一个人影慢飘出来，其头和身体逐渐分离，头浮空中；后颈上又长出另一个头，也逐渐与身体分离；如此反复，许多人头就这样悄悄冒出来，又悄悄飘走了。不过，对荣格来说，更奇怪的梦是另一个有关"荒野黑洞"的梦，它纠缠了荣格一生，也让他分析了一生，更让他害怕且迷茫了一生，直到老年写自传时才敢将它详细记录下来；直到去世后，才敢公开出版。本回当然不打算复述该梦，只想指出：其实，普通人读过此梦后，好像并无特别感受，但对荣格而言却意义非凡。

荣格的童年经历很"神"，各种恐惧应有尽有。父母彼此仇深似海。父亲是虔诚的清教徒，性格急躁易怒，颇难相处；母亲性情压抑，情绪不稳，常有歇斯底里发作。荣格从小就生活在父母冲突的夹缝中，面对家庭暴力恐惧而不知所措。另外，老爸经常主持各种葬礼，使得荣格幼小的心灵充满了对死亡的恐惧：一口又大又黑的棺材被放进黑洞洞的深坑；四周全是身穿黑袍、头戴黑帽的送葬者，人人面目阴沉而忧郁。此种情境让荣格终生害怕。还有，荣格自己也数次与死神擦肩而过。比如，一次他在教堂门前摔破了头，血流如注，以为自己死定了；又一次，他差点被淹死，吓得魂飞魄散。当这些恐惧实在太强时，小荣格就独自躲到阁楼里，把他藏在那里的一个木头小人当成知心朋友，与它推心置腹地聊天，并从中获得精神安慰。

荣格的性格很"神"，这当然归咎于前述的神奇经历。6岁时，他进入乡村小学，但性格十分孤僻，极不合群，常常逃避现实，依靠幻想来自娱自乐；他喜欢独自面对湖光山色，享受大自然的默契，领悟大自然的神秘启示。"孤独"几乎成了他的人生标签，他对孤独的理解也相当深刻，他说："孤独并非身边无人，而是无法与人交流自己最要紧的感受。"换句话说，心中秘密越多的人就越孤独。确实，荣格一生的秘密实在太多，许多秘密甚至在生前都未公开。比如，他的名著《红书》，直到他去世后半个世纪才终于公开；如今，该书已成为"世界十大神秘天书之一"，该书由荣格手绘插图，详尽记录了梦境、灵魔与精神的追寻历程，很像一本隐秘而绝美的日记。但再一次神奇十足的是，"孤独"在荣格身上竟然发挥出了难以置信的正面作用；因为，"孤独"为他的精神发展找到了出路，"孤独"唤醒了他的潜力，"孤独"成就了他的伟大事业。

荣格的分裂人格很“神”。11岁时，他进入了巴塞尔中学。这时，他开始嫉妒有钱人并惊讶地发现“自己家竟这么穷”，甚至开始可怜起父亲，但却不可怜母亲；可当父母打架时，他又马上站在母亲一边。也是从这时起，他清晰地感到“有两个自己”，他将他们分别称为“1号”和“2号”。其中“1号”是正常的自己，过着正常的生活；但“2号”却少年老成，很有主见，个性坚强，抱负远大，虚怀若谷，沉着镇定，非常多疑，不计较琐事，还很封闭。这种分裂的人格经常折磨着荣格；但再一次神奇的是，人格分裂的病态却让荣格亲身体验了神经病的真谛，竟为后来的重大发现又加1分。

“1号”几乎是学渣，门门功课都很差：数学大伤脑筋，美术一塌糊涂，就连体育也马马虎虎。为此，大家都认为荣格很笨；他自己也感到绝望，以致更加沉默寡言。幸好，他善用“阿Q精神”来自我安慰：读书只是为了学知识，并不在乎考试嘛。

有关“2号”，有这样一个洋人版的“庄生梦蝶”。据说，8岁左右时，荣格经常坐在同一块石头上思考同一个问题：我现在坐在石头上，但石头也可能在想“我（石头）躺在地上，这小孩坐在我身上。”于是，问题就来了：“我是那个坐在石头上的我呢，还是上面坐着小孩的石头呢？”荣格为该问题困惑不已，弄不清到底谁是谁，甚至认为这块石头与自己有着某种神秘联系。

“2号”最精彩的表演出现在一次中学作文课上。本来不善作文的他，在“2号”的操控下，却突然写出了一篇连自己都深感震惊的妙文，当然也自然被老师认定为抄袭。此事对荣格的影响极大，以至他后来从中获得灵感，总结出了著名的“集体潜意识”理论；因为，他明显地感到：除自己外，似乎体内还有别的东西，好像有位“歌德”从遥远的过去飘入体内。因此，荣格后来说，创作是一种自发活动，创作冲动来源于潜意识。于是，荣格总结出了一句名言：“不是歌德创造了浮士德，而是浮士德创造了歌德。”

“1号”和“2号”的合并过程（即荣格的人格分裂结束过程）也很“神”。12岁那年他被一男孩猛推倒地，脑部严重受损；此后数月，他头脑里就不断萦绕着各种神秘咒语，且每当面对功课时更会陷入昏厥状态，最后只好休学。养病期间，荣格意外迷上了父亲的藏书，沉浸在自己感兴趣的书籍中。一天，他偶然听到父亲向邻居诉苦：“所有医生都看过了，谁都说不清是啥病。若真是不治之症，那就太可怕了。我已花光了所有积蓄，若这孩子将来不能自食其力，天啦，真不知该咋办呀！”听罢此言，荣格如遭五雷轰顶，突然意识到自己给父亲带来了极大痛苦；更神奇的是，此后他的疾病竟不翼而飞，昏厥再未复发。“2号”慢慢消逝，“1号”终于回归为荣格的主体人格。于是，他重新回到学校读书，且比以往更刻苦，学习成绩也迅速提升，甚至还于20岁那年顺利考上了巴塞尔大学。若干年后，荣格用自己的人格理论对这种奇怪的昏厥症进行了深入分析，结果却惊讶地发现：妈呀，原来此病竟是自己的潜意识在作怪，是被潜意识操控的结果！因为，当时昏厥的真正目的是想逃学；所以，一旦自己觉得对不起父母时，便很快又在潜意识的操控下自行康复了。

荣格选择大学专业的过程也很“神”。他竟通过两个莫名其妙的梦就最终决定攻读医学专业。此举让亲朋好友大跌眼镜，因为，这两个梦压根儿就与医学没半毛钱关系：梦一说，他偶然挖到了史前动物化石；梦二说，他在某虚幻水塘里，看见了一种奇怪生物。而他自己却相当重视这两个梦，绝非拿“选专业”当儿戏；因为他在潜意识里觉得自己就是浮士德，而浮士德又是歌德的第二人格。作为歌德的非婚生后代，他也认为自己的人格与歌德相通，自己的一切决定都“无须到外界寻求”，也无须遵守常规，更无须别人理解；所以，根据那两个梦，荣格就信心十足地做出了决定。

进入大学后，荣格的个性发生了巨变，不再默默无闻，不再像书呆子，但有一点却始终未变，那就是他的“神”劲儿，而且还越来越神，以至他身上所发生的所有重大事件竟都显得毫无道理。比如，读大一时，他发现科学在“提供真正的顿悟方面”少得可怜，心灵在顿悟中特别重要：没有心灵就不会有知识，更不会有顿悟。更离谱的是，在大学期间荣格还特别信神、信鬼、信灵魂；凡听到奇异的响动、碰到无法解释的现象时，首先想到的就是鬼神。他甚至多次参加过所谓的“降神会”，希望由此深入研究神秘现象；他还对一个女巫师进行了为期两年的全程跟踪，详细记录了她在每次“降神会”上的表现，还将相关内容写进了自己的博士论文。虽然他最终发现了女巫的作弊行为，但女巫在“降神”时的人格突变，对他后来提出潜意识理论却起到了导火索作用，甚至让他明白了第二人格是如何形成的。

荣格锁定科研方向的过程也很“神”。原来，在毕业前夕，荣格偶然读到了一本精神病学教科书，其中将精神病称作“人格之病”。而仅仅因为“人格之病”这个名词，荣格就马上意识到，精神病学才是他唯一的终生研究目标；而当时的精神病学只是不入流的小学科，根本不值医学博士去研究。在选定该研究方向时，荣格却心脏怦怦乱跳，甚至激动得几乎昏倒，只好站起来做深呼吸，宛若“众里寻他千百度，原来那人却在灯火阑珊处”。1900年，25岁的荣格毅然决然地进入了苏黎世的一家精神病院，并谋得了助理医师执照；从此，便一往无前地开始了自己的科学事业，并取得了辉煌成就。

荣格娶媳妇的过程也很“神”。他俩第一次在苏黎世的旅途中偶遇时，她只有15岁左右；但他在见到她的第一瞬，便认定“那姑娘将是我媳妇”。殊不知那时的他，只是一位穷书生，甚至穷得有时只能靠一袋烤栗充饥；而她则是一位富家“千金”，且还美艳绝伦；总之，无论如何他们都不像一家人。但是，面对同学们的嘲笑，荣格却很认真地强调自己有心灵感应，“她命中注定就是我女神”。不可思议的是，7年后他俩又在巴黎偶遇了，而且还真的开始了罗曼蒂克。但出乎荣格意料的是，当他向她求婚时却被断然拒绝了；看来，荣格这位神人的掐算有时也会失灵嘛。不过，当他第二次求婚时，她竟然真的答应了。于是，他们就于1903年2月14日在巴黎举行了婚礼；那时荣格28岁，媳妇21岁。婚后，他们生育了四女一子。这小两口虽也有吵架之时，且荣格还绯闻不断；但从整体上说，他们还算很幸福，当然这主要归功于他媳妇。因为，她确实是一个非常了不起的女人，不但是能干的家庭主妇，更是荣格的事业助手，甚至拿自己当精神疗法的“实验品”。总之，荣格科研成就的“军功章”上绝对该有她的一半，只不过是默默无闻的一半而已。

荣格一生的“神迹”数不胜数，当然不可能在此穷尽。比如，他与另一位心理学鼻祖弗洛伊德的相见就很“神”，相离也很“神”。1907年3月，他俩在维也纳首次见面。妈呀，那个相见恨晚的劲儿哟，简直感天动地：他俩不吃、不喝、不睡地交谈了整整30个小时！哪怕是久别的情人也不至如此倾诉衷肠吧。从此，这对忘年交就开始了长达6年的密切合作，甚至弗洛伊德还将荣格当成了自己的儿子和事业接班人。很快，他们就发现了彼此的心理学理论之间存在着差异，其实这本来也很正常，但在这对“神人”间，学术差异却演绎出了奇怪的“神剧”：在学术争论中，荣格竟然将大名鼎鼎的弗洛伊德数次气得昏死过去！直到1913年9月，他俩在“慕尼黑第四届国际心理分析学大会”上彻底决裂。从此，荣格才开始了艰苦的“著书立派”过程，在克服了重重困难后，最终建立起了自己的“人格整体论”，也就是本回开篇所介绍的“操控着你心灵”的那个理论。

最后，荣格的去世仍然很“神”。1961年6月6日下午4点，荣格安然病逝于瑞士家中，享年86岁；这本来很正常吧，但是仅仅2小时后，一场雷暴突然降临，荣格生前常坐在其下乘凉的那棵大树竟被闪电击中：树干断裂，树皮烤焦！妈呀，这莫非是老天在发脾气吗！

各位朋友，本书就到此为止了。细心的读者也许已发现，“科学家列传”第1册的40位顶级科学家，其出生时间横跨了2200多年；而第2册的40位顶级科学家，其出生时间也横跨了200年。但本册的40位顶级科学家，出生时间却非常紧凑，其跨度只有50年；所对应的清朝皇帝也只有区区三位。换句话说，在道光、咸丰和同治三位皇帝的执政期间，世界科学就发生了如此翻天覆地的巨变。若再按出生时间来标记相关科学进展时，就已很难显示出相应的发展轨迹了；不过，幸好本册的科学家和相应的科学成就对我们来说都已比较接近了，其发展轨迹的重要性也不那么重要了。当然，本册唯一的缺陷是没有一位中国科学家入选。真正着急呀！但愿有朝一日，中国也能诞生超诺贝尔奖级的顶级科学家。不过伙计，只要包括你在内的所有人都真心想成为科学家的话，那这一天迟早会到来的。各位，加油！